J.-H. FABRE

SOUVENIRS ENTOMOLOGIQUES

(TROISIÈME SÉRIE)

ÉTUDES SUR L'INSTINCT ET LES MŒURS DES INSECTES

PARIS
LIBRAIRIE CH. DELAGRAVE
15, RUE SOUFFLOT, 15

SOUVENIRS

ENTOMOLOGIQUES

SOCIÉTÉ ANONYME D'IMPRIMERIE DE VILLEFRANCHE-DE-ROUERGUE
Jules BARDOUX, Directeur.

J. H. FABRE

SOUVENIRS ENTOMOLOGIQUES

(TROISIÈME SÉRIE)

ÉTUDES SUR L'INSTINCT ET LES MŒURS DES INSECTES

DEUXIÈME ÉDITION

PARIS
LIBRAIRIE CH. DELAGRAVE
15, RUE SOUFFLOT, 15

1890

SOUVENIRS
ENTOMOLOGIQUES

(TROISIÈME SÉRIE.)

I

LES SCOLIES

Si la force devait primer les autres attributs zoologiques, au premier rang, dans l'ordre des Hyménoptères, domineraient les Scolies. Quelques-unes, pour les dimensions, peuvent être comparées avec l'oisillon du Nord, à couronne orangée, le roitelet, qui vient chez nous visiter les bourgeons véreux à l'époque des premières brumes automnales. Les plus gros, les plus imposants de nos porte-aiguillons, le Xylocope, le Bourdon, le Frelon, font pauvre figure à côté de certaines Scolies. Parmi ce groupe de géants, ma région possède la Scolie des jardins (*Scolia hortorum,* Vander Lind), qui dépasse quatre centimètres de longueur et en mesure dix d'un bout à l'autre des ailes étendues ; la Scolie hémorrhoïdale (*Scolia hemorrhoïdalis,* Vander Lind), qui rivalise pour la taille avec celle des jardins et s'en distingue surtout par la brosse de poils roux hérissant le bout du ventre.

Livrée noire avec larges plaques jaunes ; ailes coriaces, ambrées ainsi qu'une pellicule d'oignon, et diaprées de reflets pourpres ; pattes grossières, noueuses, hérissées d'âpres cils ; charpente massive ; tête robuste, casquée d'un crâne dur ; démarche gauche, sans souplesse ; vol de peu d'essor, court et silencieux, voilà l'aspect sommaire de la femelle, fortement outillée pour sa rude besogne. En amoureux oisif, le mâle est plus élégamment encorné, plus finement vêtu, plus gracieux de tournure, sans perdre tout à fait ce caractère de robusticité qui est le trait dominant de sa compagne.

Ce n'est pas sans appréhension que le collectionneur d'insectes se trouve pour la première fois en présence de la Scolie des jardins. Comment capturer l'imposante bête, comment se préserver de son aiguillon? Si l'effet du dard est proportionnel à la taille de l'hyménoptère, la piqûre de la Scolie doit être redoutable. Le Frelon, pour une seule fois qu'il dégaine, nous endolorit atrocement. Que sera-ce si l'on est poignardé par le colosse? La perspective d'une tumeur de la grosseur du poing, et douloureuse comme si le fer rouge y avait passé, vous traverse l'esprit au moment de donner le coup de filet. Et l'on s'abstient, on fait retraite, très heureux de ne pas éveiller l'attention du dangereux animal.

Oui, je confesse avoir reculé devant les premières Scolies, si désireux que je fusse d'enrichir de ce superbe insecte ma collection naissante. De cuisants souvenirs laissés par la Guêpe et le Frelon n'étaient pas étrangers à cet excès de prudence. Je dis excès, car aujourd'hui, instruit par une longue pratique, je suis bien revenu de mes craintes d'autrefois ; et si je vois une Scolie se reposant sur une tête de chardon, je ne me fais aucun scrupule de la saisir du bout des doigts, sans précaution aucune, si grosse, si menaçante d'aspect qu'elle soit. Mon audace n'est qu'apparente, j'en instruis volontiers le novice chasseur d'hyménoptères. Les Scolies sont très pacifiques. Leur dard est outil de travail bien plus que stylet de guerre ; elles en usent pour paralyser la proie destinée à leur famille ; et ce n'est qu'à la dernière extrémité qu'elles le font servir à leur propre défense. En outre, leur manque de souplesse dans les mouvements permet presque toujours d'éviter l'aiguillon ; et puis, serait-on atteint, la douleur de la piqûre est presque insignifiante. Ce défaut de cuisante âcreté dans le venin est un fait à peu près constant chez les hyménoptères giboyeurs, dont l'arme est une lancette chirurgicale destinée aux plus fines opérations physiologiques.

Parmi les autres Scolies de ma région, je mentionnerai la Scolie à deux bandes (*Scolia bifasciata,* Vander Lind), que je vois, chaque année, au mois de septembre, exploiter les amas de terreau de feuilles mortes, disposés, à son intention, dans un coin de mon enclos ; et la Scolie interrompue (*Scolia interrupta,* Latr.), hôte du terrain sablonneux à la base des collines voisines. Bien moindres que les deux premières, mais aussi bien plus fréquentes, condition nécessaire pour des observations suivies, elles me fourniront les principaux éléments de ce travail sur les Scolies.

J'ouvre mes vieilles notes, et je me revois, le 6 août 1857, au bois des Issards, ce fameux taillis voisin d'Avignon que j'ai célébré dans mon étude sur les Bembex. Je me retrouve la tête bourrée de projets entomologiques, au début des vacances qui, deux mois durant, vont me permettre la compagnie de l'insecte. Foin ! du vase de Mariotte et du tube de Torricelli ! Voici l'époque bénie, où de maître je deviens écolier, l'écolier passionné de la bête. Comme un arracheur de garance qui va faire sa journée, je suis parti avec un solide outil de fouille sur l'épaule, le *luchet* du pays ; et sur le dos, la gibecière avec boîtes, flacons, houlette, tubes de verre, pinces, loupes et autres engins. Un ample parapluie est ma sauvegarde contre l'insolation. C'est l'heure la plus ardente de la Canicule. Énervées par la chaleur, les Cigales se taisent. Les Taons, aux yeux bronzés, cherchent refuge contre l'implacable soleil, au plafond de mon abri de soie ; d'autres gros diptères, les sombres Pangonies, se jettent étourdiment à mon visage.

Le point où je me suis installé est une clairière sablonneuse que j'avais reconnue l'année précédente comme un emplacement aimé des Scolies. Çà et là sont semés des buissons de chêne vert, dont l'épais fourré garde un matelas de feuilles mortes avec maigre couche de terreau. Mes souvenirs m'ont bien servi. Voici qu'en effet, la chaleur un peu calmée, apparaissent, venues je ne sais d'où, quelques Scolies à deux bandes. Le nombre s'en accroît, et je ne tarde pas à en voir, autour de moi, à portée d'observation, bien près d'une douzaine. A leur taille moindre, à leur essor plus léger, il est aisé de les reconnaître pour des mâles. Rasant presque le sol, ils volent mollement, vont et reviennent, passent et repassent suivant toutes les directions. De loin en loin, quelqu'un met pied à terre, palpe le sable avec les antennes et paraît s'informer de ce qui se passe dans les profondeurs ; puis il reprend son vol alternatif d'aller et de retour.

Qu'attendent-ils ; que cherchent-ils ainsi dans leurs évolutions cent et cent fois recommencées ? De la nourriture ? Non, car tout à côté se dressent quelques pieds de panicaut, dont les robustes capitules sont l'habituelle ressource de l'hyménoptère à cette époque de végétation grillée par le soleil, et aucun ne s'y pose, aucun ne paraît se soucier de leurs exsudations sucrées. L'attention est ailleurs. C'est le sol, c'est la nappe sablonneuse qu'ils explorent avec tant d'assiduité ; ce qu'ils attendent, c'est la sortie de quelques femelles qui, le cocon rompu, peut apparaître d'un moment à l'autre, émerger de terre, toute poudreuse. Sans lui donner le temps de s'épousseter, de se laver les yeux, ils seront aussitôt là trois, quatre et plus, ardents à se la disputer. Je connais trop ces ébats amoureux chez la gent hyménoptère pour m'y laisser tromper. Il est de règle que les mâles, plus précoces, font bonne garde autour du lieu natal et surveillent la sortie des femelles, qu'ils harcèlent de leurs poursuites aussitôt venues au jour. Tel est le motif de l'interminable ballet de mes Scolies. Prenons patience ; peut-être assisterons-nous à la noce.

Les heures s'écoulent, les Pangonies et les Taons désertent mon parapluie, les Scolies se lassent et peu à peu disparaissent. C'est fini. Pour aujourd'hui, je ne verrai plus rien. A diverses reprises, l'accablante expédition au bois des Issards est recommencée ; chaque fois, je revois les mâles aussi assidus que jamais dans leur essor à fleur de terre. Ma persévérance méritait un succès. Elle l'eut, mais bien incomplet. Exposons-le tel qu'il est ; l'avenir comblera les vides.

Une femelle émerge du sol sous mes yeux. Elle s'envole suivie de quelques mâles. Avec le luchet, je fouille au point de sortie, et à mesure que l'excavation gagne, je tamise entre les doigts les déblais sablonneux mélangés de terreau. A la sueur du front, je puis le dire, j'avais bien remué près d'un mètre cube de matériaux, quand enfin je fais trouvaille. C'est un cocon récemment rompu, sur le flanc duquel adhère une dépouille épidermique, ultimes restes du gibier dont s'est nourrie la larve artisan du dit cocon. Vu le bon état de son étoffe de soie, celui-ci pourrait avoir appartenu à la Scolie qui vient de quitter sous mes yeux sa souterraine demeure. Quant à la dépouille l'accompagnant, elle est trop ruinée par la fraîcheur du sol et par les radicelles des gramens pour qu'il me soit possible d'en déterminer exactement l'origine. La calotte crânienne, mieux conservée, les mandibules et quelques traits de configuration générale me font cependant soupçonner une larve de lamellicorne.

Il se fait tard. C'est assez pour aujourd'hui. Je suis exténué mais amplement dédommagé de mes fatigues par un cocon en pièces et la peau énigmatique d'un misérable ver. Jeunes gens qui vous occupez d'histoire naturelle, voulez-vous savoir si le feu sacré coule dans vos veines? Supposez-vous de retour d'une expédition semblable. Vous avez sur l'épaule le lourd outil du paysan, vos reins sont courbaturés par une laborieuse fouille que vous venez de pratiquer tout accroupi, la chaleur d'une après-midi du mois d'août vous a mis la tête en ébullition, vos paupières sont fatiguées par le prurit d'une ophtalmie que vous a valu la violente illumination de la journée, la soif vous dévore, et devant vous s'ouvre la poudreuse perspective des kilomètres vous séparant du repos. Cependant quelque chose chante en vous ; oublieux des misères présentes, vous êtes tout heureux de votre course. Pourquoi ? Parce que vous voilà possesseur d'un lambeau d'épiderme pourri. Si c'est bien ainsi, mes jeunes amis, allez de l'avant, vous ferez quelque chose ; ce qui n'est pas, tant s'en faut, je vous en avertis, le moyen de faire son chemin.

Ce lambeau d'épiderme fut examiné avec tous les soins qu'il méritait. Mes premiers soupçons se confirmèrent : un lamellicorne, un scarabéien à l'état de larve est la première nourriture de l'hyménoptère dont je venais d'exhumer le cocon. Mais quel est ce scarabéien ? Et puis, ce cocon, mon riche butin, appartient-il bien à la Scolie ? Le problème commence à se poser. Pour en essayer la solution, il faut revenir au bois des Issards.

J'y suis revenu, et si souvent que ma patience a fini par se lasser avant que la question des Scolies eût reçu satisfaisante réponse. La difficulté n'est pas petite, en effet, dans les conditions où je me trouve. Où fouiller dans l'étendue indéfinie du terrain sablonneux pour rencontrer un point hanté par les Scolies ? Le luchet plonge au hasard, et presque toujours je ne rencontre rien de ce que je cherche. Les mâles, volant à fleur de terre, m'indiquent bien d'abord, avec leur sûreté d'instinct, les emplacements où doivent se trouver des femelles ; mais leurs indications sont fort vagues, à cause de l'amplitude de leurs allées et venues. Si je voulais visiter le sol qu'un seul mâle explore dans son essor à direction toujours changeante, j'aurais à remuer, à un mètre de profondeur peut-être, au moins un are de terrain. C'est trop au-dessus de mes forces et de mes loisirs. Puis, la saison s'avançant, les mâles disparaissent, et me voilà privé de leurs indications. Pour savoir à peu près où plonger le luchet, une seule ressource me reste : c'est d'épier les femelles sortant de terre ou bien y pénétrant. Avec beaucoup de patience et de temps dépensé, cette aubaine, j'ai fini par l'avoir, rarement il est vrai.

Les Scolies ne creusent pas de terrier comparable à celui des autres hyménoptères giboyeurs ; elles n'ont pas de domicile fixe, avec galerie libre, qui s'ouvre à l'extérieur et donne accès dans les cellules, demeures des larves. Pour elles, pas de porte d'entrée et de sortie, pas de corridor pratiqué à l'avance. S'il faut pénétrer en terre, tout point, non remué jusque-là, leur est bon pourvu qu'il ne soit pas trop dur à leurs instruments de fouille, d'ailleurs si puissants ; s'il faut en ressortir, le point d'issue leur est non moins indifférent. La Scolie ne perfore pas le sol traversé ; elle le fouille, elle le laboure des pattes et du front ; et les matériaux remués restent en place, en arrière, obstruant aussitôt le passage suivi. Quand elle va surgir au dehors, son arrivée est annoncée par de la terre fraîche qui s'amoncelle comme sous la poussée du groin de quelque taupe minuscule. L'insecte sort, et la taupinée s'éboule sur elle-même en comblant l'orifice de sortie. Si l'hyménoptère rentre, la fouille, faite en un point arbitraire, donne rapidement une excavation où la Scolie disparaît, séparée de la surface par toute la traînée des matériaux remués.

Je reconnais aisément son passage dans l'épaisseur du sol, à certains cylindres, longs et tortueux, formés de matériaux mobiles au milieu d'une terre tassée et consistante. Ces cylindres sont nombreux, ils plongent parfois à un demi-mètre, ils s'allongent dans toutes les directions, assez souvent se croisent. Aucun ne présente même un simple tronçon de galerie libre. Ce ne sont pas ici, c'est évident, des voies permanentes de communication avec le dehors, mais des pistes de chasse que l'insecte a suivies une fois sans plus y revenir. Que recherchait l'hyménoptère quand il criblait le sol de ces boyaux maintenant pleins d'éboulis ruisselants? Sans doute la pâture de sa famille, la larve dont je possède la dépouille, devenue guenille méconnaissable.

Le jour se fait un peu : les Scolies sont des laboureurs souterrains. Déjà je le soupçonnais, ayant capturé autrefois des Scolies souillées de petits encroûtements terreux aux jointures des pattes. L'hyménoptère, lui si soucieux de propreté, lui dont le moindre loisir est mis à profit pour se brosser et se lustrer, ne peut avoir de semblables taches qu'à la condition d'être un fervent remueur de terre. Je soupçonnais leur métier, et maintenant je le sais. Elles vivent sous terre, où elles fouillent à la recherche des larves de lamellicorne, de même que fouille la taupe à la recherche du ver blanc. Les embrassements des mâles reçus, peut-être même ne remontent-elles que fort rarement à la surface, absorbées qu'elles sont par les soins maternels; et voilà pourquoi, sans doute, ma patience s'épuise à guetter leur entrée et leur sortie.

C'est dans le sous-sol qu'elles stationnent et qu'elles circulent; à l'aide de leurs fortes mandibules, de leur crâne dur, de leurs robustes pattes épineuses, elles se fraient aisément des voies dans la terre meuble. Ce sont des socs vivants. Sur la fin du mois d'août, la population féminine est donc, pour la majeure part, sous terre, affairée au travail de la ponte et de l'approvisionnement. C'est en vain, tout semble me le dire, que j'épierais la venue de quelques femelles au grand jour; il faut me résigner à fouiller au hasard.

Le résultat ne répondit guère à mes laborieuses excavations. Quelques cocons furent trouvés, presque tous rompus comme celui dont j'étais déjà possesseur, et portant, comme lui, appliquée sur le flanc, la peau déguenillée d'une larve du même scarabéien. Deux de ces cocons, restés intacts, renfermaient un hyménoptère adulte et mort. C'était bien la Scolie à deux bandes, précieux résultat qui de mes soupçons faisait certitude.

D'autres cocons furent exhumés, un peu différents d'aspect, contenant l'habitant adulte et mort où je reconnus la Scolie interrompue. Les restes des vivres consistaient encore dans la dépouille épidermique d'une larve également de lamellicorne, mais différente de celle que chasse la première Scolie. Et ce fut tout. Un peu de ci, un peu de là, je remuai quelques mètres cubes de terre, sans parvenir à trouver des provisions fraîches avec l'œuf ou la jeune larve. C'était bien cependant l'époque favorable, l'époque de la ponte, car les mâles, nombreux au début, étaient devenus de jour en jour plus rares jusqu'à disparaître totalement. Mon insuccès tenait à l'incertitude des fouilles, que rien ne pouvait guider sur une étendue illimitée.

Si je pouvais au moins déterminer les Scarabées dont les larves sont le gibier des deux Scolies, le problème serait à demi résolu. Essayons. Je recueille tout ce que déterre le luchet, larves, nymphes et coléoptères adultes. Mon butin consiste en deux lamellicornes : l'*Anoxia villosa* et l'*Euchlora Julii,* que je trouve à l'état parfait, le plus souvent morts, quelquefois vivants. J'obtiens leurs nymphes en petit nombre, excellente fortune, car la dépouille larvaire qui les accompagne me servira de terme de comparaison. Je rencontre en abondance des larves de tout âge. Comparées à la défroque abandonnée par les nymphes, les unes sont reconnues pour appartenir à l'Anoxie, et les autres à l'Euchlore.

Avec ces documents, je constate en complète certitude que la dépouille accolée au cocon de la Scolie interrompue appartient à l'Anoxie. Quant à l'Euchlore, elle n'a rien à faire ici; la larve que chasse la Scolie à deux bandes ne lui appartient pas, non plus que celle de l'Anoxie. A quel scarabée correspond alors la dépouille qui me reste inconnue ? Le lamellicorne cherché doit pourtant se trouver dans le terrain que j'explore, puisque la Scolie à deux bandes s'y est établie. Plus tard, oh ! bien plus tard, j'ai reconnu en quoi pêchaient mes fouilles. Pour éviter sous le luchet le réseau des racines et rendre le travail d'excavation plus aisé, je fouillais les places dénudées, loin des bouquets de chêne-vert; et c'est dans ces fourrés, riches en humus, qu'il m'eût fallu précisément chercher. Là, auprès des vieilles souches, dans le terrain de feuilles mortes et de bois pourri, j'eusse rencontré certainement la larve tant désirée, ainsi que l'établira ce qui me reste à dire.

Là se borne ce que m'ont appris mes premières recherches. Il est à croire que le bois des Issards jamais ne m'aurait fourni les données précises telles que je les désire. L'éloignement des lieux, la fatigue de courses rendues accablantes par la chaleur, l'inconnu des points attaqués, m'auraient rebuté sans doute avant que le problème eût fait un pas de plus. Pour de semblables études, il faut le loisir et l'assiduité du chez soi; il faut la demeure au village. Alors chaque point de votre enclos et des environs vous est familier, et l'on procède à coup sûr.

Vingt-trois années s'écoulent, et me voici à Sérignan, devenu paysan qui tour à tour laboure son carré de papier et son carré de navets. Le 14 août 1880, Favier déménage un tas de terreau provenant de détritus d'herbages et de feuilles amoncelés dans un recoin, contre le mur d'enceinte. Le déménagement a été jugé nécessaire parce que Bull, quand arrive la lune des passions orageuses, profite du monticule pour gagner le faîte de la muraille et de là se rendre à la noce canine dont les effluves de l'air lui ont apporté la nouvelle. Le pèlerinage accompli, il revient, la mine déconfite et l'oreille fendue ; mais toujours prêt, une fois repu, à recommencer l'escapade. Pour couper court à ce dévergondage, qui lui vaut tant de boutonnières à la peau, il a été décidé de transporter ailleurs l'amas de terre qui lui sert d'échelle d'évasion.

Au milieu de son travail de pelle et de brouette, soudain Favier m'appelle : « Trouvaille, Monsieur ; riche trouvaille ! Venez voir. » — J'accours. La trouvaille est somptueuse, en effet, et de nature à me combler de joie en éveillant tous mes vieux souvenirs du bois des Issards. De nombreuses femelles de la Scolie à deux bandes, troublées dans leur travail, émergent çà et là du sein du terreau. Abondent aussi les cocons, chacun juxtaposé à la peau de la pièce de gibier dont s'est nourrie la larve. Tous sont ouverts, mais frais encore : ils datent de la génération présente ; les Scolies que j'exhume les ont quittés depuis peu. J'ai appris plus tard, effectivement, que l'éclosion a lieu dans le courant de juillet.

Dans le même terreau grouille une population de

scarabéiens, sous forme de larves, de nymphes et d'insectes adultes. Il y a là le plus gros de nos coléoptères, le vulgaire Rhinocéros, ou l'Orycte nasicorne. J'en rencontre de récemment libérés, dont les élytres, d'un marron luisant, voient pour la première fois le soleil; j'en rencontre d'autres renfermés dans leur coque de terre, presque aussi grosse qu'un œuf de dinde. Plus commune est sa larve puissante, à lourde bedaine, recourbée en crochet. Je relève la présence d'un second porteur de corne sur le nez, de l'Orycte Silène, bien moindre que son congénère; et d'un scarabée ravageur de mes laitues, le *Pentodon punctatus*.

Mais la population dominante consiste en Cétoines, la plupart incluses dans leurs coques ovoïdes, à parois de terreau et de crottins incrustés. Il y en a de trois espèces différentes : ce sont les *Cetonia aurata, Cetonia morio* et *Cetonia floricola*. La majeure part revient à la première. Leurs larves, si facilement reconnaissables à la singulière aptitude qu'elles ont de marcher sur le dos, les pattes en l'air, se dénombreraient par centaines. Tous les âges sont représentés, depuis le vermisseau presque naissant jusqu'au ver dodu sur le point d'édifier sa coque.

Cette fois, la question des vivres est résolue. Si je compare la dépouille larvaire accolée aux cocons de Scolie avec les larves de Cétoine, ou mieux avec la peau rejetée par ces larves, sous le couvert du cocon, au moment de la transformation en nymphe, il y a parfaite identité. La Scolie à deux bandes approvisionne chacun de ses œufs avec une larve de Cétoine. Voilà l'énigme que mes pénibles recherches au bois des Issards ne m'avaient pas permis de résoudre. Aujourd'hui, sur le seuil de ma porte, l'ardu problème devient un jeu. Il m'est aisé de scruter la question aussi loin que possible ; sans dérangement aucun, à toute heure du jour, à toute époque jugée favorable, j'ai sous les yeux les éléments voulus. Ah! bien aimé village, si pauvre, si rustique, quelle bonne inspiration j'ai eu de venir te demander une retraite d'ermite, où je puisse vivre en société avec mes chères bêtes et tracer ainsi dignement quelques chapitres de leur merveilleuse histoire !

D'après l'observateur italien Passerini, la Scolie des jardins nourrit sa famille avec des larves d'Orycte nasicorne, dans les amas de vieille tannée retirée des serres chaudes. Je ne désespère pas de voir un jour l'hyménoptère colosse venir s'établir dans mes tas de terreau de feuilles mortes où pullule le même scarabée. Sa rareté dans ma région est probablement la seule cause qui ait empêché jusqu'ici mes désirs de se réaliser.

Je viens d'établir que la Scolie à deux bandes a pour aliment du jeune âge des larves de Cétoine et notamment de Cétoine dorée, morio et floricole. Ces trois espèces vivent ensemble dans l'amas de détritus tout à l'heure explorée ; leurs larves diffèrent si peu, que pour les distinguer l'une de l'autre, il me faudrait un examen minutieux, et encore ne serais-je pas certain d'y réussir. Il est à croire que la Scolie ne fait pas de choix entre elles, et qu'elle les utilise toutes les trois indistinctement. Peut-être même s'attaque-t-elle à d'autres, hôtes, comme les précédentes, des monceaux de matières végétales pourries. J'inscris donc d'une façon générale le genre Cétoine comme proie de la Scolie à deux bandes.

Enfin la Scolie interrompue avait pour gibier aux environs d'Avignon, la larve de l'Anoxie velue (*Anoxia villosa*). Aux environs de Sérignan, dans un sol sablonneux semblable, sans autre végétation que quelques maigres gramens, je lui trouve pour vivres l'Anoxie matutinale (*Anoxia matutinalis*), qui remplace ici la velue. Orycte, Cétoine et Anoxie à l'état larvaire, voilà donc le gibier des trois Scolies dont les mœurs nous sont connues. Les trois coléoptères sont des lamellicornes, des scarabéiens. Nous aurons plus tard à nous demander la cause de cette concordance si frappante.

Pour le moment, il s'agit de transporter ailleurs, avec la brouette, l'amas de terreau. C'est le travail de Favier, tandis que je recueille moi-même dans des bocaux la population troublée, pour la remettre en place dans le nouveau tas avec tous les égards que lui doivent mes projets. Ce n'est pas encore l'époque de la ponte, car je ne trouve aucun œuf, aucune jeune larve de Scolie. Septembre apparemment sera le mois propice. Mais il ne peut manquer d'y avoir de nombreux éclopés dans tout ce remue-ménage; des Scolies ont fui qui peut-être auront quelque peine à trouver le nouvel emplacement; j'ai tout mis en désordre dans le tas bouleversé. Pour laisser le calme se rétablir et les habitudes s'invétérer, pour donner à la population le temps de s'accroître et de remplacer les fuyards et les contusionnés, il conviendrait, ce me semble, d'abandonner en paix le tas cette année-ci et de ne reprendre mes recherches que l'an prochain. Après le trouble profond du déménagement, je compromettrais le succès par trop de précipitation. Attendons encore un an. C'est ainsi décidé. Serrant le frein à mon impatience, je me résigne. Tout se borne, la chute des feuilles venue, à grossir le tas où je fais accumuler les détritus jonchant l'enclos, afin d'avoir champ d'exploitation plus riche.

Dès le mois d'août suivant, mes visites au monticule de terreau deviennent quotidiennes. Vers les deux heures de l'après-midi, quand le soleil s'est dégagé des pins voisins et donne sur l'amas, de nombreux mâles de Scolie surviennent des champs voisins, où ils s'abreuvaient sur les capitules du panicaut. Sans cesse allant et revenant d'un mol essor, ils volent autour du monticule. Si quelque femelle surgit hors du terreau, ceux qui l'ont vue se précipitent. Des rixes peu turbulentes décident qui des prétendants sera le possesseur, et le couple s'envole au delà de la muraille d'enceinte. C'est la répétition de ce que j'avais vu au bois des Issards. Le mois d'août n'est pas fini que les mâles ne se montrent plus. Les mères ne se montrent pas davantage, occupées qu'elles sont sous terre à établir leur famille.

Le 2 septembre une fouille est décidée avec mon fils Émile, qui manœuvre la fourche et la pelle, tandis que j'examine les mottes extraites. Victoire! Résultat superbe, comme mon ambition n'eût osé en rêver de plus beau! Voici à foison des larves de Cétoine, toutes flasques, sans mouvement, étalées sur le dos, avec un œuf de Scolie accolé au milieu du ventre; voici de jeunes larves de Scolie, la tête plongée dans les entrailles de leur victime, en voici de plus avancées qui mâchent leurs dernières bouchées sur une proie tarie, réduite à la peau; en voici qui jettent les bases de leur cocon avec une soie rougeâtre, qui semble teinte avec du sang de bœuf; en voici dont les cocons sont parachevés. Tout y est, et en abondance, depuis l'œuf jusqu'à la larve dont la période active est finie. Je note d'une pierre blanche cette journée du 2 septembre; elle me donnait les derniers mots d'une énigme qui, près d'un quart de siècle, m'avait tenu l'esprit en suspens.[1]

Mon butin est religieusement logé dans des bocaux peu profonds, à large ouverture et meublés d'une couche de terreau passé au tamis fin. Sur ce moelleux matelas, identique de nature avec le milieu natal, je pratique du doigt de légères empreintes, des niches, dont chacune reçoit une de mes pièces d'étude, une seule. Un carreau de vitre couvre l'embouchure du récipient. J'évite ainsi une évaporation trop rapide et j'ai sous les yeux mes nourrissons sans crainte de les troubler. Maintenant que tout est en ordre, procédons au relevé des faits.

Les larves de Cétoine que je trouve avec un œuf de Scolie à la face ventrale, sont distribuées au hasard dans le terreau, sans niche spéciale, sans indice aucun d'une édification quelconque. Elles sont noyées dans l'humus, absolument comme le sont les larves non atteintes par l'hyménoptère. Comme me le disaient les fouilles au bois des Issards, la Scolie ne prépare pas de logis pour sa famille; elle est ignorante de l'art cellulaire. Le domicile de sa descendance est fortuit, la mère n'y accorde aucun soin architectural. Tandis que les autres déprédateurs préparent une demeure où les vivres sont transportés, parfois de loin, la Scolie se borne à fouiller sa couche d'humus jusqu'à ce qu'elle rencontre une larve de Cétoine. La trouvaille faite, elle poignarde sur place le gibier afin de l'immobiliser, sur place encore elle dépose un œuf à la face ventrale de la bête paralysée, et c'est tout : la mère se met en quête d'une nouvelle proie sans plus se préoccuper de l'œuf qui vient d'être pondu. Pas de frais de charroi, pas de frais d'habitacle. Au point même où le ver de Cétoine est happé et paralysé, éclôt, se développe et tisse son cocon la larve de Scolie. L'établissement de la famille est ainsi réduit à la plus simple expression.

II

UNE CONSOMMATION PÉRILLEUSE

Sous le rapport de la forme, l'œuf de la Scolie n'a rien de particulier. Il est blanc, cylindrique, droit, de 4 millimètres de longueur à peu près, sur 1 millimètre de largeur. Par son extrémité antérieure, il est fixé sur la ligne médiane du ventre de la victime, bien en arrière des pattes, vers la naissance de la tache brune que forme, à travers la peau, la masse alimentaire.

J'assiste à l'éclosion. Le vermisseau, portant encore à l'arrière la pellicule subtile dont il vient de se dépouiller, est fixé au point où l'œuf adhérait lui-même par son bout céphalique. C'est un spectacle saisissant que celui de la faible créature tout juste éclose et, pour son coup d'essai, trouant la bedaine à son énorme proie, étendue sur le dos. La dent naissante met un jour à la dure besogne. Le lendemain la peau a cédé, et je trouve le nouveau-né avec la tête plongée dans une petite plaie ronde et saignante.

Pour la taille, le vermisseau ne diffère pas de l'œuf, dont je viens de donner les dimensions. Or, la larve de Cétoine, telle qu'il la faut à la Scolie, mesure 30 millimètres de longueur et 9 millimètres de largeur en moyenne; il suit de là que son volume est de 600 à 700 fois celui du ver de la Scolie nouvellement éclos.

Voilà certes une proie qui, mobile, jouant de la croupe et de la mandibule, mettrait le nourrisson en terrible danger. Le péril a été conjuré par le stylet de la mère; et le frêle ver attaque la panse du monstre sans plus d'hésitation que s'il embouchait la mamelle d'une nourrice.

D'un jour à l'autre, la tête de la jeune Scolie plonge plus avant dans le ventre de la Cétoine. Pour passer dans l'étroit pertuis ouvert à travers la peau, la partie antérieure du corps se rétrécit et s'allonge, comme par l'effet d'une filière. La larve acquiert ainsi une forme assez étrange. Sa moitié postérieure, constamment en dehors du ventre de la proie, a la configuration et l'ampleur habituelle chez les larves des hyménoptères fouisseurs; sa moitié antérieure qui, une fois engagée sous la peau de la bête fouillée, n'en sort plus jusqu'au moment de filer le cocon, brusquement s'effile en col de serpent. Cette partie antérieure se moule en quelque sorte sur l'étroit pertuis d'entrée pratiqué dans la peau et garde désormais son fluet moulage. A des degrés divers, pareille configuration se retrouve du reste chez les larves des fouisseurs dont le service consiste en un gibier volumineux, à consommation de longue durée. De ce nombre sont le Sphex languedocien avec son Éphippigère, et de l'Ammophile hérissée avec son Ver gris. Rien de ce brusque étranglement, qui divise l'animal en deux moitiés disparates, ne se montre lorsque les vivres consistent en pièces nombreuses et relativement petites. La larve conserve alors la conformation ordinaire, obligée qu'elle est de passer, à de brefs intervalles, d'une pièce de ses provisions à la pièce suivante.

A partir des premiers coups de mandibules et jusqu'à

ce que la venaison soit épuisée, la larve de Scolie ne retire plus sa tête et son long col de l'intérieur de la bête dévorée. Je soupçonne le motif de cette persistance dans un seul point d'attaque; je crois même entrevoir la nécessité d'un art spécial dans la manière de manger. La larve de Cétoine est un morceau de résistance, morceau unique qui doit, jusqu'à la fin, conserver une convenable fraîcheur. La jeune Scolie doit donc l'attaquer avec réserve, au point, toujours le même, que la mère a choisi à la face ventrale, car le trou d'entrée est ouvert au point exact où l'œuf était fixé. A mesure que le col du nourrisson s'allonge et plonge plus avant, les viscères de la victime sont rongés de proche en proche et méthodiquement, les moins nécessaires d'abord, puis ceux dont l'ablation laisse encore un reste de vie, enfin ceux dont la perte entraîne irrévocablement la mort, suivie de bien près par la pourriture.

Aux premiers coups de dents, on voit sourdre par la plaie le sang de la victime, fluide puissamment élaboré et de digestion facile, où le nouveau-né trouve comme une sorte de laitage. Sa mamelle, à lui, petit ogre, est la panse saignante de la Cétoine. Celle-ci n'en périra pas, du moins de quelque temps. Sont attaquées après les matières grasses enveloppant, de leurs délicates nappes, les organes internes. Encore une perte que la Cétoine peut éprouver sans périr à l'instant. C'est le tour de la couche musculaire tapissant la peau ; c'est le tour des organes essentiels ; c'est le tour des centres nerveux, des réseaux trachéens, et toute lueur de vie s'éteint dans la Cétoine, réduite à un sac vide mais intact, sauf le trou d'entrée ouvert au milieu du ventre. Désormais la pourriture peut gagner cette dépouille ; par sa méthodique consommation, la Scolie a su, jusqu'à la fin, se conserver des vivres frais ; et la voici maintenant qui, replète, reluisante de santé, retire son long col du sac épidermique et se prépare à tisser le cocon où l'évolution s'achèvera.

Que je fasse quelque erreur dans l'exacte succession des organes consommés, c'est possible, car il n'est pas aisé de reconnaître ce qui se passe dans les flancs de la bête fouillée. Le trait dominant de cette savante alimentation, qui procède du moins nécessaire au plus nécessaire pour la conservation d'un reste de vie, n'est pas moins évident. Si l'observation directe ne l'affirmait en partie, l'examen seul de la bête rongée l'affirmerait de la façon la plus formelle.

La larve de Cétoine est, au début, ver dodu. A mesure qu'elle s'épuise sous la dent de la Scolie, elle devient flasque et se ride. En peu de jours, c'est un lardon ratatiné ; puis un sac dont les deux parois se touchent. Et cependant ce lardon et ce sac ont toujours l'aspect de chair fraîche aussi net que pouvait l'avoir le ver non encore entamé. Malgré les morsures répétées de la Scolie, la vie est donc encore là, tenant tête à l'invasion de la pourriture jusqu'à ce que les derniers coups de mandibules soient donnés. Ce reste de vitalité tenace ne dit-il pas à lui seul que les organes primordiaux sont attaqués les derniers ; ne démontre-t-il pas un dépècement gradué du moins essentiel à l'indispensable ?

Voulons-nous constater ce que devient une larve de Cétoine quand, du premier coup, l'organisme est meurtri dans ces centres vitaux? L'expérience est facile, et je n'ai pas manqué de la faire. Une aiguille à coudre détrempée, aplatie en lame, puis retrempée et aiguisée, me donne le plus délicat des scalpels. Avec cet outil, je pratique une fine boutonnière par où j'extirpe la masse nerveuse dont nous aurons bientôt à étudier la remarquable structure. C'est fini : la blessure, d'aspect sans gravité, a fait de la bête un cadavre, un vrai cadavre. J'établis mon opérée sur une couche de terreau frais, dans un bocal avec opercule de verre ; enfin je l'établis dans les mêmes conditions que les larves dont les Scolies se nourrissent. Du jour au lendemain, sans changer de forme, elle devient d'un brun repoussant ; puis elle difflue en infect putrilage. Sur le même lit de terreau, sous le même couvert de verre, dans la même atmosphère moite et tiède, les larves aux trois quarts dévorées par les Scolies, ont toujours, au contraire, l'aspect de chair fraîche.

Si un seul coup de mon poignard, façonné avec la pointe d'une aiguille, amène soudain la mort et à bref délai la pourriture ; si les morsures répétées de la Scolie vident l'animal et le réduisent presque à la peau sans achever de le tuer, l'opposition si frappante des deux résultats provient de l'importance relative des organes lésés. Je détruis les centres nerveux, et sans retour, je tue ma bête, devenue infection demain ; la Scolie s'attaque aux réserves adipeuses, au sang, aux muscles, et ne tue pas la sienne, qui lui fournira une saine nourriture jusqu'à la fin. Mais il est clair que si la Scolie débutait comme je l'ai fait, dès les premiers coups de dents elle n'aurait plus devant elle qu'un véritable cadavre, dont la sanie lui serait fatale dans les vingt-quatre heures. La mère, il est vrai, pour obtenir l'immobilité de la proie, a instillé le venin de son dard sur les centres nerveux. Son opération n'est en rien comparable à la mienne. Elle a procédé en délicat physiologiste qui provoque l'anesthésie ; j'ai opéré en boucher qui dilacère, arrache, extirpe. Les centres nerveux restent intacts sous l'aiguillon. Stupéfiés par le venin, ils ne peuvent plus provoquer de contractions musculaires; mais qui nous dit que, dans leur engourdissement, ils cessent d'être utiles à l'entretien d'une sourde vitalité? La flamme est éteinte, mais la mèche conserve un point incandescent. Moi, brutal tortionnaire, je fais plus que souffler la lampe : j'en rejette la mèche, et tout est fini. Ainsi ferait le ver mordant à pleines mandibules sur la masse nerveuse.

Tout l'affirme : la Scolie et les autres déprédateurs dont les provisions consistent en pièces copieuses, sont doués d'un art particulier de manger, art d'exquise délicatesse qui ménage, jusqu'à consommation finale, des traces de vie dans la proie dévorée. Si la proie est menue, telle prudence est inutile. Voyez, par exemple, les Bembex au milieu de leur tas de diptères. La proie happée est entamée par le dos, le ventre, la tête, le thorax, indifféremment. La larve mâche un point arbitraire, qu'elle abandonne pour en mâcher un second; elle passe à un troisième, à un quatrième, au gré de ses mobiles caprices. Elle semble déguster et choisir par essais répétés les bouchées le mieux à sa convenance. Ainsi mordu en divers points, couvert de plaies, le diptère est bientôt une masse informe que la pourriture gagnerait rapidement si la maigre pièce n'était consommée en une séance. Admettons chez la Scolie cette gloutonnerie sans règle, et l'animal périt à côté de sa corpulente victuaille, qui devait durer fraîche une quinzaine de jours, et n'est presque au début qu'un infect immondice.

Cet art de consommation ménagée ne semble pas d'exercice facile ; du moins la larve, pour peu qu'elle soit détournée de ses voies, ne sait plus appliquer ses hauts talents de table. C'est ce que l'expérimentation va nous démontrer. Je ferai remarquer d'abord qu'en parlant de mon opérée, devenue pourriture dans les vingt-quatre heures, j'ai adopté un cas extrême, pour plus de clarté. La Scolie, en son coup d'essai, ne va pas, ne peut aller jusque-là. Il n'en convient pas moins de se demander si, pour la consommation des vivres, le point d'attaque initial est indifférent, et si la fouille dans les entrailles de la victime comporte un ordre déterminé, en dehors duquel le succès est incertain ou même impossible. A ces délicates questions, nul, je pense, ne saurait répondre. Où la science se tait, le ver peut-être parlera. Essayons.

Je dérange de sa position une larve de Scolie ayant acquis du quart au tiers de son développement. Le long col qui plonge dans le ventre de la victime est assez difficile à extraire, vu la nécessité de tourmenter le moins possible l'animal. J'y parviens avec un peu de patience et les frictions répétées du bout d'un pinceau. La larve de Cétoine est alors retournée, le dos en haut, au fond de la petite cuvette que laisse sur la couche d'humus l'impression du doigt. Enfin sur le dos de la victime, je dépose la Scolie. Voilà mon ver dans les mêmes conditions que tout à l'heure, avec cette différence qu'il a sous les mandibules le dos et non plus le ventre de sa proie.

Toute une après-midi, je le surveille. Il s'agite ; il porte sa petite tête ici, puis là, puis ailleurs ; fréquemment il l'applique sur la Cétoine mais sans la fixer nulle part. La journée s'achève, et il n'a encore rien entrepris. Des mouvements inquiets, et voilà tout. La faim, me disais-je, finira par le décider à mordre. Je me trompais. Le lendemain, je le retrouve plus anxieux que la veille et tâtonnant toujours, sans se résoudre à fixer les mandibules quelque part. Je laisse faire encore une demi-journée sans obtenir aucun résultat. Vingt-quatre heures d'abstinence doivent cependant avoir éveillé un bel appétit, chez lui surtout qui, laissé tranquille, n'aurait pas discontinué de manger.

La fringale ne peut le décider à mordre en un point illicite. Est-ce impuissance de la dent? Certes, non; l'épiderme de la Cétoine n'est pas plus résistant sur le dos que sur le ventre; et puis, sortant de l'œuf, le ver est capable de trouer la peau; à plus forte raison, devenu déjà robuste, l'est-il aujourd'hui. Ce n'est donc pas impuissance; c'est refus obstiné de mordre en un point qui doit être respecté. Qui sait? De ce côté-là, peut-être, se blesserait le vaisseau dorsal, le cœur de la bête, organe indispensable à la vie. Toujours est-il que mes tentatives de faire attaquer la victime par le dos ont échoué. Est-ce à dire que le vermisseau se rende compte le moins du monde du danger qu'il y aurait pour lui s'il provoquait la pourriture en dépeçant maladroitement sa victuaille par le dos? Ce serait insensé que de s'arrêter un instant à pareille idée. Son refus est dicté par un ordre préétabli, auquel il obéit fatalement.

Mes larves de Scolie périraient de faim si je les laissais sur le dos de leur victime. Je remets donc les choses en leur état : la larve de Cétoine le ventre en haut, et par dessus la jeune Scolie. Les précédentes expérimentées pourraient me servir, mais comme j'ai à me précautionner contre les troubles que doit avoir amenés l'épreuve subie, je préfère opérer à nouveaux frais, luxe que me permet l'abondance de ma ménagerie. Une Scolie est dérangée de sa position, la tête extraite des entrailles de la Cétoine ; puis abandonnée à elle-même sur le ventre de la victime. Tout inquiet, le ver tâtonne, hésite, cherche et n'implante les mandibules nulle part, bien que ce soit maintenant la face ventrale qu'il explore. Il n'hésiterait pas davantage établi sur le dos. Qui sait? répéterai-je : de ce côté-là se blesserait peut-être la masse nerveuse, plus essentielle encore que le vaisseau dorsal. Il ne faut pas que l'inexpérimenté vermisseau plonge au hasard les mandibules ; son avenir est compromis s'il donne un coup de dent mal à propos. A bref délai, ses vivres seront changés en pourriture s'il mord en ce point où j'ai moi-même porté l'aiguille façonnée en scalpel. Donc encore une fois, refus absolu d'entamer la peau de la victime autre part qu'au point même où l'œuf était fixé.

La mère choisit ce point, le plus favorable sans doute à la future prospérité de la larve, sans qu'il me soit possible de bien démêler les motifs de ce choix ; elle y fixe l'œuf, et le pertuis à faire est désormais déterminé d'emplacement. C'est là que le vermisseau doit mordre, là seulement, jamais ailleurs. Son invincible refus d'entamer la Cétoine autre part, dût-il périr de faim, nous montre combien est rigoureuse la règle de conduite inspirée à son instinct.

Dans ses tâtonnements, le ver déposé sur la face ventrale de la victime, retrouve tôt ou tard la blessure béante d'où je l'ai éloigné. S'il tarde trop pour mon impatience, je peux moi-même, avec la pointe d'un pinceau, y conduire sa tête. Le ver alors reconnaît l'ouverture qu'il a pratiquée, il y engage le col et plonge peu à peu dans le ventre de la Cétoine, de façon que le primitif état des choses semble exactement rétabli. Et néanmoins le succès de l'éducation est désormais fort incertain. Il est possible que la larve prospère, achève de se développer et file son cocon ; il est possible aussi, — et ce cas n'est pas rare, — que la Cétoine rapidement brunisse et tombe en pourriture. On voit alors la Scolie brunir elle-même, gonflée qu'elle est de matières corrompues ; puis cesser tout mouvement sans avoir essayé de se retirer de la sanie. Elle meurt sur place, empoisonnée par son gibier faisandé outre mesure.

Quelle signification donner à cette brusque corruption des vivres suivie de la mort de la Scolie, lorsque tout paraissait rentré dans l'état normal ? Je n'en vois qu'une. Troublé dans ses actes, détourné de ses voies par mon intervention, l'animal remis sur la blessure d'où je l'avais extrait, n'a pas su retrouver le filon qu'il exploitait quelques minutes avant ; il s'est engagé à l'aventure dans les entrailles de la bête, et quelques morsures intempestives ont mis fin aux dernières étincelles de vitalité. Son trouble l'a rendu maladroit, et sa méprise lui a coûté la vie. Il périt intoxiqué par la riche victuaille qui, consommée suivant les règles, devait le rendre tout rondelet d'embonpoint.

J'ai voulu voir d'une autre manière les effets mortels d'une consommation troublée. Cette fois, c'est la victime elle-même qui brouillera les actes du vermisseau. Telle qu'elle est servie par la mère à la jeune Scolie, la larve de Cétoine est profondément paralysée. Son inertie est complète et si frappante, qu'elle forme un des traits dominants de cette histoire. Mais n'anticipons pas. Il s'agit pour le moment de substituer à cette larve inerte, une larve pareille mais non paralysée, en pleine vie. Pour l'empêcher de se replier en deux et d'écraser le ver, je me borne à rendre immobile la bête, telle que je viens de l'extraire de son terreau natal. Je dois aussi me méfier de ses pattes et de ses mandibules, dont la moindre atteinte éventrerait le nourrisson. Avec quelques liens d'un fil métallique très fin, je la fixe sur une planchette de liège, le ventre en l'air. Puis pour offrir au ver un pertuis tout fait, sachant qu'il se refuserait à l'ouvrir lui-même, je pratique une légère entaille dans la peau, au point où la Scolie dépose son œuf. Le ver est alors mis sur la Cétoine, la tête en contact avec la blessure saignante; et le tout est déposé sur un lit d'humus dans un récipient avec carreau de vitre protecteur.

Impuissante à se remuer, à contorsionner la croupe, à griffer des pattes et happer des mandibules, la larve de Cétoine, sorte de Prométhée enchaîné sur le roc, offre sans défense le flanc au petit vautour qui doit lui ronger les entrailles. Sans trop d'hésitation, la jeune Scolie s'attable à la blessure faite par mon scalpel, et qui pour elle représente la plaie d'où je viens de l'enlever. Elle plonge le col dans le ventre de sa proie, et pendant une paire de jours les choses semblent marcher à souhait. Puis, voici que la Cétoine se putréfie et que la Scolie périt, empoisonnée par les ptomaïnes du gibier décomposé. Comme je l'ai déjà vu, elle brunit et meurt sur place, toujours à demi engagée dans le cadavre toxique.

L'issue mortelle de mon expérience aisément s'explique. La larve de Cétoine est dans la plénitude de vie.

Avec des liens, il est vrai, j'ai aboli ses mouvements externes pour donner au nourrisson table tranquille, exempte de péril; mais il n'a pas été en mon pouvoir de maîtriser les mouvements internes, tressaillements des viscères et des muscles qu'irritent l'immobilité forcée et les morsures de la Scolie. La victime possède toute sa sensibilité, et elle traduit comme elle peut par des contractions la douleur éprouvée. Dérouté par ces frémissements, ces soubresauts d'une chair endolorie, dérangé à chaque bouchée, le ver mâche à l'aventure et tue la bête à peine entamée. Avec une proie paralysée d'un coup de dard, suivant les règles, les conditions seraient bien différentes. Pas de mouvements externes, pas de mouvements internes non plus quand les mandibules mordent, parce que la victime est insensible. Le ver, que rien ne trouble, peut alors, avec une parfaite sûreté de coups de dents, suivre sa méthode savante de consommation.

Ces résultats merveilleux m'intéressaient trop pour ne pas m'inspirer de nouvelles combinaisons dans mes recherches. Des études antérieures m'avaient appris que les larves des fouisseurs sont assez indifférentes sur la nature du gibier, bien que la mère les serve toujours de la même manière. J'étais parvenu à les élever avec des proies très variées, sans rapport aucun avec les proies normales. Je reviendrai plus tard sur ce sujet, dont j'espère faire ressortir la haute portée philosophique. Servons-nous de ces données, informons-nous de ce qui advient lorsqu'on donne à la Scolie une nourriture qui n'est pas la sienne.

Je choisis dans mon tas de terreau, mine inépuisable, deux larves d'Orycte nasicorne, au tiers environ de leur développement total, afin que leur volume ne soit pas disporportionné avec celui de la Scolie, et reproduise à peu près celui de la Cétoine. L'une d'elles est paralysée par une piqûre à l'ammoniaque dans les centres nerveux. Son ventre est entaillé d'une fine boutonnière, sur laquelle je dépose la Scolie. Le mets plaît à mon élève, et il serait bien singulier qu'il en fût autrement quand une autre Scolie, celle des jardins, se nourrit de l'Orycte. Le mets lui convient, car il ne tarde pas à pénétrer à demi dans la succulente bedaine. Tout va bien, cette fois. L'éducation réussira-t-elle? Pas le moins du monde. Le troisième jour, l'Oryctc se décompose et la Scolie périt. Qui accuser de l'échec? Moi ou le ver? moi qui, trop maladroitement peut-être, ai pratiqué la piqûre ammoniacale; le ver qui, novice dépeceur d'une proie différente de la sienne, n'a pas su son métier avec un service changé, et s'est mis à mordre quelque part où le moment n'était pas encore venu de mordre?

Dans l'incertitude, je recommence. Cette fois je n'interviendrai pas, et ma maladresse sera hors de cause. Comme je viens de l'exposer au sujet de la larve de Cétoine, la larve d'Oryctc est maintenant fixée avec des liens, toute vivante, sur une plaque de liège. Je fais, comme toujours, une petite ouverture au ventre, pour allécher le ver au moyen d'une blessure saignante et lui faciliter l'accès. Même résultat négatif. En peu de temps, l'Orycte est une masse infecte sur laquelle gît le nourrisson empoisonné. L'échec était prévu : aux difficultés d'une proie inconnue de mon élève, s'ajoutaient les troubles suscités par les contractions d'un animal non paralysé.

Recommençons encore, et cette fois avec un gibier

paralysé, non par moi, inepte opérateur, mais par un praticien dont la haute compétence soit au-dessus de toute discussion. La fortune me sert à souhait : j'ai découvert la veille, dans un chaud abri, au pied d'un talus sablonneux, trois loges de Sphex languedocien, chacune avec son Éphippigère et l'œuf récemment pondu. Voilà le gibier qu'il me faut, gibier corpulent, de taille convenable pour la Scolie, et de plus, condition superbe, paralysé suivant les règles de l'art par un maître parmi les maîtres.

Comme d'habitude, j'installe mes trois Éphippigères dans un bocal, avec lit de terreau ; j'enlève l'œuf du Sphex, et sur chaque victime, après lui avoir légèrement entaillé la peau du ventre, je dépose une jeune larve de Scolie. Pendant trois à quatre jours, sans hésitation, sans indice aucun de répugnance, mes élèves se nourrissent de ce gibier, si nouveau pour eux. Aux fluctuations du canal digestif, je reconnais que l'alimentation s'opère en règle ; les choses ne se passeraient pas autrement si le service était une larve de Cétoine. Un changement si profond dans le régime n'altère en rien l'appétit. Mais la prospérité est de courte durée. Vers le quatrième jour, un peu plus tôt pour l'une, un peu plus tard pour l'autre, les trois Éphippigères se putréfient en même temps que les Scolies meurent.

Ce résultat a son éloquence. Si j'avais laissé l'œuf du Sphex éclore, la larve issue de ce germe se serait nourrie de l'Éphippigère ; et pour la centième fois, j'aurais eu sous les yeux un spectacle incompréhensible, le spectacle d'un animal qui, dévoré parcelle à parcelle pendant près de deux semaines, se vide, s'amaigrit, s'affaisse sur lui-même, se ratatine, en conservant jusqu'à la fin la fraîcheur des chairs propre à la vie. A cette larve de Sphex est substituée une larve de Scolie, à peu près de pareille taille ; le repas restant le même, le convive change, et l'hygiène des chairs fraîches fait rapidement place à la peste des chairs corrompues. Ce qui sous la dent du Sphex serait longtemps resté nourriture saine, promptement devient sanie toxique sous la dent de la Scolie.

Pour expliquer la conservation des vivres jusqu'à finale consommation, nul moyen d'invoquer une propriété antiseptique dont serait doué le venin instillé par l'hyménoptère lors des coups de dard paralysateurs. Les trois Éphippigères avaient été opérées par le Sphex. Aptes à se conserver sous les mandibules des larves du Sphex, pourquoi sont-elles promptement tombées en pourriture sous les mandibules des larves de la Scolie ? Toute idée d'antiseptique est forcément écartée : un liquide préservateur qui agirait dans le premier cas, ne pourrait manquer d'agir dans le second, ses vertus n'étant pas sous la dépendance de la dent du consommateur.

Lecteurs versés dans les connaissances qui se rattachent à mon problème, interrogez, je vous en prie, cherchez, creusez et voyez quelle peut être la cause de la conservation des vivres lorsque le consommateur est un Sphex, et de leur prompte pourriture lorsque le consommateur est une Scolie. Quant à moi, je n'en vois qu'une ; et je doute très fort qu'on en puisse donner une autre.

Il y a pour les deux larves un art spécial de manger, déterminé par la nature du gibier. Le Sphex, attablé sur une Éphippigère, nourriture qui lui est dévolue, connaît à fond l'art de la consommer, et sait ménager, jusqu'à la fin, la lueur de vie qui la maintient fraîche ; mais s'il lui fallait se repaître d'une larve de Cétoine, dont l'organisation différente dérouterait ses talents de dépeceur, il n'aurait bientôt devant lui qu'un monceau de pourriture. La Scolie, à son tour, connaît la méthode pour consommer la larve de Cétoine, son invariable lot ; mais elle ignore l'art de manger l'Éphippigère, bien que le mets lui plaise. Inhabiles à dépecer ce gibier inconnu, ses mandibules tranchent au hasard et achèvent de tuer la bête dès leurs premiers essais dans les profondeurs de la proie. Tout le secret est là.

Encore un mot dont je ferai profit dans un autre chapitre. Je remarque que les Scolies auxquelles je sers des Éphippigères paralysées par le Sphex, se maintiennent en excellent état, malgré le changement de régime, tant que les vivres gardent leur fraîcheur. Elles languissent lorsque le gibier se faisande, elles périssent quand survient la pourriture. Leur mort a donc pour cause, non un mets insolite, mais un empoisonnement par quelqu'un de ces toxiques redoutables qu'engendre la corruption animale et que la chimie désigne sous le nom de ptomaïnes. Aussi, malgré le fatal dénouement de mes trois essais, je reste persuadé que l'étrange éducation aurait eu plein succès si les Éphippigères ne s'étaient pas corrompues, enfin si les Scolies avaient su les manger suivant les règles.

Quel art délicat et périlleux que celui de manger chez ces larves carnassières approvisionnées d'une pièce unique, dont elles doivent faire curée une quinzaine de jours, sous la condition expresse de ne la tuer qu'aux derniers moments ! Notre science physiologique, dont nous sommes, à juste raison, si fiers, pourrait-elle tracer, sans erreur, la méthode à suivre dans la succession des bouchées ? Comment un misérable ver a-t-il appris lui-même ce que notre savoir ignore ? Par l'habitude, répondront les darwinistes, qui voient dans l'instinct une habitude acquise.

Avant de décider sur cette grave affaire, veuillez considérer que le premier hyménoptère, quel qu'il soit, s'avisant d'alimenter sa progéniture avec une larve de Cétoine ou tout autre gros gibier dont la conservation devait durer longtemps, forcément ne pouvait laisser de descendance si, dès la première génération, n'était observé, dans toute sa scrupuleuse prudence, l'art de consommer les vivres sans provoquer la pourriture. N'ayant rien encore appris par habitude, par transmission d'atavisme, puisqu'il débutait, le nourrisson mordait sur sa victuaille au hasard. C'était un affamé, sans ménagement pour sa proie. Il taillait sur sa pièce à l'aventure ; et nous venons de voir les fatales conséquences d'un coup de mandibule mal dirigé. Il périssait, — je viens de l'établir de la façon la plus formelle, — il périssait, empoisonné par son gibier, mort et pourri.

Pour prospérer, il lui fallait, quoique novice, connaître le permis et le défendu dans sa fouille à travers les entrailles de la bête ; et ce difficile secret, il ne lui suffisait pas de le posséder par à peu près ; il lui était indispensable de le posséder à fond, car une seule morsure, si le moment n'en était pas encore venu, entraînait infailliblement sa perte. Les Scolies de mes expériences ne sont pas des novices, tant s'en faut : elles descendent de dépeceurs pratiquant leur art depuis qu'il y a des Scolies au monde ; et néanmoins elles périssent toutes par l'effet de la pourriture des rations servies, quand je veux les alimenter avec des Éphippigères paralysées par le Sphex. Très instruites dans la méthode d'attaquer la Cétoine, elles ignorent comment il faut s'y prendre pour consommer avec réserve un gibier nouveau pour elles. Ce qui leur échappe se réduit à quelques détails, le métier d'ogre nourri de chair fraîche leur étant familier dans ses généralités ; et ces détails méconnus suffisent pour faire de nourriture poison. Qu'était-ce donc à l'origine, quand la larve mordait pour la première fois sur une opulente victime? L'inexpérimentée périssait, cela ne fait pas l'ombre d'un doute, à moins d'admettre l'absurde : l'antique larve se nourrissant de ces terribles ptomaïnes qui, si promptement, tuent sa descendance aujourd'hui.

On ne me fera jamais admettre et nul esprit non prévenu n'admettra que l'aliment d'autrefois soit devenu poison atroce. Ce que mangeait l'antique larve, c'était de la chair fraîche et non de la pourriture. On n'admettra pas davantage que les chances du hasard aient amené du premier coup le succès dans une alimentation si pleine d'embûches : le fortuit est dérisoire au milieu de telles complications. A l'origine, la consommation est rigoureusement méthodique, conforme aux exigences organiques de la proie dévorée, et l'hyménoptère fait race ; ou bien elle est hésitante, sans règles déterminées, et l'hyménoptère ne laisse pas de successeur. Dans le premier cas, c'est l'instinct inné ; dans le second, c'est l'habitude acquise.

Étrange acquisition, vraiment! On la suppose faite par un être impossible, on l'admet grandissant dans des successeurs non moins impossibles. Quand la pelote de neige, peu à peu roulant, devient enfin boule énorme, faut-il encore que le point de départ ne soit pas nul. La boule suppose la pelote, aussi petite qu'on le voudra. Or, à l'origine des habitudes acquises, si j'interroge les possibilités, j'obtiens zéro pour toute réponse. Si l'animal ne sait pas à fond son métier, s'il lui faut acquérir quelque chose, à plus forte raison s'il lui faut tout acquérir, il périt, c'est inévitable. La pelote manquant, la boule de neige ne se fera pas. S'il n'a rien à acquérir, s'il sait tout ce qu'il lui importe de savoir, il vit prospère et laisse descendance. Mais alors, c'est l'instinct inné, l'instinct qui n'apprend rien et n'oublie rien, l'instinct immuable dans le temps.

Édifier des théories ne m'a jamais souri, je les tiens toutes en suspicion. Argumenter nébuleusement avec des prémisses douteuses ne me convient pas davantage. J'observe, j'expérimente et laisse la parole aux faits. Ces faits nous venons de les entendre. A chacun maintenant de décider si l'instinct est une faculté innée ou bien une habitude acquise.

III

LA LARVE DE CÉTOINE

C'est en moyenne une douzaine de jours que dure la période d'alimentation de la Scolie. La victuaille n'est plus alors qu'un sac chiffonné, une peau vidée jusqu'à la dernière parcelle nutritive. Un peu avant, la teinte feuille morte annonce l'extinction de l'ultime étincelle de vie dans la bête dévorée. La dépouille est refoulée de côté pour laisser l'espace libre, un peu d'ordre est mis dans la salle à manger, informe cavité à parois croulantes, et la larve de Scolie se met, sans tarder, au travail du cocon.

Les premières assises, échafaudage général prenant appui çà et là sur l'enceinte de terreau, consistent en un tissu grossier d'un rouge de sang. Simplement déposée, ainsi que l'exigeaient mes études, dans une dépression pratiquée du bout du doigt sur le lit d'humus, la larve ne parvient pas à filer son cocon, faute d'une voûte où elle puisse fixer les fils supérieurs de son lacis. Pour travailler à leur coque, toutes les larves filandières ont besoin de s'isoler dans un hamac suspenseur, qui fasse autour d'elles enceinte à claire voie, et leur permette, dans tous les sens, la régulière distribution du tissu. Si le plafond manque, le cocon ne peut se former par le haut, l'ouvrière n'ayant pas les points d'appui nécessaires.

Dans ces conditions, mes larves de Scolies parviennent, tout au plus, à tapisser leur fossette d'un épais molleton de soie rougeâtre. Découragées par de vaines tentatives, quelques-unes périssent. On les dirait tuées par la soie qu'elles négligent de dégorger dans leur impuissance de l'utiliser convenablement. Si l'on n'y veillait, ce serait là, dans les éducations artificielles, une cause très fréquente d'insuccès. Mais le péril reconnu, le remède est facile. Je fais plafond au-dessus de la niche avec une courte bandelette de papier superposée. Si je désire voir comment les choses se passent, je courbe la bandelette en un cintre, en un demi-canal dont les deux extrémités sont ouvertes. Qui voudra essayer à son tour les fonctions d'éducateur, pourra tirer profit de ces menus détails de la pratique.

En vingt-quatre heures, le cocon est achevé, du moins il ne permet plus d'apercevoir la larve, qui sans doute épaissit encore la paroi de sa demeure. Ce cocon est d'abord d'un roux ardent ; plus tard, il tourne au brun marron clair. Sa forme est celle d'un ellipsoïde dont le grand axe mesure 26 millimètres, et le petit axe 11 millimètres. Ces dimensions, du reste un peu variables, appartiennent aux cocons femelles. Pour l'autre sexe, elles sont moindres et peuvent descendre jusqu'à 17 millimètres de longueur sur 7 millimètres de largeur.

Les deux extrémités de l'ellipsoïde ont même configuration, à tel point qu'on ne peut distinguer le bout céphalique du bout anal qu'à la faveur d'un caractère particulier indépendant de la forme. Le bout céphalique est flexible et cède à la pression des pinces ; le bout anal est dur et ne cède pas. L'enceinte est double, comme pour les cocons des Sphégiens. L'enveloppe externe, composée de soie pure, est mince, flexible, de peu de résistance. Elle est étroitement superposée à l'enveloppe interne, et de partout aisément séparable, si ce n'est à l'extrémité anale, où elle adhère à la seconde enveloppe. D'une part l'adhésion et d'autre part la non adhésion entre les deux enceintes sont cause des différences que les pinces constatent en prenant les extrémités du cocon.

L'enceinte intérieure est ferme, élastique, rigide, et jusqu'à un certain point cassante. Je n'hésite pas à la regarder comme formée d'un tissu de soie que la larve, sur la fin du travail, a profondément imbibé d'une sorte de laque préparée, non par les glandes sérifiques, mais bien par l'estomac. Les cocons de Sphex nous ont déjà montré une laque pareille. Ce produit du ventricule chylique est d'un brun marron. C'est lui qui, saturant l'épaisseur du tissu, fait disparaître le roux vif du début et le remplace par du brun. C'est lui encore qui, plus abondamment dégorgé au pôle inférieur du cocon, soude en ce point les deux enveloppes.

C'est vers le commencement de juillet qu'a lieu l'éclosion de l'insecte parfait. La sortie s'opère sans effraction violente, sans déchirures irrégulières. Une fissure nette et circulaire se déclare à quelque distance du sommet, et le bout céphalique du cocon se détache tout d'une pièce ainsi qu'un opercule simplement juxtaposé. On dirait que le reclus n'a qu'à soulever un couvercle en le cognant du front, tant la ligne de séparation est précise, du moins pour l'enceinte intérieure, la plus solide et la plus importante des deux. Quant à l'enveloppe externe, son peu de résistance lui permet de se rompre sans difficulté lorsque l'autre cède.

Je ne vois pas au juste par quel art l'hyménoptère

parvient à détacher avec tant de régularité la calotte de la coque intérieure. Est-ce là travail de tailleur qui découpe l'étoffe avec les mandibules pour ciseaux? Je n'ose l'admettre, tant est coriace le tissu et net le cercle de section. Les mandibules ne sont pas assez acérées pour trancher sans laisser de bavures; et puis quelle sûreté géométrique ne leur faudrait-il pas pour la perfection d'un travail qui semble obtenu avec le compas.

Je soupçonne donc que la Scolie confectionne d'abord le sac extérieur suivant la méthode habituelle, c'est-à-dire en distribuant le fil d'une manière uniforme, sans dispositions spéciales pour une région de la paroi plutôt que pour une autre ; et qu'elle change après son mode de tissage pour s'occuper de l'œuvre maîtresse, de la coque intérieure. Alors apparemment elle imite les Bembex, qui tissent d'abord une nasse, dont l'ample ouverture leur permet de cueillir au dehors des grains de sable pour les incruster un à un dans le réseau soyeux ; et qui terminent l'ouvrage par une calotte adaptée à l'embouchure de la nasse. Ainsi est ménagée une ligne circulaire de moindre résistance, suivant laquelle se fait plus tard la rupture du coffret. Si la Scolie travaille, en effet, de la sorte, tout s'explique : la nasse encore ouverte lui permet d'imbiber de laque, à l'extérieur comme à l'intérieur, la coque centrale, qui doit acquérir la consistance du parchemin; enfin la calotte qui complète et clôture l'édifice, laisse pour l'avenir une ligne circulaire de nette et facile déhiscence.

C'est assez sur la larve de la Scolie. Revenons à ses vivres, dont nous ne connaissons pas encore la remarquable structure. Pour être consommée avec la délicate réserve anatomique qu'impose la nécessité d'avoir des vivres frais jusqu'à la fin, la larve de Cétoine doit être plongée dans une complète immobilité : des tressaillements de sa part, — les expérimentations que j'ai entreprises le prouvent assez, — décourageraient le ver rongeur et troubleraient le dépècement qu'il importe de conduire avec tant de circonspection. Il ne suffit pas que la victime soit impuissante à se déplacer au milieu du terreau, il faut de plus que toute contraction soit abolie dans son robuste organisme musculaire.

En son état normal, cette larve, pour peu qu'elle soit inquiétée, s'enroule sur elle-même, à peu près comme le hérisson ; et les deux moitiés de la face ventrale viennent s'appliquer l'une sur l'autre. On est tout surpris de la puissance déployée par la bête pour se maintenir ainsi contractée. Si l'on cherche à la dérouler, les doigts éprouvent une résistance que la taille de l'animal était loin de faire soupçonner. Pour maîtriser cette espèce de ressort ramassé sur lui-même, il faut le violenter, à tel point que l'on craint, en persistant, de voir se rompre tout à coup, avec projection d'entrailles, l'indomptable volute.

Pareille énergie musculaire se retrouve dans les larves de l'Orycte, de l'Anoxie, du Hanneton. Appesanties par une lourde bedaine et vivant sous terre, où elles se nourrissent soit d'humus, soit de racines,ces larves ont toutes la constitution vigoureuse nécessaire pour traîner leur corpulence dans un milieu résistant. Toutes aussi se bouclent en un crochet qu'on ne maîtrise pas sans effort.

Or, que deviendraient l'œuf et le ver naissant des Scolies, établis sous le ventre, au centre de l'enroulement de la Cétoine, ou bien dans le crochet de l'Orycte et de l'Anoxie? Ils seraient écrasés entre les mâchoires de l'étau vivant. Il faut que l'arc se débande et que le croc s'ouvre, sans possibilité aucune de retour à l'état de tension. La prospérité des Scolies exige davantage : il faut que ces vigoureuses croupes aient perdu toute aptitude à un simple frémissement, cause de trouble dans une alimentation qui doit être conduite avec tant de prudence.

La larve de Cétoine sur laquelle est fixé l'œuf de la Scolie à deux bandes, remplit à merveille les conditions voulues. Elle gît sur le dos, au sein du terreau, le ventre étalé en plein. Vieil habitué que je suis du spectacle de proies paralysées par le dard de l'hyménoptère déprédateur, je ne peux réprimer ma surprise devant la profonde immobilité de la victime que j'ai sous les yeux. Chez les autres proies à téguments flexibles, chenilles, grillons, mantes, criquets, éphippigères, je constatais au moins quelques pulsations de l'abdomen, quelques faibles contorsions sous le stimulant de la pointe d'une aiguille. Ici rien. Inertie absolue, sauf dans la tête, où je vois, de loin en loin, les pièces de la bouche s'ouvrir et se fermer, les palpes frémir, les courtes antennes osciller. Une piqûre avec la pointe d'une aiguille n'amène aucune contraction, n'importe le point piqué. Lardé de part en part avec un poinçon, l'animal ne bouge, si peu que ce soit. Un cadavre n'est pas plus inerte. Jamais, depuis mes plus lointaines recherches, je n'ai été témoin d'une paralysie aussi profonde. J'ai vu bien des merveilles dues au talent chirurgical de l'hyménoptère ; mais celle d'aujourd'hui les dépasse toutes.

Mon étonnement redouble si je considère dans quelles conditions défavorables opère la Scolie. Les autres paralyseurs travaillent à l'air libre, en plein jour. Rien ne les gêne. Ils ont pleine liberté d'action pour happer la proie, la maintenir, la sacrifier ; ils voient le patient et peuvent déjouer ses moyens de défense, éviter ces tenailles, ces harpons. Le point où les points qu'il s'agit d'atteindre sont à leur portée ; ils y plongent le stylet sans entraves.

Pour la Scolie, au contraire, que de difficultés ! Elle chasse sous terre, dans l'obscurité la plus noire. Ses mouvements sont rendus pénibles et mal assurés par le terreau qui s'éboule continuellement autour d'elle ; elle ne peut, du regard, surveiller les terribles mandibules qui, d'un seul coup, lui trancheraient le corps en deux. De plus, la Cétoine, sentant l'ennemi venir, prend sa posture de défense, s'enroule et fait cuirasse, avec la convexité du dos, à la seule partie vulnérable, la face ventrale. Non, ce ne doit pas être opération aisée que de dompter la robuste larve dans sa retraite souterraine, et de la poignarder avec la précision qu'exige une paralysie immédiate.

Assister à la lutte des deux adversaires et reconnaître directement comment les choses se passent, on le souhaite mais sans espoir d'y parvenir. Les événements se déroulent dans les mystères du terreau ; au grand jour l'attaque ne se ferait pas, car la victime doit rester sur place et recevoir aussitôt l'œuf, dont l'évolution ne peut prospérer que sous le chaud couvert de l'humus. Si l'observation directe est impraticable, on peut du moins entrevoir les traits principaux du drame en se laissant guider par les manœuvres de guerre des autres fouisseurs.

Je me figure donc les choses ainsi. Fouillant et refouillant l'amas de terreau, peut-être guidée par cette singulière sensibilité des antennes qui permet à l'Ammophile hérissée de reconnaître sous terre le Ver gris, la Scolie finit par trouver une larve de Cétoine, dodue, faite à point, parvenue à sa pleine croissance, telle qu'il la faut au ver qu'elle doit alimenter. Aussitôt l'assaillie fait la boule, désespérément se contracte. L'autre la happe par la peau de la nuque. La dérouler lui est impossible, lorsque moi-même je peine pour y réussir. Un seul point est accessible au dard : le dessous de la tête, ou plutôt des premiers segments, placés à l'extérieur de la volute pour que le dur crâne de l'animal fasse rempart à l'extrémité d'arrière, moins bien défendue. Là plonge, et là seulement peut plonger dans une région très circonscrite, le dard de l'hyménoptère. Un seul coup de lancette est donné en ce point, un seul puisqu'il n'y a pas place pour d'autres ; et cela suffit : la larve est paralysée à fond.

A l'instant sont abolies les fonctions nerveuses, les contractions musculaires cessent, et l'animal se déroule comme un ressort cassé. Désormais inerte, il gît sur le dos, la face ventrale étalée en plein d'un bout à l'autre. Sur la ligne médiane de cette face, vers l'arrière, à proximité de la tache brune due à la bouillie alimentaire contenue dans l'intestin, la Scolie dépose son œuf, et sans plus, abandonne le tout sur les lieux mêmes du meurtre, pour se mettre en recherche d'une autre victime.

Ainsi doit se passer l'action; les résultats hautement le témoignent. Mais alors la larve de Cétoine doit présenter une structure bien exceptionnelle dans son appareil nerveux. La violente contraction de la bête ne laisse à l'aiguillon qu'un seul point d'attaque, le dessous du col, mis sans doute à découvert lorsque l'assaillie cherche à se défendre avec les mandibules ; et d'un coup de dard en ce point unique résulte cependant une paralysie comme je n'en ai jamais vu d'aussi complète. Il est de règle que les larves ont un centre d'innervation pour chaque segment. Tel est, en particulier, le cas du Ver gris sacrifié par l'Ammophile hérissée. Celle-ci est versée dans le secret anatomique : elle poignarde la chenille à nombreuses reprises, d'un bout à l'autre, segment par segment, ganglion par ganglion. Avec pareille organisation, la larve de Cétoine, invinciblement roulée sur elle-même, braverait la chirurgie du paralyseur.

Si le premier ganglion était atteint, les autres resteraient indemnes; et la puissante croupe, animée par ceux-ci, ne perdrait rien de ses contractions. Malheur alors à l'œuf, au jeune ver comprimé dans son étreinte ! Et puis quelles difficultés insurmontables si la Scolie devait, au milieu des éboulis du sol, dans une obscurité profonde, en face de redoutables mandibules, piquer du dard tour à tour chaque segment, avec la sûreté de méthode que déploie l'Ammophile ! La délicate opération est praticable à l'air libre, où rien ne gêne, au grand jour, où le regard guide le scalpel, et sur un patient qu'il est toujours possible de lâcher s'il devient dangereux. Mais dans l'obscurité, sous terre, au milieu des décombres d'un plafond que la lutte fait crouler, côte à côte avec un adversaire bien supérieur en force, sans retraite possible lorsque le danger presse, comment diriger le dard avec la précision requise si les coups doivent se répéter ?

Paralysie si profonde, difficulté de la vivisection sous

terre, enroulement désespéré de la victime, tout me l'affirme : la larve de Cétoine, sous le rapport de l'appareil nerveux, doit posséder une structure à part. Dans les premiers segments, à peu près sous le col, doit se concentrer, en une masse de peu d'étendue, l'ensemble des ganglions. Je le vois clairement comme si déjà l'autopsie me le montrait.

Jamais prévision anatomique ne s'est mieux confirmée par l'examen direct. Après quarante-huit heures de séjour dans la benzine, qui dissout la graisse et rend plus visible le système nerveux, la larve de Cétoine est soumise à la dissection. Qui n'est pas étranger à de pareilles études comprendra ma joie. Quelle école savante que celle de la Scolie! C'est bien cela; parfait! Les ganglions thoraciques et abdominaux sont réunis en une seule masse nerveuse située dans le quadrilatère que délimitent les quatre pattes postérieures, pattes très rapprochées de la tête. C'est un petit cylindre d'un blanc mat, de 3 millimètres environ de longueur sur un demi-millimètre de largeur. Voilà l'organe que doit atteindre le dard de la Scolie pour obtenir la paralysie de tout le corps, sauf la tête pourvue de ganglions spéciaux. Il en part de nombreux filaments qui animent les pattes et la puissante couche musculaire, organe moteur par excellence de l'animal. A la simple loupe, ce cylindre apparaît légèrement sillonné en travers, preuve de sa structure complexe. Sous le microscope, il se montre formé par la juxtaposition intime, par la soudure bout à bout de dix ganglions, qui se distinguent l'un de l'autre par un léger étranglement. Les plus volumineux sont le premier, le quatrième et le dixième ou dernier; tous les trois à peu près égaux entre eux. Les autres, pour le volume, ne sont guère, chacun, que la moitié ou même le tiers des précédents.

La Scolie interrompue éprouve les mêmes difficultés de chasse et de chirurgie quand elle attaque, dans le sol croulant et sablonneux, la larve soit de l'Anoxie velue, soit de l'Anoxie matutinale suivant la région; et ces difficultés, pour être surmontées, exigent dans la victime un système nerveux condensé comme celui de la Cétoine. Telle est ma logique conviction avant tout examen, tel est aussi le résultat de l'observation directe. Soumise au scalpel, la larve de l'Anoxie matutinale me montre ses centres d'innervation pour le thorax et l'abdomen, réunis en un court cylindre qui, situé très avant, presque immédiatement après la tête, ne dépasse pas en arrière le niveau de la seconde paire de pattes. Le point vulnérable est de la sorte aisément accessible au dard, malgré la posture de défense de l'animal, qui se contracte et se boucle. Dans ce cylindre, je reconnais onze ganglions, un de plus que pour la Cétoine. Les trois premiers ou thoraciques sont nettement distincts l'un de l'autre, quoique très rapprochés; les suivants sont tous contigus. Les plus gros sont les trois thoraciques et le onzième.

Ces faits reconnus, le souvenir me vint d'un travail de Swammerdam sur le ver du Monocéros, notre Orycte nasicorne. De fortune, j'avais par extraits le *Biblia naturæ,* l'œuvre magistrale du père de l'anatomie de l'insecte. Le vénérable bouquin fut consulté. Il m'apprit que le savant Hollandais avait été frappé, bien avant moi, d'une particularité anatomique semblable à celle que les larves des Cétoines et des Anoxies venaient de me montrer dans leurs centres d'innervation. Après avoir constaté dans le Ver-à-soie un appareil nerveux formé de ganglions distincts l'un de l'autre, il est tout surpris de trouver dans la larve de l'Orycte le même appareil concentré en une courte chaîne de ganglions juxtaposés. Sa surprise était celle de l'anatomiste qui, étudiant l'organe pour l'organe, voit pour la première fois une conformation insolite. La mienne était d'un autre ordre : j'étais émerveillé de la précision avec laquelle la paralysie de la victime sacrifiée par la Scolie, paralysie si profonde malgré les difficultés d'une opération pratiquée sous terre, avait conduit mes prévisions de structure lorsque, devançant l'autopsie, j'affirmais une concentration exceptionnelle du système nerveux. La physiologie voyait ce que l'anatomie ne montrait pas encore, du moins à mes yeux, car depuis, en feuilletant mes livres, j'ai appris que ses particularités anatomiques, alors si nouvelles pour moi, sont maintenant du domaine de la science courante. On sait que, chez les Scarabéiens, la larve ainsi que l'insecte parfait sont doués d'un appareil nerveux concentré.

La Scolie des jardins attaque l'Orycte nasicorne; la Scolie à deux bandes, la Cétoine; la Scolie interrompue, l'Anoxie. Toutes les trois opèrent sous terre, dans les conditions les plus défavorables; et toutes les trois ont pour victime une larve de Scarabéien, qui, par l'exceptionnelle disposition de ses centres nerveux, seule entre toutes les larves, se prête aux succès de l'hyménoptère. Devant ce gibier souterrain, si varié de grosseur et de forme, et malgré cela si judicieusement choisi pour une paralysie facile, je n'hésite pas à généraliser, et j'admets pour ration des autres Scolies des larves de lamellicornes dont les observations futures détermineront l'espèce.

Peut-être que l'une d'elles sera reconnue comme donnant la chasse au redoutable ennemi de mes cultures, le vorace Ver blanc, larve du Hanneton; peut-être que la Scolie hémorrhoïdale, rivalisant de grosseur avec la Scolie des jardins et comme elle, sans doute, exigeant copieuse victuaille, sera inscrite dans le livre d'or des insectes utiles comme destructeur du Hanneton foulon, ce superbe coléoptère moucheté de blanc sur fond noir ou marron, qui, le soir, au solstice d'été, broute le feuillage des pins. J'entrevois, sans pouvoir préciser, de vaillants auxiliaires agricoles dans ces consommateurs de vers de Scarabées.

La larve de Cétoine n'a figuré jusqu'ici qu'à titre de proie paralysée; considérons-la maintenant dans son état normal. Avec son dos convexe et sa face ventrale presque plane, l'animal a la forme d'un demi-cylindre, plus renflé dans la partie d'arrière. Sur le dos, chacun des anneaux, sauf le dernier ou anal, se plisse en trois gros bourrelets, hérissés de cils fauves et raides. L'anneau anal, beaucoup plus ample que les autres, est arrondi au bout et fortement rembruni par le contenu de l'intestin, contenu que laisse entrevoir la peau translucide; il est hérissé de cils comme les autres, mais lisse, sans bourrelets. A la face ventrale, les anneaux sont dépourvus de plis; et les cils, quoique abondants, le sont un peu moins que sur le dos. Les pattes, bien conformées du reste, sont courtes et débiles par rapport à l'animal. La tête a pour crâne une solide calotte cornée. Les mandibules sont robustes, coupées en biseau, avec trois ou quatre dents noires sur la troncature.

Son mode de locomotion en fait un être à part, exceptionnel, bizarre, comme il n'y en a pas d'autre exemple, à ma connaissance, dans le monde des insectes. Bien que doué de pattes, un peu courtes il est vrai, mais après tout aussi valides que celles d'une foule d'autres larves, l'animal n'en fait jamais usage pour la marche. C'est sur le dos qu'il progresse, toujours sur le dos, jamais autrement. A l'aide de mouvements vermiculaires, les cils dorsaux donnant appui, il chemine le ventre en l'air, les pattes gigottant dans le vide. Qui voit pour la première fois cette gymnastique à rebours, croit d'abord à quelque effarement de la bête, qui se démène, dans le danger, comme elle peut. On la remet sur le ventre, on la couche sur le flanc. Rien n'y fait : obstinément elle se renverse et revient à la progression dorsale. C'est sa manière de cheminer sur une surface plane; elle n'en a pas d'autre.

Ce renversement du mode ambulatoire lui est tellement particulier, qu'il suffit à lui seul, aux yeux les plus inexperts, pour reconnaître aussitôt la larve de Cétoine. Fouillez l'humus que forme le bois décomposé dans les troncs caverneux des vieux saules, cherchez au pied des souches pourries ou dans les amas de terreau, s'il vous tombe sous la main quelque ver grassouillet qui marche sur le dos, l'affaire est sûre : votre trouvaille est une larve de Cétoine.

Cette progression à l'envers est assez rapide et ne le cède pas en vitesse à celle d'une larve de même obésité cheminant sur des pattes. Elle lui serait même supérieure sur une surface polie, où la marche pédestre est entravée par de continuels glissements, tandis que les nombreux cils des bourrelets dorsaux y trouvent l'appui nécessaire en multipliant les points de contact. Sur le bois raboté, sur une feuille de papier et jusque sur une lame de verre, je vois mes larves se déplacer avec la même aisance que sur une nappe de terreau. En une minute, sur le bois de ma table, elles parcourent une longueur de deux décimètres. Sur une feuille de papier cloche, deux décimètres encore. La vitesse n'est pas plus grande sur un lit horizontal de terreau tamisé. Avec une lame de verre, la distance parcourue se réduit de moitié. La glissante surface ne paralyse qu'à demi l'étrange locomotion.

Mettons en parallèle la larve de la Cétoine avec celle de l'Anoxie matutinale, gibier de la Scolie interrompue. C'est à peu de chose près la larve du vulgaire Hanneton. Ver replet, lourdement ventru, casqué d'une épaisse calotte rousse et armé de mandibules fortes et noires, vigoureux outils de fouille et de dépècement des racines. Pattes robustes, que termine un ongle crochu. Lourde et longue bedaine rembrunie. Mis sur la table, l'animal se couche sur le flanc; il se démène sans possibilité d'avancer et même de se maintenir soit sur le ventre soit sur le dos. Dans sa posture habituelle, il est fortement recourbé en crochet. Je ne le vois jamais se rectifier en entier; le volumineux abdomen s'y oppose. Mis sur une nappe de sable frais, l'animal ventripotent ne parvient pas à se déplacer davantage : courbé en hameçon, il gît sur le flanc.

Pour creuser la terre et s'enfouir, il fait usage du bord antérieur de la tête, sorte de houe dont les pointes sont les deux mandibules. Les pattes interviennent dans ce travail, mais avec bien moins d'efficacité. Il parvient ainsi à se creuser un puits de peu de profondeur. Alors, prenant appui contre la paroi, à l'aide de mouvements vermiculaires que favorisent les cils courts et raides dont tout le corps est hérissé, le ver se déplace et plonge dans le sable, mais toujours péniblement.

A quelques détails près, ici sans importance, répétons ce croquis de la larve de l'Anoxie, et nous aurons, la grosseur étant pour le moins quadruple, le croquis de la larve de l'Oryctе nasicorne, le monstrueux gibier de la Scolie des jardins. Même aspect général, même exagération du ventre, même flexion en croc, même impossibilité de la station sur les pattes. Autant faut-il en dire de la larve du Scarabée Pentodon, commensal de l'Oryctе et de la Cétoine.

IV

LE PROBLÈME DES SCOLIES

Tous les faits exposés, un rapprochement est à faire. Nous savons déjà que les chasseurs de coléoptères, les Cerceris, s'adressent exclusivement aux Charançons et aux Buprestes, c'est-à-dire aux genres dont l'appareil nerveux présente un degré de concentration comparable à celui du gibier de Scolies. Ces déprédateurs, opérant en plein air, sont exempts des difficultés qu'ont à surmonter leurs émules travaillant sous terre. Leurs mouvements sont libres et guidés par la vue; mais sous un autre rapport, leur chirurgie est aux prises avec un problème des plus ardus.

La victime, un coléoptère, est de partout couvert d'une cuirasse impénétrable au dard. Seules, les articulations peuvent livrer passage au stylet venimeux. Celles des pattes ne répondent nullement aux conditions imposées : le résultat de leur piqûre serait un simple trouble partiel qui, loin de dompter l'animal, le rendrait plus dangereux en l'irritant davantage. La piqûre par l'articulation du cou n'est pas acceptable : elle léserait les ganglions cervicaux et amènerait la mort, suivie de la pourriture. Il ne reste ainsi que l'articulation entre le corselet et l'abdomen.

Il faut qu'en pénétrant là, le dard abolisse d'un seul

coup tous les mouvements, si périlleux pour l'éducation future. Le succès de la paralysie exige donc que les ganglions moteurs, au moins les trois ganglions thoraciques, soient rassemblés et contigus entre eux en face de ce point. Ainsi est déterminé le choix des Charançons et des Buprestes, les uns et les autres si puissamment cuirassés.

Mais si la proie n'a que des téguments mous, incapables d'arrêter l'aiguillon, le système nerveux concentré n'est plus nécessaire, car l'opérateur, versé dans les arcanes anatomiques de sa victime, sait à merveille où gisent les centres d'innervation; et il les blesse l'un après l'autre, du premier au dernier s'il le faut. Ainsi se comportent les Ammophiles en présence de leurs chenilles ; les Sphex en présence de leurs Criquets, de leurs Éphippigères, de leurs Grillons.

Avec les Scolies reparaît la proie molle, à peau perméable au dard n'importe le point atteint. La tactique des paralyseurs de chenilles, qui multiplient leurs coups de lancette, se reproduira-t-elle ici? Non, car la gêne des mouvements sous terre ne permet pas une opération aussi compliquée. C'est la tactique des paralyseurs d'insectes cuirassés qui maintenant est seule praticable parce que le coup de dard étant unique, l'œuvre chirurgicale se réduit à son expression la plus simple, ainsi que l'imposent les difficultés d'une opération souterraine. Il faut alors aux Scolies, destinées à chercher et à paralyser sous le sol les victuailles de leur famille, une proie rendue très vulnérable par le rapprochement des centres nerveux ainsi que le sont les Charançons et les Buprestes des Cerceris ; et tel est le motif qui leur a fait échoir en partage les larves des Scarabéiens.

Avant de parvenir à ce lot si restreint et si judicieusement choisi, avant de connaître le point précis, presque mathématique, où le dard doit pénétrer pour amener soudain une immobilité durable, avant de savoir consommer sans péril de pourriture une proie si corpulente, enfin avant de réunir ces trois conditions de succès, que faisaient donc les Scolies ?

Elles hésitaient, cherchaient, essayaient, répondra l'école de Darwin. Une longue suite de tâtonnements aveugles a fini par réaliser la combinaison la plus favorable, combinaison désormais perpétuée par la transmission de l'atavisme. Cette coordination savante entre le but et les moyens fut, à l'origine, un résultat fortuit.

Le hasard ! refuge commode. Je hausse les épaules lorsque je l'entends invoquer pour expliquer la genèse d'un instinct aussi complexe que celui des Scolies. Au début l'animal tâtonne, dites-vous ; ses préférences n'ont rien de déterminé. Pour nourrir sa larve carnassière, il prélève tribut sur tout genre de gibier, en rapport avec les forces du chasseur et les appétits du nourrisson ; sa descendance fait essai de ceci, puis de cela, puis d'autre chose, à l'aventure, jusqu'à ce que les siècles accumulés aient amené le choix dont la race se trouve le mieux. Alors se fixe l'habitude, devenue l'instinct.

Soit. Admettons pour l'antique Scolie une proie différente de celle qu'adopte le déprédateur moderne. Si la famille prospérait avec une alimentation maintenant délaissée, on ne voit pour la descendance aucun motif d'en changer ; l'animal n'a pas les caprices gastronomiques d'un gourmet rendu difficile par la satiété. De ce régime, la prospérité faisait habitude, et l'instinct se fixait autre qu'il n'est aujourd'hui. Si la nourriture primitive, au contraire, ne convenait pas, la famille périclitait, et tout essai d'amélioration dans l'avenir devenait impossible, la mère mal inspirée ne laissant pas d'héritiers.

Pour échapper à la strangulation par ce double lacet, la théorie répondra que les Scolies descendent d'un précurseur, être indéterminé, mobile de mœurs, mobile de formes, se modifiant suivant les milieux, les régions, les conditions climatériques, et se ramifiant en races dont chacune est devenue une espèce avec les attributs qui la caractérisent aujourd'hui. Le précurseur est le *Deus ex machinâ* du transformisme. Quand la difficulté devient par trop pressante, vite un précurseur qui comblera les vides, vite un être imaginaire, nébuleux jouet de l'esprit. C'est vouloir illuminer une obscurité avec une autre plus noire ; c'est faire éclairer le jour par un entassement de nuées. Des précurseurs se trouvent plus aisément que des raisons valables. Mettons néanmoins à l'essai celui des Scolies.

Que faisait-il ? Étant bon à tout, il faisait un peu de tout. Dans sa lignée se trouvèrent des novateurs qui prirent goût à miner le sable et l'humus. Là, furent rencontrées les larves de la Cétoine, de l'Orycte, de l'Anoxie, succulents morceaux pour l'éducation de la famille. Par degrés, l'hyménoptère indécis revêtit les formes robustes exigées par le travail sous terre ; par degrés il apprit à poignarder savamment ses dodues voisines ; par degrés il acquit l'art si délicat de consommer sa proie sans la tuer, par degrés enfin, la grasse nourriture aidant, il devint la forte Scolie qui nous est familière. Ce point franchi, l'espèce est façonnée ainsi que son instinct.

Voilà bien des degrés, et des plus lents, et des plus incroyables, alors que l'hyménoptère ne peut faire race qu'à la condition expresse d'un succès parfait dès le premier essai. N'insistons pas davantage sur l'insurmontable objection ; admettons qu'au milieu de tant de chances défavorables quelques favorisés survivent, de plus en plus nombreux, d'une génération à l'autre, à mesure que se perfectionne l'art de la périlleuse éducacation. Les légères variations dans un même sens s'ajoutent, forment une intégrale définie, et voici finalement l'antique précurseur devenu la Scolie de notre époque.

A l'aide d'une phraséologie vague, qui jongle avec le secret des siècles et l'inconnu de l'être, est aisément édifiée une théorie où se complet notre paresse, rebutée qu'elle est par les études pénibles, dont le résultat final est le doute encore plus que l'affirmation. Mais si, loin de nous satisfaire de généralités nébuleuses et d'adopter comme monnaie courante des mots consacrés par la vogue, nous avons la persévérance de scruter la vérité aussi avant que possible, les choses changent grandement d'aspect et sont reconnues bien moins simples que ne le disent nos vues trop précipitées. Généraliser, est certes, travail de haute valeur : la science n'existe qu'à cette condition-là. Gardons-nous toutefois d'une généralisation non assise sur des bases assez multipliées, assez solides.

Lorsque ces bases manquent, le grand généralisateur, c'est l'enfant. Pour lui, la gent emplumée, c'est l'oiseau tout court ; et la gent reptilienne, le serpent, sans autre différence que celle du gros au petit. Ignorant tout, il généralise au plus haut degré ; il simplifie dans son impuissance de voir le complexe. Plus tard, il apprendra que le moineau n'est pas le bouvreuil, que la linotte n'est pas le verdier; il particularisera, et chaque jour davantage, à mesure que son esprit d'observation sera mieux exercé. Il ne voyait d'abord que des ressemblances, il voit maintenant des différences, mais non toujours assez bien pour éviter des rapprochements incongrus.

Dans l'âge mûr, il commettra, — la chose est à peu près certaine, — des solécismes zoologiques pareils à ceux que me débite mon jardinier. Favier, le vieux soldat, n'a jamais ouvert un livre, et pour cause. Il sait à peu près chiffrer : le chiffre, bien plus que la lecture, est imposé par les brutalités de la vie. Ayant promené sa gamelle dans trois parties du monde, il a l'esprit ouvert et la mémoire bourrée de souvenirs, ce qui ne l'empêche pas, lorsque nous causons un peu des bêtes, d'émettre les affirmations les plus insensées. Pour lui, la chauve-souris est un rat qui a pris des ailes; le coucou est un épervier retiré des affaires; la limace, un escargot qui, prenant de l'âge, a perdu sa coquille; l'engoulevent, le *Chaoucho-grapaou* comme il l'appelle, est un vieux crapaud qui, passionné de laitage, s'est emplumé pour venir, dans les bergeries, téter les chèvres. On ne lui ôterait pas ces idées biscornues de la tête. Favier est, on le voit, un transformiste à sa façon, un transformiste de haute volée. Rien ne l'arrête dans la filiation animale. Il a réponse à tout : ceci vient de cela. Si vous lui demandez pourquoi? il vous répond : voyez la ressemblance.

Lui reprocherons-nous ces insanités lorsque nous entendons cet autre acclamer l'anthropopithèque, le précurseur de l'homme, séduit qu'il est par les formes de la guenon? Rejetterons-nous les métamorphoses du *Chaoucho-grapaou* lorsqu'on vient sérieusement nous dire : Dans l'état actuel de la science, il est parfaitement démontré que l'homme descend de quelque macaque à peine dégrossi. Des deux transformations, celle de Favier me semble encore la plus admissible. Un peintre, de mes amis, frère du grand symphoniste Félicien David, me faisait un jour part de ses réflexions sur la structure humaine. — *Vé, moun bel ami,* me disait-il, *vé : l'homé a lou dintré d'un por et lou déforo d'uno mounino.* — Je livre la boutade du peintre à qui serait désireux de faire dériver l'homme du marcassin, lorsque le macaque sera démodé. D'après David, la filiation s'affirme par les ressemblances internes : *L'homé a lou dintré d'un por.*

L'artisan de précurseurs ne voit que des ressemblances organiques, et dédaigne les différences d'aptitude. A ne consulter que l'os, la vertèbre, le poil, les nervures de l'aile, les articles de l'antenne, l'imagination peut dresser tel arbre généalogique que demanderont nos systèmes, car enfin l'animal, dans sa généralisation la plus large, est formulé par un tube qui digère. Avec ce facteur commun, la voie est ouverte à toutes les divagations. Une machine se juge, non d'après tel ou tel rouage, mais d'après la nature du travail accompli. Le monumental tourne-broche d'une auberge de rouliers et le chronomètre Bréguet ont, l'un et l'autre, des rouages engrenés de façon à peu près similaire. Mettrons-nous ensemble les deux mécaniques? Oublierons-nous que l'une fait tourner devant l'âtre un quartier de mouton, et que l'autre fractionne le temps en secondes?

De même, l'échafaudage organique est dominé de bien haut par les aptitudes de l'animal, les aptitudes psychiques surtout, cette caractéristique supérieure. Que le Chimpanzé, que le hideux Gorille aient avec nous d'intimes ressemblances de structure, c'est évident. Mais consultons un peu les aptitudes. Quelles différences, quel abîme de séparation! Sans s'élever jusqu'au fameux roseau dont parle Pascal, ce roseau qui, dans sa faiblesse, et par cela seul qu'il se sait écrasé, est supérieur à l'univers qui l'écrase, on peut exiger au moins qu'on nous montre quelque part l'animal se créant un outil, multiplicateur de l'adresse et de la force, et prenant possession du feu, élément primordial du progrès. Maître de l'outil et du feu! Ces deux aptitudes, si simples qu'elles soient, caractérisent mieux l'homme que le nombre de ses vertèbres et de ses molaires.

Vous nous dites que l'homme, d'abord brute velue, marchant à quatre pattes, s'est dressé sur les pattes de derrière et a perdu ses poils; et vous nous démontrez avec complaisance de quelle manière s'est effectuée l'élimination du pelage hirsute. Au lieu d'étayer un système sur une poignée de bourre gagnée ou perdue, peut-être conviendrait-il mieux d'établir comment la brute originelle est parvenue à la possession de l'outil et du feu. Les aptitudes ont plus d'importance que les poils, et vous les négligez parce que là vraiment réside l'insurmontable difficulté. Voyez comme le grand maître du transformisme hésite, balbutie lorsqu'il veut faire entrer l'instinct, de gré ou de force, dans le moule de ses formules. Ce n'est pas aussi commode à manier que la couleur du pelage, la longueur de la queue, l'oreille pendante ou dressée. Ah! oui, le maître sait bien que c'est là que le bât le blesse. L'instinct lui échappe et fait crouler sa théorie.

Reprenons ce que les Scolies nous apprennent sur cette question qui, d'un ricochet à l'autre, touche à notre propre origine. D'après les idées darwiniennes, nous avons admis un précurseur inconnu qui, d'essais en essais, aurait adopté pour provision de bouche les larves de Scarabéiens. Ce précurseur, modifié par la variété des circonstances, se serait subdivisé en ramifications, dont l'une, fouillant l'humus et préférant la Cétoine à tout autre gibier, hôte du même tas, est devenue la Scolie à deux bandes; dont une autre, adonnée encore à l'exploration du terreau, mais faisant choix de l'Orycte, a laissé pour descendance la Scolie des jardins; dont une troisième enfin, s'établissant dans les terres sablonneuses et y trouvant l'Anoxie, a été l'ancêtre de la Scolie interrompue. A ces trois ramifications doivent incontestablement s'en adjoindre d'autres qui complètent la série des Scolies. Leurs mœurs ne m'étant connues que par analogie, je me borne à les mentionner.

D'un précurseur commun dériveraient donc, au moins, les trois espèces qui me sont familières. Pour franchir la distance du point de départ au point d'arrivée, toutes les trois ont eu à vaincre des difficultés, très graves considérées isolément, et aggravées encore par cette circonstance que l'une d'elles surmontée n'aboutit à rien si les autres n'ont pas également heureuse issue. Il y a là, pour le succès, une suite de conditions, chacune avec des chances presque nulles, et dont l'ensemble se réalisant est une absurdité mathématique, si le hasard seul doit être invoqué.

Et d'abord, comment l'antique Scolie, ayant à pourvoir de vivres sa famille carnassière, a-t-elle adopté pour gibier uniquement des larves qui par la concentration de leur système nerveux font une exception si remarquable et si limitée dans la série des insectes? Quelle chance le hasard lui offrait-il d'avoir pour lot cette proie, la plus convenable de toutes parce qu'elle est la plus vulnérable? La chance de l'unité en face du nombre indéfini des espèces entomologiques. Un pour, l'immensité contre.

Poursuivons. La larve de Scarabéien est happée sous terre, pour la première fois. L'assaillie proteste, se défend à sa manière, s'enroule et de partout présente au dard une surface dont la blessure est sans péril sérieux. Il faut pourtant que l'hyménoptère, tout novice, choisisse pour y plonger son arme empoisonnée, un point, un seul, étroitement limité et caché dans les replis de l'animal. S'il se trompe, il est perdu peut-être : la bête, irritée par la cuisante piqûre, est de force à l'éventrer sous les crocs de ses mandibules. S'il échappe au danger, il périra du moins sans laisser descendance, les vivres nécessaires manquant. Le salut est là pour lui et pour sa race : du premier coup, il lui faut atteindre le petit noyau nerveux qui mesure à peine un demi-millimètre de largeur. Quelle chance a-t-il de plonger là le stylet, si rien ne le guide ? La chance de l'unité en face du nombre de points composant le corps de la victime. Un pour et l'immensité contre.

Allons toujours. Le dard a réussi, la grasse larve est immobilisée. En quel point maintenant convient-il de déposer l'œuf? En avant, en arrière, sur les flancs, sur le dos, sur le ventre? Le choix n'est pas indifférent. Le jeune ver percera la peau de sa victuaille au point même où l'œuf était fixé; et l'ouverture faite, il ira de l'avant sans scrupule. Si ce point d'attaque est mal choisi, le nourrisson est exposé à rencontrer bientôt sous les mandibules un organe essentiel, qu'il importait de respecter jusqu'à la fin pour conserver les vivres frais. Rappelons-nous avec quelle difficulté l'éducation s'achève quand on dérange la petite larve de l'emplacement choisi par la mère. La pourriture du gibier promptement arrive, et avec elle la mort de la Scolie.

Il me serait impossible de préciser les motifs qui font adopter le point où l'œuf est déposé; j'entrevois des raisons générales, mais les détails m'échappent, faute d'être suffisamment versé dans les questions les plus délicates de l'anatomie et de la physiologie entomologique. Ce que je sais en parfaite certitude, c'est l'invariabilité du point choisi pour le dépôt de l'œuf. Sans une seule exception, sur toutes les victimes extraites de l'amas de terreau, — et elles sont nombreuses, — l'œuf est fixé en arrière de la face ventrale, à la naissance de la tache brune formée par le contenu de l'appareil digestif.

Si rien ne la guide, quelle chance a la mère de coller son œuf en ce point, toujours le même parce qu'il est privilégié pour le succès de l'éducation? Une bien petite, représentée par le rapport de deux ou trois millimètres carrés à la superficie totale de la proie.

Est-ce tout? Pas encore. Le ver éclôt, il perce le ventre de la Cétoine au point voulu, il plonge son long col dans les viscères, il fouille et se repaît. S'il mord à l'aventure, si pour le choix des morceaux il n'a d'autre guide que les préférences du moment et les brutalités d'un appétit impérieux, infailliblement il s'expose à l'intoxication par la pourriture, car la proie lésée dans les organes qui lui conservent un reste de vie, achèvera de mourir dès les premières bouchées. La copieuse pièce doit être consommée avec un art prudent ; ceci avant cela, et après cela autre chose, toujours avec méthode jusqu'à ce que s'approchent les derniers coups de dent. Alors c'est la fin de la vie pour la Cétoine, mais c'est aussi la fin du repas pour la Scolie. Si le ver est novice consommateur, si un instinct spécial ne conduit ses mandibules dans le ventre de la proie, quelle chance a-t-il de réussir dans sa périlleuse alimentation? La chance qu'aurait un loup affamé de faire la fine anatomie de son mouton quand il tire à lui avidement, déchire par lambeaux et engloutit.

Ces quatre conditions de succès, avec la chance si voisine de zéro pour chacune, doivent se réaliser toutes à la fois sinon l'éducation ne peut aboutir. La Scolie a-t-elle fait capture d'une larve à centres nerveux rassemblés, d'une larve de Cétoine, par exemple, ce n'est rien encore si elle ne dirige pas son dard vers l'unique point vulnérable. Connaît-elle à fond l'art de poignarder la victime, ce n'est rien encore si elle ignore où il convient de fixer l'œuf. L'emplacement convenable trouvé, tout ce qui précède ne compte pas si le ver n'est pas instruit de la méthode à suivre pour dévorer la proie tout en la conservant vivante. Ou tout, ou rien.

Qui oserait évaluer la chance finale sur laquelle est basée l'avenir de la Scolie ou de son précurseur, cette chance complexe dont les facteurs sont quatre événements infiniment peu probables, on dirait presque quatre impossibilités ? Et pareil concours serait un résultat fortuit, d'où dériverait l'instinct actuel. Allons donc!

Sous un autre aspect, le darwinisme a des démêlés avec les Scolies et leur proie. Dans le tas de terreau que j'exploite pour écrire cette histoire vivent ensemble trois genres de larves appartenant au groupe des Scarabéiens : la Cétoine, l'Orycte, le Scarabée pentodon. Leur structure interne est à peu près pareille, leur nourriture est la même et consiste en matières végétales décomposées; leurs mœurs sont identiques : vie souterraine dans des galeries de mine fréquemment renouvelées, grossier cocon ovoïde en matériaux terreux. Milieu, régime, industrie, structure interne, tout est semblable, et cependant l'une des trois larves, celle de la Cétoine, fait avec ses commensales une disparate des plus singulières; seule parmi les Scarabéiens, mieux que cela, seule dans l'immense série des insectes, elle progresse sur le dos.

Si les différences portaient sur quelques maigres détails de structure, minutieux domaine du classificateur, sans hésiter on passerait outre; mais un animal qui se renverse pour marcher le ventre en l'air et n'adopte jamais d'autre manière de locomotion, quoique ayant des pattes, de bonnes pattes, mérite certainement examen. Comment la bête a-t-elle acquis sa bizarre méthode ambulatoire, pourquoi s'est-elle avisée de marcher au rebours des autres animaux?

A des questions pareilles, la science en vogue a toujours une réponse prête : adaptation au milieu. La larve de Cétoine vit dans des galeries croulantes, qu'elle pratique au sein du terreau. Semblable au ramoneur qui se fait appui du dos, des reins et des genoux pour se hisser dans l'étroit canal d'une cheminée, elle se ramasse sur elle-même, elle applique contre la paroi du couloir d'une part le bout du ventre, d'autre part sa forte échine, et de l'effort combiné de ces deux leviers résulte la progression. Les pattes, d'un usage très restreint, presque nul, s'atrophient, tendent à disparaître comme le fait tout organe sans emploi; le dos, au contraire, principal moteur, se renforce, se sillonne de robustes plis, se hérisse de grappins ou de cils; et graduellement, par adaptation à son milieu, la bête arrive à perdre la marche qu'elle ne pratique pas, et à la remplacer par la reptation sur le dos, mieux appropriée aux galeries souterraines.

Voilà qui est bien. Mais alors dites-moi, je vous prie, pourquoi les larves de l'Orycte et du Scarabée dans l'humus, pourquoi la larve de l'Anoxie dans le sable, pourquoi la larve du Hanneton dans la terre de nos cultures, n'ont-elles pas acquis, elles aussi, l'aptitude à marcher sur le dos? Dans leurs galeries, elles suivent la méthode des ramoneurs tout aussi bien que le fait la larve de Cétoine; pour progresser, elles s'aident rudement de l'échine sans être encore parvenues à cheminer le ventre en l'air. Auraient-elles négligé de s'accommoder aux exigences du milieu? Si l'évolution et le milieu sont cause de la marche renversée de l'une, j'ai le droit, à moins de me payer de mots, d'en exiger autant des autres, lorsque leur organisation est si voisine et le genre de vie identique.

Je tiens en médiocre estime des théories qui, de deux cas similaires, ne peuvent interpréter l'un sans être en contradiction avec l'autre. Elles me font sourire, quand elles tournent à la puérilité. Exemple : pourquoi le tigre a-t-il le pelage fauve avec des raies noires? Affaire du milieu, répond un maître en transformisme. Embusqué dans les fourrés de bambous où l'illumination dorée du soleil est découpée par les bandes d'ombre du feuillage, l'animal, pour mieux se dissimuler, a pris la teinte de son milieu. Les rayons de soleil ont donné le fauve du pelage ; les bandes d'ombre en ont donné les traits noirs.

Et voilà. Qui n'admettra pas l'explication sera bien difficile. Je suis un de ces difficiles. Si c'était là cocasserie de table, après boire, entre la poire et le fromage, volontiers je ferais chorus ; mais hélas ! trois fois hélas ! cela se débite sans rire, magistralement, solennellement, comme le dernier mot de la science. Toussenel, en son temps, proposait aux naturalistes une insidieuse question. Pourquoi, leur disait-il, les canards ont-ils une petite plume frisée sur le croupion? — Nul, que je sache, ne répondit au malin questionneur, le transformisme n'étant pas encore là. De nos jours le parce que viendrait à l'instant, aussi lucide, aussi motivé que le parce que du pelage du tigre.

Assez d'enfantillages. La larve de Cétoine marche sur le dos parce qu'elle a toujours marché ainsi. Le milieu ne fait pas l'animal; c'est l'animal qui est fait pour le milieu. A cette philosophie naïve, tout à fait vieux jeu, j'en adjoins une autre que Socrate formulait ainsi : Ce que je sais le mieux, c'est que je ne sais rien.

V

LES PARASITES

En août et septembre, engageons-nous dans quelque ravin à pentes nues et violemment ensoleillées. S'il se présente un talus cuit par les chaleurs de l'été, un recoin tranquille à température d'étuve, faisons halte : il y a là riche moisson à cueillir. Ce petit Sénégal est la patrie d'une foule d'hyménoptères, les uns mettant en silos, pour provision de bouche de la famille, ici des charançons, des criquets, des araignées, là des mouches de toutes sortes, des abeilles, des mantes, des chenilles ; les autres amassant du miel, qui dans des outres en baudruche, des pots en terre glaise, qui dans des sacs en cotonnade, des urnes en rondelles de feuilles.

A la gent laborieuse qui pacifiquement maçonne, ourdit, tisse, mastique, récolte, chasse et met en magasin, se mêle la gent parasite qui rôde, affairée, d'un domicile à l'autre, fait le guet aux portes et surveille l'occasion favorable d'établir sa famille aux dépens d'autrui.

Navrante lutte, en vérité, que celle qui régit le monde de l'insecte et quelque peu aussi le nôtre? A peine un travailleur a-t-il, s'exténuant, amassé pour les siens, que les improductifs accourent lui disputer son bien. Pour un qui amasse, ils sont parfois cinq, six et davantage acharnés à sa ruine. Il n'est pas rare que le dénouement soit pire que larcin et devienne atroce. La famille du travailleur, objet de tant de soins, pour laquelle logis a été construit et provisions amassées, succombe, dévoré par des intrus, lorsque est acquis le tendre embonpoint du jeune âge. Recluse dans une cellule fermée de partout, défendue par sa coque de soie, la larve, ses vivres consommés, est saisie d'une profonde somnolence pendant laquelle s'opère le remaniement organique nécessaire à la future transformation. Pour cette éclosion nouvelle qui d'un ver doit faire une abeille, pour cette refonte générale dont la délicatesse exige repos absolu, toutes les précautions de sécurité ont été prises.

Ces précautions seront déjouées. Dans la forteresse inaccessible, l'ennemi saura pénétrer, chacun ayant sa tactique de guerre machinée avec un art effrayant. Voici qu'à côté de la larve engourdie un œuf est introduit au moyen d'une sonde ; ou bien, si pareil instrument fait défaut, un vermisseau de rien, un atome vivant, rampe, glisse, s'insinue et parvient jusqu'à la dormeuse, qui ne se réveillera plus, devenu succulent lardon pour son féroce visiteur. De la loge et du cocon de sa victime l'intrus fera sa loge à lui, son cocon à lui ; et l'an prochain, au lieu du maître de céans, il sortira de dessous terre le bandit usurpateur de l'habitation et consommateur de l'habitant.

Voyez celui-ci, bariolé de noir, de blanc et de rouge, à tournure de lourde fourmi velue. Il explore pédestrement le talus, il visite les moindres recoins, il ausculte le terrain du bout des antennes. C'est une Mutille, fléau des larves au berceau. La femelle est privée d'ailes, mais pourvue, en sa qualité d'hyménoptère, d'un cuisant stylet. Aux yeux du novice, aisément elle passe pour une sorte de robuste fourmi, que rend exceptionnelle sa criarde livrée d'Arlequin. Amplement ailé et plus gracieux de forme, le mâle vole, allant et revenant sans cesse, à quelques pouces au-dessus de la nappe sablonneuse. Des heures durant sur la même piste, à l'exemple des Scolies, il épie la sortie des femelles hors de terre. Si notre surveillance ne s'impatiente pas, nous verrons la mère, après avoir erré au pas de course, s'arrêter quelque part, gratter, fouiller et finalement déblayer une galerie souterraine dont rien ne trahissait l'entrée ; mais à sa clairvoyance est évident ce qui pour nous est invisible. Elle pénètre dans le logis, y séjourne quelque temps, et reparaît enfin pour remettre en place les déblais et clôturer la porte comme elle l'était au début. La scélérate ponte est perpétrée : l'œuf de la Mutille est dans le cocon d'autrui, à côté de la larve somnolente dont se nourrira le nouveau-né.

En voici d'autres tout rutilants d'éclairs métalliques, or, émeraude, azur et pourpre. Ce sont les colibris des insectes, les Chrysis, autres exterminateurs de larves prises de léthargie dans leurs cocons. Sous la splendeur du costume se cache en eux l'atroce assassin d'enfants au berceau. L'un d'eux, mi-partie émeraude et carmin tendre, le Parnope carné, audacieusement pénètre dans le souterrain du Bembex rostré, alors même que la mère se trouve au logis, apportant nouvelle pièce de gibier à sa larve, qu'elle nourrit au jour le jour. Pour cet élégant malfaiteur, inhabile au travail de terrassier, c'est l'unique moment de trouver la porte ouverte. La mère absente, le logis serait clos, et le Chrysis, le bandit à l'habit royal, ne saurait pénétrer. Il entre donc, lui le nain, chez le colosse dont il médite la ruine ; il se glisse jusqu'au fond du manoir sans souci du Bembex, de son aiguillon et de sa forte mâchoire. Que lui importe que le logis ne soit pas désert? Soit insouciance du péril, soit terreur insurmontable, la mère Bembex laisse faire.

L'incurie de l'envahi n'a d'égale que l'audace de l'envahisseur. N'ai-je pas vu l'Anthophore, à l'entrée de sa demeure, se ranger un peu de côté et faire place libre pour laisser pénétrer la Mélecte qui va, dans les cellules garnies de miel, substituer sa famille à celle de la malheureuse ! On eût dit deux amies qui se rencontrent sur le seuil de la porte, l'une entrant, l'autre sortant

C'est écrit : tout se passera sans encombre dans les souterrains du Bembex ; et l'an prochain, si l'on ouvre les coques du chasseur de Taons, on en trouvera contenant un deuxième cocon en soie roussâtre, de la forme d'un dé à coudre dont l'orifice serait bouché par un opercule plan. Dans cet habitacle soyeux, que défend la dure coque extérieure, se trouve un Parnope carné. Quant à la larve du Bembex, cette larve qui a tissé de soie, puis incrusté de sable le cocon extérieur, elle a disparu totalement, moins la guenille de l'épiderme. Disparue, comment? La larve du Chrysis l'a mangée.

Encore un de ces malfaiteurs splendides. Il est bleu-lapis sur le thorax, bronze florentin et or sur le ventre avec écharpe terminale d'azur. Les momenclateurs l'ont baptisé *Stilbum calens,* Fab. Lorsque l'Eumène d'Amédée a bâti sur le roc son agglomération de cellules en forme de dôme, avec revêtement de petits cailloux enchâssés, lorsque les provisions de chenilles sont consommées et que les recluses ont tapissé de soie leurs appartements, on voit le Chrysis stationner sur l'inviolable forteresse. Quelque imperceptible fissure, quelque défaut dans la cohésion du ciment, lui permet sans doute d'introduire son œuf, avec l'oviducte qui s'allonge en sonde. Toujours est-il que, sur la fin du mois de mai suivant, la chambre de l'Eumène contient un cocon encore de la forme d'un dé à coudre. De ce cocon sort un *Stilbum calens*. De la larve de l'Eumène, plus rien. Le Chrysis s'en est repu.

Les diptères largement prennent part au brigandage. Et ils ne sont pas les moins redoutables, eux les impotents, parfois si débiles que le collectionneur n'ose les saisir du bout des doigts, crainte de les écraser. Il y en a d'habillés d'un velours extra-fin, que le moindre attouchement fait tomber. Ce sont des flocons de duvet presque aussi frêles, dans leur molle élégance, que l'édifice cristallin d'un flocon de neige avant de toucher terre. On les nomme Bombyles.

A cette délicatesse de structure s'associe une puissance de vol inouïe. Voyez celui-ci, qui plane immobile à une coudée du sol. Les ailes ont des vibrations si rapides, qu'on les dirait en repos. L'insecte semble suspendu au même point de l'espace par quelque fil invisible. Vous faites un mouvement, et le Bombyle a disparu. Vous le cherchez du regard autour de vous, au loin, jugeant de la distance d'après la fougue de l'essor. Rien par ici et rien par là. Où donc est-il ! Tout près de vous. Regardez au point de départ : le Bombyle y est encore, immobile et planant. De cet observatoire aérien, aussi brusquement retrouvé que quitté, il inspecte le sol, il surveille l'occasion favorable pour établir son œuf en ruinant autrui. Que convoite-t-il pour les siens, magasin à miel, conserves de gibier, larves en torpeur de transformation ? Je l'ignore encore. Ce que je sais bien, c'est que ses pattes fluettes, son costume de velours si vite défloré, ne lui permettent pas des recherches souterraines. Le lieu propice reconnu, soudain il s'abattra ; il déposera son œuf à la surface en touchant le sol du bout du ventre, et tout aussitôt se relèvera. Ce que je soupçonne, d'après des motifs exposés plus loin, c'est que le vermisseau issu de l'œuf du Bombyle doit de lui-même, à ses risques et périls, parvenir aux vivres dont la mère a reconnu l'étroite proximité. La débilité maternelle ne pouvant faire davantage, c'est au nouveau-né de se glisser dans le réfectoire.

Je connais mieux les manœuvres des Tachinaires, infimes moucherons grisâtres qui, tapis au soleil sur le sable, dans le voisinage d'un terrier, attendent patiemment l'heure du mauvais coup. Qu'apparaissent, de retour de la chasse, un Bembex avec son taon, un Philanthe avec son abeille, un Cerceris avec son charançon, un Tachyte avec son criquet, et aussitôt les parasites sont là, allant, revenant, virant avec le chasseur, toujours à son arrière, sans se laisser dérouter par la tactique prudente des fuites et des retours. Au moment où le chasseur pénètre chez lui, le gibier entre les pattes, ils se précipitent sur la proie qui va disparaître sous terre, et prestement y déposent leurs œufs. En un clin d'œil c'est fait : avant que le seuil de la porte soit franchi, sur la pièce de gibier sont attablés en germe de nouveaux convives, qui se nourriront de victuailles non amassées pour eux et tueront par la faim les fils de la maison.

Cet autre, qui repose sur le sable brûlant, est encore un diptère, un Anthrax. Il a les ailes amples, étalées suivant l'horizontale, enfumées dans une moitié, hyalines dans l'autre. Il porte costume de velours comme le Bombyle, son proche voisin dans les registres systématiques; mais si le moelleux duvet est pareil de finesse, il est bien différent de coloration. Anthrax, charbon, nous dit le grec. Dénomination heureuse qui reporte à l'esprit la livrée lugubre du diptère, livrée d'un noir de charbon avec larmes d'un blanc d'argent. Chez les Crocises et les Mélectes, hyménoptères parasites, se retrouve semblable vêtement de grand deuil; ailleurs, je ne connais plus d'exemple de cette violente opposition du noir et du blanc purs.

Aujourd'hui qu'avec une superbe assurance on donne interprétation à tout, aujourd'hui qu'on explique la crinière fauve du lion par la teinte des sables africains, les raies obscures du tigre par les bandes d'ombre des roseaux de l'Inde, et tant d'autres magnifiques choses aussi lucidement débrouillées des ténèbres de l'inconnu, j'aimerais assez que l'on me parlât de la Mélecte, de la Crocise, de l'Anthrax, et qu'on me dît l'origine de leur costume si exceptionnel.

Le mot de *mimétisme* a été expressément inventé pour désigner la faculté qu'aurait l'animal de se conformer à l'aspect de son milieu et d'imiter les objets qui l'entourent, au moins sous le rapport de la coloration. Cela lui serait utile, dit-on, pour déjouer ses ennemis, ou pour se rapprocher de sa proie sans lui donner l'éveil. Se trouvant bien de cette dissimulation, source de prospérité, chaque race, épurée au crible de la lutte pour la vie, aurait conservé les mieux doués en mimétisme, et aurait laissé éteindre les autres, de façon à convertir progressivement en caractère fixe ce qui n'était au début qu'une accidentelle acquisition.

L'alouette est devenue couleur de terre pour se dérober aux regards du rapace quand elle becquette dans les guérets; le lézard ordinaire a pris la teinte vert d'herbe pour se confondre avec le feuillage des fourrés où il s'embusque; la chenille du chou s'est précautionnée contre le bec de l'oisillon en prenant la couleur de la plante qui la nourrit. Et ainsi des autres.

En mes jeunes années ces rapprochements m'auraient intéressé : j'étais mûr pour ce genre de science. Entre nous, le soir, sur la paille des aires, nous parlions du Drac, le monstre qui pour duper les gens et les happer plus sûrement, se confondait avec un bloc de rocher, un tronc d'arbre, un fagot de ramée. Depuis ces temps heureux des naïves croyances, le scepticisme m'a quelque peu refroidi l'imagination. En parallèle avec les trois exemples que je viens de citer, je me demande ceci. Pourquoi la bergeronnette cendrée, qui cherche sa nourriture dans les sillons comme le fait l'alouette, a-t-elle la poitrine blanche avec superbe hausse-col noir? Ce costume est de ceux qui se distinguent le mieux à distance sur le fond couleur de rouille du sol. D'où provient sa négligence à pratiquer le mimétisme? Elle en aurait bien besoin, la pauvrette, tout autant que sa compagne des guérets.

Pourquoi le lézard ocellé de Provence est-il aussi vert que le lézard ordinaire, lui qui fuit la verdure et choisit pour repaire, en plein soleil, quelque anfractuosité dans des roches pelées où ne végète pas même une touffe de mousse? Si pour capturer la petite proie, son confrère des taillis et des haies a senti le besoin de se dissimuler et de teindre en conséquence son habit brodé de perles, comment se fait-il que l'hôte des rocs ensoleillés persiste dans sa coloration verte et bleue, qui le trahit aussitôt sur la pierre blanchâtre? Insoucieux du mimétisme, serait-il moins habile chasseur de scarabées; sa race marcherait-elle à la décadence? Je l'ai assez fréquenté pour être à même d'affirmer, en toute connaissance de cause, sa pleine prospérité tant en nombre qu'en vigueur.

Pourquoi la chenille des euphorbes a-t-elle adopté pour son costume les couleurs les plus voyantes et les plus disparates avec la verdure du feuillage hanté, c'est-à-dire le rouge, le blanc, le noir, répartis par plaques violemment opposées l'une à l'autre? Serait-ce pour elle adaptation de peu de valeur que de suivre l'exemple de la chenille du chou et d'imiter la verdure de la plante nourricière? N'a-t-elle pas ses ennemis? Oh! que si; bêtes et gens, qui n'en a pas?

Semblable série de pourquoi pourrait indéfiniment se poursuivre. A chaque exemple de mimétisme, je me ferais un jeu, le loisir le permettant, d'opposer en foule des exemples contraires. Qu'est-ce donc que cette loi qui sur cent cas présente pour le moins quatre-vingt-dix-neuf exceptions? Ah! misère de nous! Quelques faits trouvent interprétation dans leur fallacieuse concordance avec les vues dont nous sommes dupes. Nous entrevoyons dans un point de l'immense inconnu, un fantôme de vérité, une ombre, un leurre; l'atome expliqué vaille que vaille, nous croyons tenir l'explication de l'univers; et nous nous empressons de nous écrier : « La loi, voici la loi! » En attendant, à la porte de cette loi hurle, ne pouvant trouver place, la multitude sans nombre des faits discordants.

A la porte de la loi infiniment trop étroite, hurle la populeuse tribu des Chrysis, dont la magnificence d'éclat, digne des trésors de Golconde, jure avec la terne coloration des lieux fréquentés. Dans le but de tromper le regard du martinet, de l'hirondelle, du traquet et autres oisillons, leurs tyrans, ils ne s'adaptent certes pas à leurs sables, à leurs talus terreux, eux qui reluisent comme une escarboucle, comme une pépite d'or au milieu de son obscure gangue. La sauterelle verte, dit-on, s'est avisée de tromper ses ennemis en s'identifiant de coloration avec l'herbe, sa demeure; et l'hyménoptère, si richement titré en instinct, en ruses de guerre, se serait laissé devancer en progrès par le stupide criquet! Loin de s'adapter comme le fait l'autre, il persiste dans son luxe inouï, le dénonçant à distance à tout consommateur d'insectes, en particulier au petit lézard gris, qui le guette avec passion sur les vieux murs tapissés de soleil. Il reste rubis, émeraude, turquoise au milieu de son gris entourage, et sa race n'en prospère pas moins.

L'ennemi qui vous mange n'est pas seul à tromper; le mimétisme ruse aussi de coloration avec celui qu'on doit manger. Voyez le tigre dans ses jungles, voyez la mante religieuse sur son rameau vert. L'astuce d'imitation est encore plus nécessaire quand il faut duper un amphytrion aux dépens duquel s'établira la famille du parasite. Les Tachinaires semblent l'affirmer : ils sont grisâtres, de couleur indécise comme le sol poudreux où ils se tapissent, attendant l'arrivée du chasseur chargé de sa capture. Mais c'est en vain qu'ils se dissimulent : le

Bembex, le Philanthe et les autres les voient de haut, avant de toucher terre; ils les reconnaissent très bien à distance malgré leur costume gris. Aussi planent-ils prudemment au-dessus du terrier, et cherchent-ils, par des fugues soudaines, à dérouter le perfide moucheron, qui, de son côté, sait trop bien son métier pour se laisser entraîner et quitter les lieux où l'autre doit forcément revenir. Non, mille fois non : tout couleur de terre qu'ils sont, les Tachinaires, pour parvenir à leurs fins, n'ont pas plus de chance qu'une foule d'autres parasites dont le vêtement n'est pas en bure grise, conforme d'aspect avec les lieux fréquentés. Voyez les rutilants Chrysis; voyez les Mélectes et les Crocises, à houppes blanches sur fond noir.

On dit encore que, pour mieux le duper, le parasite prend à peu près la tournure et l'assortiment de couleurs de son amphytrion ; il se fait, en apparence, voisin inoffensif, travailleur de même corporation. Exemple les Psythires, qui vivent aux dépens des Bourdons. Mais en quoi, s'il vous plaît, le Parnope carné ressemble-t-il au Bembex chez lequel il pénètre, le propriétaire présent? En quoi la Mélecte ressemble-t-elle à l'Anthophore, qui se range sur le seuil de sa porte pour la laisser entrer? L'opposition des costumes est des plus marquées. Le grand deuil de la Mélecte n'a rien de commun avec la toison roussâtre de l'Anthophore. Le thorax émeraude et le carmin du Parnope n'ont pas le moindre trait de ressemblance avec la livrée jaune et noire du Bembex. Et puis le Chrysis, pour la taille, est un nain par rapport au Nemrod véhément chasseur de Taons.

D'ailleurs quelle singulière idée de faire dépendre le succès des parasites d'une ressemblance plus ou moins fidèle avec l'insecte qui doit être détroussé. Mais c'est précisément le contraire qu'amènerait cette imitation. En dehors des hyménoptères sociaux, travaillant à une œuvre commune, l'insuccès serait certain, car ici, comme chez l'homme, le pire ennemi, c'est le cher collègue. Ah! qu'une Osnie, qu'une Anthophore, qu'une Abeille maçonne ne mette pas indiscrètement la tête à la porte de sa voisine; elle serait à l'instant rappelée aux convenances par de chaudes bourrades. Une épaule luxée, une patte estropiée pourraient bien être le prix d'une simple visite que ne dictait peut-être aucune mauvaise intention. Chacun chez soi, chacun pour soi. Mais qu'un parasite se présente méditant son coup, fût-il accoutré en Arlequin, en suisse d'église; fût-il le Clairon, à élytres vermillon et rosettes bleues; fût-il le Dioxys, à écharpe rouge en travers du ventre noir, c'est tout autre chose : on le laisse faire, où, s'il devient trop pressant, on le chasse d'un simple coup d'aile. Avec lui pas de démêlé sérieux, pas de rixe acharnée. Les horions sont pour le cher collègue. Allez donc après faire du mimétisme pour être bien reçu de l'Anthophore et du Chalicodome! Il suffit d'avoir vécu quelques heures avec les bêtes pour rire, sans remords, de ces naïves théories.

En somme, le mimétisme est, à mes yeux, une puérilité. Si je ne tenais à rester poli, je dirais : c'est une niaiserie; et l'expression traduirait mieux ma pensée. Dans le domaine du possible, la variété des combinaisons est infinie. Qu'il s'en trouve, çà et là, quelques-unes où l'animal concorde d'aspect avec les objets qui l'entourent, c'est incontestable. Il serait même fort étrange que de pareils cas fussent exclus de la réalité, tout étant possible. Mais à ces concordances clair-semées s'opposent, les conditions restant les mêmes, les discordances les plus fortes, et tellement nombreuses qu'ayant pour elles la fréquence, elles devraient, suivant toute logique, servir de base pour formuler la loi. Ici un fait dit oui; là mille faits disent non. Quel témoignage écouterons-nous? Il sera prudent de n'écouter ni l'un ni l'autre pour étayer un système. Le comment et le pourquoi des choses nous échappent; ce que nous décorons du titre prétentieux de loi n'est qu'une manière de voir de notre esprit, manière de voir fort louche, dont nous nous accommodons pour le besoin de notre cause. Nos prétendues lois ne contiennent qu'un infime recoin de la réalité; souvent même elles ne sont gonflées que de vaines imaginations. Tel est le mimétisme, qui nous explique la Sauterelle verte par le feuillage vert où s'établit le locustien; et passe sous silence le Crioceris, d'un rouge corail sur le feuillage non moins vert du lis.

Et ce n'est pas là seulement une interprétation abusive, c'est un traquenard grossier où peuvent se laisser prendre les novices. Que dis-je, les novices! Les plus experts donnent aussi dans le piège. Un de nos maîtres en entomologie me faisait l'honneur d'une visite à mon laboratoire. Je lui montrais la série des parasites. L'un d'eux, costumé de noir et de jaune, attira son attention.

— Celui-ci, fit-il, est certainement parasite des Guêpes.

Surpris de l'affirmation j'intervins :

— A quels signes le reconnaissez-vous?

— Mais voyez donc; c'est exactement la coloration de la Guêpe, un mélange de noir et de jaune. Le mimétisme est ici des plus frappants.

— D'accord; avec tout cela, notre habillé de noir et de jaune est un parasite du Chalicodome des murailles, qui pour la forme et la coloration n'a rien de commun avec la Guêpe. C'est un Leucospis, dont aucun ne pénètre dans les nids des Guêpes.

— Et alors, le mimétisme ?

— Le mimétisme est une illusion que nous ferons bien de rejeter dans l'oubli.

Et les exemples défilèrent sous ses yeux, si nombreux et si concluants, que mon savant visiteur reconnut de bonne grâce sur quelle base dérisoire reposaient ses premières convictions. Avis aux débutants : mille fois vous ferez fausse route avant de réussir une seule fois, si désireux d'entrevoir par avance quelles peuvent être les mœurs d'un insecte, vous prenez le mimétisme pour guide. C'est avec lui surtout qu'il convient, quand il affirme que c'est noir, de s'informer d'abord si par hasard ce ne serait pas blanc.

Élevons-nous à des sujets plus graves ; informons-nous du parasitisme en lui-même sans plus nous préoccuper du costume revêtu. D'après l'étymologie, le parasite est celui qui mange le pain d'autrui, celui qui vit des provisions des autres. L'entomologie fréquemment détourne ce terme de sa réelle signification. C'est ainsi qu'elle qualifie de parasites, les Chrysis, les Mutilles, les Anthrax, les Leucospis, nourrissant leur famille, non des provisions amassées par d'autres, mais des larves mêmes qui ont consommé ces provisions, leur authentique propriété. Lorsque les Tachinaires ont réussi à déposer les œufs sur la proie qu'emmagasine le Bembex, le domicile du fouisseur est envahi par de véritables parasites, dans toute la rigueur du mot. Autour du monceau de Taons, uniquement amassé pour le fils de la maison, voici des convives nouveaux qui s'imposent, nombreux, affamés, et sans réserve aucune piquent dans le tas. Ils prennent place à une table non servie pour eux; ils consomment côte à côte avec le légitime propriétaire, et en telle hâte que ce dernier périt affamé, respecté d'ailleurs par la dent des intrus qui se sont gorgés de sa ration.

Lorsque la Mélecte a substitué son œuf à celui de l'Anthophore, c'est encore un vrai parasite qui s'établit dans la cellule usurpée. L'amas de miel, laborieuse récolte de la mère, ne sera pas même entamé par le nourrisson auquel il était destiné. Un autre en profitera, sans concurrent. Tachinaires et Mélectes, voilà véritablement des parasites, des consommateurs du bien d'autrui.

Peut-on en dire autant des Chrysis, des Mutilles? En aucune manière. Les Scolies, dont les mœurs nous sont maintenant connues, certes, ne sont pas des parasites. Nul ne les accusera de dérober la nourriture des autres. Ardentes travailleuses, elles cherchent et trouvent sous terre les grasses larves dont se nourrira la famille. Elles chassent aux mêmes titres que les giboyeurs les plus renommés, Cerceris, Sphex, Ammophiles; seulement, au lieu de transporter le gibier en un repaire spécial, elles le laissent sur place, au sein du terreau. Braconniers sans domicile, elles font consommer leur venaison sur les lieux mêmes de capture.

Les Mutilles, les Chrysis, les Leucospis, les Anthrax et tant d'autres, en quoi diffèrent-ils des Scolies pour la manière de vivre? Mais en rien, ce me semble. Voyez en effet. — Par un artifice variable suivant le talent de la mère, leurs larves, en germe ou bien naissantes, sont mises en rapport avec la proie qui doit les nourrir, proie sans blessure car la plupart d'entre eux sont dépourvus de stylet, proie vivante mais plongée dans la torpeur des transformations futures, et de la sorte livrée sans défense au vermisseau qui doit la dévorer.

Chez eux, comme chez les Scolies, il se fait consommation sur place d'un gibier légitimement acquis par les battues infatigables, les affûts patients d'une chasse conduite suivant toutes les règles ; seulement la bête recherchée est sans défense et n'exige pas d'être abattue avec le stylet. Chercher et trouver pour son garde-manger une proie engourdie, incapable de résistance, est de moindre mérite, si l'on veut, que de poignarder bravement la Cétoine et l'Orycte aux fortes mandibules ; mais depuis quand refuse-t-on le titre de chasseur à celui qui foudroie un innocent lapin, au lieu d'attendre de pied ferme le sanglier, accourant furieux pour le découdre, et de lui plonger le coutelas de chasse au défaut de l'épaule ? Et puis si l'attaque est sans péril, l'accès lui-même est d'une difficulté qui relève le mérite de ces braconniers de second ordre. Le gibier convoité est invisible. Il est inclus dans le château fort d'une loge et défendu en outre par l'enceinte d'un cocon. Pour déterminer le point précis où il gît, pour conduire l'œuf sur ses flancs ou tout au moins à proximité, de quelles prouesses ne doit pas être capable la mère ? Pour ces motifs, j'inscris hardiment les Chrysis, les Mutilles et leurs rivaux, au chapitre des vénateurs, et je réserve l'appellation infamante de parasites pour les Tachinaires, les Mélectes, les Crocises, les Méloïdes, pour tous ceux enfin qui se nourrissent des provisions d'autrui.

Tout bien considéré, est-ce infamant qu'il faudrait dire pour qualifier le parasitisme ? Certes, dans l'espèce humaine, est de tous points méprisable l'oisif qui vit à la table des autres ; mais l'animal doit-il supporter l'indignation que nous inspirent nos propres vices ? Nos parasites à nous, nos ignobles parasites, vivent aux dépens de leur prochain ; l'animal, jamais ; ce qui change du tout au tout l'aspect de la question. Je ne connais pas un exemple, un seul, en dehors de l'homme, de parasites consommant les provisions amassées par un travailleur de la même espèce. Qu'il y ait, d'ici, de là, quelques larcins, quelques pillages fortuits entre amasseurs de même corps de métier, volontiers je le reconnais ; cela ne tire pas à conséquence. Ce qui serait vraiment grave, et ce que je nie formellement, c'est que dans la même espèce zoologique, les uns aient pour attribut de vivre aux dépens des autres. Vainement je consulte mes souvenirs et mes notes, ma longue carrière entomologique ne me fournit pas un seul cas de semblable méfait : l'insecte parasite de son prochain.

Lorsque le Chalicodome des hangars travaille, par milliers et milliers, à son édifice cyclopéen, chacun a son domicile, domicile sacré où nul, dans le tumultueux essaim, sauf le propriétaire, ne s'avise de prendre une gorgée de miel. Il y a comme une entente de se respecter mutuellement entre voisines. D'ailleurs si quelque étourdie se trompe de cellule et se pose seulement sur la margelle d'un godet ne lui appartenant pas, la propriétaire survient qui rudement l'admoneste et la rappelle à l'ordre. Mais si le magasin à miel est l'héritage de quelque défunte, de quelque égarée prolongeant son absence, alors, et seulement alors, une voisine s'en empare. Le bien était perdu. Elle en fait profit, et c'est économie bien entendue. Ainsi se conduisent les autres hyménoptères : chez eux jamais, au grand jamais, d'oisif qui spécule assidûment sur l'avoir du prochain. Nul insecte n'est parasite de sa propre espèce.

Qu'est-ce donc que le parasitisme, s'il faut le chercher entre animaux de race différente? La vie, dans sa généralité, n'est qu'un immense brigandage. La nature se dévore elle-même; la matière se maintient animée en passant d'un estomac à l'autre. Au banquet des existences, chacun est tour à tour convive et mets servi; aujourd'hui mangeur, demain mangé; *hodie tibi, cras mihi.* Tout vit de ce qui vit ou a vécu; tout est parasitisme. L'homme est le grand parasite, l'accapareur effréné de tout ce qui est mangeable. Il dérobe le lait à l'agneau, il dérobe le miel aux fils de l'Abeille comme la Mélecte usurpe la pâtée des fils de l'Anthophore. Les deux cas sont similaires. Est-ce de notre part vice de paresse? Non, c'est la loi féroce qui pour la vie de l'un exige la mort de l'autre.

Dans cette lutte implacable de dévorants et de dévorés, de pillards et de pillés, de détrousseurs et de détroussés. la Mélecte, pas plus que nous, ne mérite la note d'infamie; en ruinant l'Anthophore, elle ne fait que nous imiter dans un détail, nous l'immense cause de ruines. Son parasitisme n'est pas plus noir que le nôtre : il lui faut nourrir sa descendance, et n'ayant pas les outils de récolte, ignorant d'ailleurs l'art de récolter, elle use des provisions des autres, mieux partagés en outillage et talents. Dans la cruelle mêlée de ventres affamés, elle fait ce qu'elle peut telle qu'elle est douée.

VI

LA THÉORIE DU PARASITISME

La Mélecte fait ce qu'elle peut, telle qu'elle est douée. Je m'en tiendrais là si je n'avais à peser un grave reproche qui lui est fait. On l'accuse d'avoir perdu, par défaut d'usage et paresse, les outils de travailleur dont elle était nantie au début, dit-on. Se trouvant bien de ne rien faire, élevant sa famille sans frais, aux détriments d'autrui, elle aurait graduellement inspiré à sa race l'horreur du travail. Les instruments de récolte, de moins en moins employés, se seraient réduits, effacés, comme organes inutiles; l'espèce se serait modifiée en une autre; et finalement, de l'honnête ouvrière du début, la paresse aurait fait un parasite. Me voilà conduit à une théorie du parasitisme, fort simple, séduisante et digne de tous les honneurs de la discussion. Exposons-la d'abord.

Quelque mère, sur la fin des travaux, pressée de pondre et trouvant à sa convenance des cellules approvisionnées par ses pareilles, a pu se décider à leur confier ses œufs. Le temps manquant pour l'édification du nid et la récolte, usurper l'œuvre d'autrui était une nécessité pour la retardataire, désireuse de sauver sa famille. Ainsi dispensée des lenteurs et des fatigues du travail, affranchie de tout souci autre que celui de la ponte, elle laissa progéniture qui fidèlement hérita de la paresse maternelle, et la transmit à son tour, de mieux en mieux accentuée, à mesure que les générations se succédaient, car la concurrence vitale faisait de cette façon expéditive de s'établir une condition des plus favorables au succès de la descendance. En même temps, les organes de travail, sans emploi, s'atrophiaient, disparaissaient, tandis que certains détails de forme et de coloration se modifiaient plus ou moins pour s'adapter aux circonstances nouvelles. Ainsi s'est définitivement fixée la lignée parasite.

Cette lignée cependant n'est pas tellement transformée qu'on ne puisse, dans certains cas, remonter à ses origines. Le parasite a gardé plus d'un trait de ces ancêtres travailleurs. Ainsi les Psithyres ont une extrême ressemblance avec les Bourdons, dont ils sont les parasites et les dérivés. Les Stelis conservent la physionomie ancestrale des Anthidies; les Cœlioxys rappellent les Mégachiles.

Ainsi parle le transformisme avec luxe de preuves tirées, non seulement de la conformité dans l'aspect général, mais aussi de la similitude dans les particularités les plus minutieuses. Rien n'est petit, j'en suis convaincu tout autant qu'un autre; j'admire la précision inouïe des détails donnés pour base à la théorie. Suis-je convaincu? A tort ou à raison, ma tournure d'esprit ne tient pas en grande faveur des minuties de structure; un article des palpes me laisse assez froid; une touffe de poils ne me semble pas argument sans réplique. Je préfère interroger directement l'animal, et lui laisser dire ses passions, son genre de vie, ses aptitudes. Son témoignage entendu, nous verrons ce que devient la théorie du parasitisme.

Avant de céder la parole à la bête, pourquoi ne dirais-je pas ce que j'ai sur le cœur? Et tenez, tout d'abord, je n'aime pas cette paresse, favorable, dit-on, à la prospérité de l'animal. J'avais toujours cru, et je m'obstine encore à croire, que l'activité seule fortifie le présent et assure l'avenir, aussi bien de l'animal que de l'homme. Agir, c'est vivre; travailler, c'est progresser. L'énergie d'une race se mesure à la somme de son action.

Non, je n'aime pas du tout cette paresse scientifiquement préconisée. Nous avons bien assez, comme cela, de brutalités zoologiques : l'homme, fils du macaque; le devoir, préjugé d'imbéciles; la conscience, leurre de naïfs; le génie, névrose; l'amour de la patrie, chauvinisme; l'âme, résultante d'énergies cellulaires; Dieu, mythe puéril. Entonnons le chant de guerre et dégainons le scalp ; nous ne sommes ici que pour nous entre-dévorer; l'idéal est le coffre à dollars du marchand de porc salé de Chicago ! Assez, bien assez comme cela ! Que le transformisme ne vienne pas maintenant battre en brèche la sainte loi du travail. Je ne le rendrai pas responsable de nos ruines morales; il n'a pas l'épaule assez robuste pour un pareil effondrement; mais enfin il y a contribué de son mieux.

Non, encore une fois, je n'aime pas ces brutalités qui, reniant tout ce qui donne quelque dignité à notre misérable vie, étouffent notre horizon sous la cloche asphyxiante de la matière. Ah! ne venez pas m'interdire de penser, ne serait-ce qu'un rêve, à la personnalité humaine responsable, à la conscience, au devoir, à la dignité du travail. Tout s'enchaîne; si l'animal se trouve bien, pour lui et pour sa race, de ne rien faire et d'exploiter autrui, pourquoi l'homme, son descendant, se montrerait-il plus scrupuleux? On irait loin avec le principe de la paresse, mère de la prospérité. J'en ai assez dit pour mon compte; je laisse la parole à la bête, plus éloquente.

Est-on bien sûr que les mœurs parasitaires soient dérivées de l'amour de l'inaction? Le parasite est-il devenu ce qu'il est parce qu'il a trouvé excellent de ne rien faire? Le repos est-il pour lui avantage si grand que, pour l'obtenir, il ait renié ses antiques usages? Eh bien, depuis que je fréquente l'hyménoptère dotant sa famille de l'avoir des autres, je n'ai encore rien vu qui, chez lui, dénotât le fainéant. Le parasite, tout au contraire, mène vie pénible, plus rude que celle des travailleurs. Suivons-le sur un talus calciné par le soleil. Comme il est affairé, soucieux; comme il arpente d'un pas brusque la nappe ensoleillée; comme il se dépense en recherches interminables, en visites le plus souvent infructueuses! Avant d'avoir fait rencontre d'un nid qui lui convienne, il a plongé cent fois dans des cavités sans valeur, dans des galeries non encore approvisionnées. Et puis, si bénévole que soit l'hôte, le parasite n'est pas toujours des mieux reçus dans l'hôtellerie. Non, tout n'est pas roses dans son métier. La dépense de temps et de fatigue qu'il lui faut pour caser un œuf, pourrait bien être égale et même supérieure à celle du travailleur pour édifier sa cellule et l'emplir de miel. Ce dernier a travail régulier et continu, excellente condition pour le succès de sa ponte; l'autre a besogne ingrate et chanceuse, subordonnée à une foule d'accidents qui compromettent le dépôt des œufs. Il suffit d'avoir vu les longues hésitations d'un Cœlioxys, recherchant les cellules des Mégachiles, pour reconnaître que l'usurpation du nid d'autrui n'est pas sans difficultés sérieuses. S'il s'est fait parasite pour rendre l'éducation des siens plus aisée et plus prospère, il a été certes fort mal inspiré. Au lieu du repos, rude besogne ; au lieu de la famille florissante, lignée réduite.

A des généralités, forcément vagues, adjoignons des faits précis. — Un Stelis (*Stelis nasuta,* Latr.) est parasite du Chalicodome des murailles. Lorsque l'Abeille maçonne a terminé sur son galet son dôme de cellules, le parasite survient, longtemps explore le dehors du domicile, et se propose, lui chétif, d'introduire ses œufs dans la forteresse de ciment. Tout est clos de la façon la plus rigoureuse; une couche de crépi, épaisse d'un centimètre au moins, enveloppe de partout l'amas central des cellules, elles-mêmes scellées, chacune avec un épais tampon de mortier. Et c'est le miel de ces loges, si fortement défendues, qu'il s'agit d'atteindre en perçant la paroi, presque aussi dure que le roc.

Le parasite bravement se met au travail, le fainéant se fait âpre laborieux. Atome par atome, il perfore l'enceinte générale, il s'y creuse un puits tout juste suffisant pour son passage; il arrive à l'opercule de la loge et la ronge jusqu'à ce que les provisions convoitées apparaissent. Cette effraction est besogne lente et pénible où le faible Stelis s'exténue, car le mortier est presque l'équivalent du ciment romain. De la pointe du couteau, je ne l'entame moi-même qu'avec difficulté. Quels patients efforts ne suppose donc pas ce travail avec les minuscules pinces du parasite !

J'ignore au juste le temps que met le Stelis à faire le puits d'entrée, n'ayant jamais eu l'occasion ou plutôt la patience de le suivre du commencement à la fin de l'ouvrage; ce que je sais bien, c'est qu'un Chalicodome des murailles, incomparablement plus gros et plus robuste que son parasite, démolissant sous mes yeux le couvercle d'une cellule scellée de la veille, n'a pu venir à bout de son entreprise dans les quelques heures d'un après-midi. J'ai dû lui venir en aide pour reconnaître, avant la fin de la journée, le but de son effraction. Quand le mortier de la Maçonne a fait prise, sa résistance est celle de la pierre. Or le Stelis n'a pas seulement à percer le couvercle du magasin à miel; il doit percer en outre le revêtement général du nid. Quel temps lui faut-il donc pour venir à bout de pareil travail, énorme pour l'ouvrier !

Tant d'efforts aboutissent. Le miel apparaît. Le Stelis se glisse jusqu'aux provisions et dépose à leur surface, côte à côte avec l'œuf respecté du Chalicodome, un nombre variable de ses propres œufs. Entre tous les nouveau-nés, étrangers et fils de la Maçonne, les vivres seront en commun.

La demeure violée ne peut rester ainsi, exposée aux maraudeurs du dehors ; le parasite doit murer lui-même la brèche qu'il vient de pratiquer. De démolisseur, le Stelis se fait donc constructeur. Au pied du galet, il cueille un peu de cette terre rouge caractéristique de nos plateaux caillouteux à végétation de lavande et de thym ; il en fait mortier en l'imbibant de salive ; et des pelotes ainsi préparées, il comble le puits d'entrée avec les soins et l'art d'un vrai maître maçon. Seulement, son œuvre tranche par la couleur sur celle du Chalicodome. Celui-ci va récolter sa poudre à ciment sur la grande route voisine, dont le macadam est en cailloux calcaires, et très rarement fait usage de la terre rouge sur laquelle repose le galet où le nid est édifié. Apparemment ce choix est dicté par des propriétés chimiques mieux en rapport avec la solidité de la construction. Le calcaire de la route, gâché avec de la salive, fournit ciment plus dur que ne le ferait l'argile rouge. Toujours est-il que le nid du Chalicodome est blanchâtre à cause de l'origine de ses matériaux. Lorsque sur ce fond pâle, un point rouge apparaît, large de quelques millimètres, c'est le signe certain qu'un Stelis a passé par là. Ouvrons la cellule située sous la tâche rouge : nous y trouverons établie la nombreuse famille du parasite. Le point ferrugineux est l'enseigne infaillible de la demeure usurpée, du moins avec la nature du terrain de mon voisinage.

Voilà donc le Stelis d'abord mineur acharné, usant la mandibule contre le roc ; puis pétrisseur d'argile et plâtrier restaurateur de plafonds crevés. Son métier ne paraît pas des moins rudes. Or, que faisait-il avant de s'adonner au parasitisme ? D'après son aspect, nous assure le transformisme, il était Anthidie, c'est-à-dire qu'il travaillait la molle ouate cueillie sur les tiges sèches des plantes laineuses ; et la façonnait en bourses, où s'amassait la poussière pollinique récoltée sur les fleurs à l'aide d'une brosse ventrale. Ou bien encore, issu d'une série voisine des ouvriers en cotonnades, édifiait-il des cloisons de résine dans la rampe spirale d'un escargot mort. Tel était le métier de ses ancêtres.

Comment ! pour éviter travail trop long et trop pénible, pour se faire la vie douce, pour se donner du loisir favorable à l'établissement de sa famille, l'antique ourdisseur de coton ou bien l'antique collecteur de larmes de résine, se serait fait rongeur de ciment durci ; lui qui léchait le nectar des fleurs se serait décidé à mâcher le tuf ! Le malheureux s'exténue à sa besogne de forçat lorsqu'il lime la pierre du bout de la dent. Pour éventrer une cellule, il dépense plus de temps qu'il n'en mettrait à façonner une bourse d'ouate et à la remplir de pâtée. S'il a cru progresser, faire mieux dans son intérêt et dans celui des siens, en abandonnant les délicates occupations d'autrefois, avouons qu'il s'est étrangement mépris. La méprise ne serait pas plus grande si les doigts habitués aux tissus de luxe quittaient le velours et la soie pour aller manier les blocs du carrier ou casser des cailloux sur la route.

Non : l'animal ne commet pas la sottise d'aggraver volontairement son genre de vie ; conseillé par la paresse, il ne quitte pas un état pour en embrasser un autre plus pénible ; s'il se trompe une fois, il n'inspire pas à sa descendance le désir de persévérer dans une coûteuse aberration. Non : le Stelis n'a pas abandonné l'art délicat du feutrage en coton pour abattre des murs et broyer du ciment, genre de travail de trop peu d'attrait pour faire oublier les joies de la récolte sur les fleurs. Par fainéantise, il ne dérive pas d'un Anthidie. Il a toujours été ce qu'il est aujourd'hui : patient travailleur à sa manière, ouvrier tenace dans la corvée qui lui est échue.

La mère qui, pressée de pondre, a la première, dans les anciens âges, violé la demeure de ses pareilles pour y déposer ses œufs, a reconnu, dites-vous, son indélicate méthode très propre au succès de sa race comme économie de peine et de temps. L'impression laissée par cette nouvelle tactique a été si profonde, que l'atavisme en a fait hériter la descendance, dans des proportions toujours plus grandes, si bien que les mœurs parasitaires se sont définitivement fixées. Le Chalicodome des hangars et puis l'Osmie tricorne vont nous apprendre ce que nous devons penser de cette conjecture.

J'ai raconté ailleurs l'installation de mes ruches de Chalicodomes contre les murs d'un porche s'ouvrant au midi. Là sont appendues à hauteur d'homme, à portée commode de l'observation, des tuiles enlevées pendant l'hiver des toitures voisines, avec leurs nids énormes et leur population. Depuis cinq à six ans, le mois de mai venu, j'assiste assidûment aux travaux de mes maçonnes. Du registre des notes recueillies sur leur compte, j'extrais les expériences suivantes relatives à mon sujet.

Déjà, lorsque je dépaysais les Chalicodomes pour étudier leur aptitude à retrouver le nid, j'avais reconnu que si l'absence se prolongeait trop, les retardataires trouvaient, à leur arrivée, leurs cellules closes. Des voisines en avaient profité pour y pondre après avoir achevé la construction et l'approvisionnement. Le bien abandonné profitait à une autre. L'usurpation constatée, l'abeille revenant de son long voyage se consolait bientôt de la mésaventure. Elle se mettait à rompre les scellés d'une cellule quelconque, voisine de la sienne; ce que les autres laissaient faire, trop préoccupées sans doute de l'œuvre présente pour chercher noise à la violatrice de l'œuvre passée. Le couvercle détruit, avec une sorte de hâte fiévreuse qui veut rendre vol pour vol, l'abeille maçonnait un peu, approvisionnait un peu comme pour reprendre le fil de ses occupations, détruisait l'œuf présent, déposait le sien et clôturait. Il y avait là un trait de mœurs digne d'examen approfondi.

Sur les onze du matin, au plus fort des travaux, je marque de couleurs diverses pour les distinguer l'un

de l'autre, une dizaine de Chalicodomes occupés soit à bâtir soit à dégorger du miel. Je marque de la même manière les cellules correspondantes. Une fois le signe coloré bien sec, je capture les dix abeilles et les mets isolément dans des cornets de papier. Le tout est enfermé dans une boîte jusqu'au lendemain. Après vingt-quatre heures de captivité, je lâche les recluses. En leur absence, leurs cellules ont disparu sous une couche de constructions récentes ; ou bien, si elles sont encore à découvert, elles sont closes et d'autres en ont profité.

Toutes les dix, sauf une, regagnent, aussitôt libres, leur tuile respective Elles font mieux, tant leur mémoire est fidèle malgré les troubles d'une incarcération prolongée : elles regagnent la cellule qu'elles ont bâtie, la chère cellule usurpée ; elles en explorent minutieusement le dehors, ou du moins l'étroit voisinage quand elle a disparu sous des constructions nouvelles. Si le domicile n'est pas désormais inaccessible, il se trouve du moins occupé par un œuf étranger et la porte en est solidement close. A ce revers de fortune, les expropriées opposent la brutale loi du talion : œuf pour œuf, loge pour loge. Tu m'as volé ma cellule, je te volerai la tienne. Et sans hésiter longtemps, elles se mettent à forcer le couvercle d'une loge à leur convenance. C'est tantôt de leur propre demeure qu'elles reprennent possession si l'accès en est possible ; tantôt et plus souvent, c'est de la demeure d'autrui, même assez loin du logis primitif, qu'elles s'emparent.

Patiemment elles rongent le couvercle de mortier. Le crépi général n'étant déposé qu'à la fin des travaux sur l'ensemble des cellules, il leur suffit de démolir l'opercule, travail dur et lent, mais non disproportionné à la vigueur de leurs mandibules. Elles pulvérisent donc la porte, la rondelle de ciment. L'effraction s'accomplit le plus paisiblement du monde, sans qu'aucune des voisines, parmi lesquelles ne peut manquer de se trouver la principale intéressée, intervienne et proteste contre ce but odieux. Autant l'abeille est jalouse de sa loge actuelle, autant elle est oublieuse de sa loge d'hier. Pour elle, le présent est tout; le passé n'est rien et l'avenir pas davantage. La population de la tuile laisse donc faire en paix les enfonceuses de portes; nulle n'accourt à la défense d'un logis qui pourrait bien être son œuvre. Ah ! comme les choses se passeraient autrement si le cellule était encore sur le chantier ! Mais elle date d'hier, d'avant-hier et l'on n'y songe plus.

C'est fait : le couvercle est démoli, l'accès est libre. Quelque temps, l'abeille se tient inclinée sur la cellule, la tête plongeant à demi, comme en contemplation. Elle part, elle revient indécise; enfin son parti est pris. A la surface du miel, l'œuf est happé et jeté à la voirie sans plus de cérémonie que l'abeille n'en mettrait à débarrasser le logis d'une souillure. J'ai vu, j'ai revu cet odieux méfait; je confesse l'avoir provoqué à nombreuses reprises. Pour établir son œuf, la Maçonne est d'une féroce indifférence pour l'œuf des autres, ses compagnes.

J'en vois après qui approvisionnent, dégorgent du miel et brossent du pollen dans la cellule déjà complètement approvisionnée; j'en vois qui maçonnent un peu à l'orifice, qui appliquent au moins quelques truelles de mortier. On dirait que l'abeille, bien que les vivres et l'édifice soient à perfection, reprend les travaux au point où elle les a laissés il y a vingt-quatre heures. Finalement, l'œuf est pondu et l'orifice clôturé. Sur le nombre de mes incarcérées, une plus impatiente que les autres, renonce aux lenteurs de l'érosion de l'opercule et se décide au rapt de par le droit du plus fort. Elle déloge la propriétaire d'une cellule à demi approvisionnée, fait longtemps bonne garde sur le seuil du logis, et quand elle se sent maîtresse des lieux, se met à compléter l'approvisionnement. Je suis l'expropriée du regard. Je la vois s'emparer par effraction d'une cellule close et se comporter en tous points comme les Chalicodomes retenus longtemps captifs.

Cette expérience avait portée trop grande pour ne pas mériter la confirmation du fait répété. Presque chaque année, je l'ai reprise, toujours avec le même succès. J'ajoute seulement que parmi les abeilles mises, par mes artifices, dans la nécessité de réparer le temps perdu, quelques-unes se montrent d'humeur plus accommodante. J'en ai vues bâtissant à nouveau, comme si rien d'extraordinaire ne s'était passé; d'autres, détermination bien rare, allant s'établir sur une autre tuile, comme pour éviter une société de larrons; d'autres enfin apportant des pelotes de mortier et perfectionnant avec zèle le couvercle de leur propre cellule, bien que celle-ci renfermât un œuf étranger. Néanmoins le cas le plus fréquent est celui de l'effraction.

Encore un détail qui n'est pas sans valeur. Il n'est pas nécessaire d'intervenir soi-même et d'incarcérer quelque temps des Chalicodomes pour assister aux violences que je viens de raconter. Si l'on suit assidûment les travaux de l'essaim, une surprise peut vous être ménagée de loin en loin. Un Chalicodome survient qui, sans motifs à vous connus, fracture une porte et fait sa ponte dans la cellule violée. D'après ce qui précède, je vois dans l'abeille coupable une retardataire, retenue loin du chantier par un accident, ou bien emportée à distance par un coup de vent. De retour, après une absence de quelque durée, elle trouve sa place prise, sa loge utilisée par une autre. Victime d'une usurpation comme les séquestrées dans un cornet de papier, elle se comporte comme elles et se dédommage de sa perte en forçant la cellule d'autrui.

Enfin il importait de savoir comment agissent, après leur coup de violence, les Maçonnes qui viennent d'enfoncer une porte, d'expulser brutalement l'œuf inclus et de le remplacer par leur propre ponte. Le couvercle refait à neuf et tout remis en ordre, vont-elles continuer leur brigandage en exterminant l'œuf des autres pour faire place au leur? En aucune manière. La vengeance, ce plaisir des dieux et peut-être aussi des abeilles, est suffisante après une cellule éventrée. Toute colère est apaisée lorsque est casé l'œuf pour lequel on avait tant travaillé. Désormais les incarcérées comme les retardataires par accident, reprennent, pêle-mêle avec les autres, leur habituel travail. Honnêtement elles construisent, honnêtement elles approvisionnent, sans plus songer à mal. Le passé est complètement oublié jusqu'à nouveau désastre.

Revenons aux parasites. Une mère, par hasard, s'est trouvée maîtresse du nid d'autrui. Elle en a profité pour lui confier sa ponte. L'expéditive méthode, si commode pour la mère et si favorable au succès de sa race, a fait impression vive jusqu'au point de transmettre à la descendance la paresse maternelle. Par degrés, le travailleur s'est ainsi constitué parasite.

A merveille. Cela marche tout seul, comme sur des roulettes, tant qu'il suffit de jeter nos conceptions sur le papier. Mais consultons un peu les réalités, s'il vous plaît ; avant d'argumenter sur le probable, informons-nous de ce qui est. Voici le Chalicodome des hangars qui nous en apprend de singulières. Fracturer le couvert d'un logis qui ne lui appartient pas, jeter l'œuf à la porte et le remplacer par le sien, est chez lui pratique usitée de tout temps. Je n'ai pas besoin d'intervenir pour lui faire commettre l'effraction ; il la commet de lui-même lorsque ses droits sont lésés à la suite d'une absence trop prolongée. Depuis que sa race pétrit du ciment, il connaît la loi du talion. Des siècles de siècles, comme il en faut aux évolutionnistes, ont invétéré en lui l'usurpation violente. De plus, le rapt est pour la mère d'une commodité sans pareille. Plus de ciment à gratter du bout des mandibules sur le sentier durci, plus de mortier à pétrir, plus de pisé à construire, plus de pollen à récolter en des voyages cent et cent fois repris. Tout est prêt, vivre et couvert. Jamais occasion meilleure de se donner un peu de bon temps. Rien ne s'y oppose. Les autres, les travailleuses, sont d'une bonhomie imperturbable. Leurs cellules violées les laissent d'une profonde indifférence. Nulle rixe à craindre, nulle protestation. C'est le moment ou jamais de se laisser couler à la paresse.

D'ailleurs la progéniture en sera du mieux avantagée. On fera choix des emplacements les plus chauds, les plus salubres ; on multipliera sa ponte en lui consacrant tout le temps qu'il faudrait dépenser en des occupations onéreuses. Si l'impression que produit le rapt du bien d'autrui est assez vive pour se transmettre par atavisme, combien ne doit pas être profonde l'impression du moment, alors que le Chalicodome vient de faire le coup. Le souvenir du précieux avantage est tout frais, il date de l'instant même; la mère n'a qu'à poursuivre pour se créer une méthode d'installation des plus favorables pour elle et pour les siens. Allons! pauvre abeille, laisse donc là le travail qui t'éreinte; suis les conseils du transformisme, et deviens parasite puisque tu en as les moyens!

Mais non : sa petite vengeance accomplie, la Maçonne se remet à maçonner, la récolteuse se remet à récolter avec un zèle inaltérable. Elle oublie le méfait d'un moment de colère et se garde bien de transmettre à ses fils l'inclination à la paresse. Elle sait trop bien que l'activité, c'est la vie; que le travail, c'est la grande joie de ce monde. Quelles myriades de cellules n'a-t-elle pas fracturées depuis qu'elle bâtit; quelles superbes occasions, si nettes, si probantes, n'a-t-elle pas eues de s'affranchir de la fatigue! Rien n'a pu la convaincre : faite pour le travail, elle persiste dans la vie laborieuse. Que n'a-t-elle au moins produit un rameau dérivé, envahisseur de cellules par démolition de portes. Le Stelis fait bien un peu comme cela, mais qui s'aviserait d'affirmer une parenté entre le Chalicodome et lui. Rien de commun entre les deux. Je réclame un dérivé du Chalicodome des hangars, vivant de l'art de crever les plafonds. Jusqu'à ce qu'elle me le montre, la théorie me fera sourire quand elle me parlera d'antiques travailleurs renonçant à leur métier pour devenir fainéants parasites.

Je réclame aussi, avec la même instance, un dérivé de l'Osmie tricorne, dérivé démolisseur de cloisons. J'exposerai ailleurs de quelle façon je suis parvenu à faire nidifier tout un essaim de cette Osmie sur la table de travail de mon cabinet et dans des tubes de verre, qui me font assister aux intimes secrets de l'œuvre de l'apiaire. Pendant trois à quatre semaines, chaque Osmie est d'une scrupuleuse fidélité à son tube, qui laborieusement s'emplit d'une série de chambres délimitées par des cloisons de terre. Des signes de coloration différente peints sur le thorax me permettent de me reconnaître au milieu de tout ce personnel. Chaque galerie de cristal est la propriété exclusive d'une seule Osmie; nulle autre n'y pénètre, n'y maçonne, n'y amasse. Si par étourderie, oubli momentané de son domicile dans le tumulte de la cité, quelque voisine vient seulement regarder à la porte, la propriétaire l'a bientôt mise en fuite. Ces indiscrétions-là ne sont pas tolérées. Un logis à chacune, et chacune à son logis.

Tout est pour le mieux jusque vers la fin des travaux. Les tubes sont alors fermés à l'orifice avec un épais tampon de terre; presque tout l'essaim a disparu; il reste sur les lieux une vingtaine de dépenaillées, à toison rasée, tondue par un labeur d'un mois. Ces retardataires n'ont pas fini leur ponte. Les tubes inoccupés ne manquent pas, car j'ai soin d'enlever en partie ceux qui sont pleins et de les remplacer par d'autres n'ayant pas encore servi. Bien peu se décident à prendre possession de ces domiciles neufs, ne différant en rien des premiers; et encore n'y construisent-elles qu'un petit nombre de cellules, assez souvent de simples ébauches de cloisons.

Il leur faut autre chose : le nid d'autrui. Elles forent le tampon terminal des tubes peuplés, travail sans grande difficulté car ce n'est plus ici le dur ciment du

Chalicodome, mais un simple opercule de boue desséchée. L'entrée déblayée, une loge se présente avec ses provisions et son œuf. De sa brutale mandibule, l'Osmie happe cette délicatesse, l'œuf; elle l'éventre et va le rejeter au loin. Pire que cela : elle le mange sur place. Il m'a fallu voir cette horreur à plusieurs reprises pour ne pas en douter. Notons que l'œuf dévoré peut fort bien être l'œuf même de la coupable. Impérieusement dominée par les besoins de la famille présente, l'Osmie n'a plus souvenir de la famille passée.

L'infanticide perpétré, la scélérate approvisionne un peu. C'est chez tous la même nécessité de reculer dans la série des actes pour renouer le fil des occupations interrompues. Puis elle pond son œuf et refait consciencieusement l'opercule démoli. Le dégât peut aller plus loin. A telle de ces retardataires, une loge ne suffit pas : il en faut deux, trois, quatre. Pour parvenir à la plus reculée, l'Osmie saccage au complet toutes celles qui précèdent. Les cloisons sont abattues, les œufs sont mangés ou rejetés, les provisions sont balayées au dehors, souvent même transportées à distance par gros lopins. Poudreuse des platras de démolition, enfarinée du pollen dévalisé, glutineuse des œufs éventrés, l'Osmie est méconnaissable dans sa besogne de bandit. La place faite, tout reprend l'ordre normal. Des provisions sont laborieusement apportées pour remplacer celles qui ont été jetées à la voirie; des œufs sont déposés, un sur chaque amas de pâtée; les cloisons sont reconstruites, et le massif tampon scellant le tout est refait à neuf. Des méfaits de ce genre se renouvellent si souvent, que je suis obligé d'intervenir et de mettre en sûreté les nids que je désire conserver intacts.

Rien encore ne peut m'expliquer ce brigandage, éclatant à la fin des travaux comme une épidémie morale, comme une aberration de maniaque. Passe encore si l'emplacement manquait; mais les tubes sont là, tout à côté, vides et très convenables pour recevoir la ponte. L'Osmie n'en veut pas; elle préfère larronner. Est-ce lassitude, dégoût du travail après une période de frénétique activité! Point, car lorsqu'est dévalisée une file de cellules, après la démolition et le gaspillage, revient, avec toutes ces charges, le travail ordinaire. La fatigue n'est pas allégée; elle est aggravée. Mieux valait incomparablement, pour continuer sa ponte, élire domicile dans un tube inoccupé. L'Osmie en juge autrement. Ses raisons d'agir ainsi m'échappent. Y aurait-il chez elle des caractères mal faits, se complaisant dans la ruine du prochain? Qui sait? Il y en a bien chez l'homme.

Dans le secret de ces réduits naturels, l'Osmie se conduit, je n'en doute pas, comme dans mes galeries transparentes. Sur la fin des travaux, elle viole les demeures d'autrui. En se bornant à la première loge, qu'il n'est pas besoin de vider pour parvenir aux suivantes, elle peut utiliser les provisions présentes et abréger d'autant la partie la plus longue de son travail. Comme de semblables usurpations ont eu largement le temps de s'invétérer, de s'incarner dans la descendance, je demande un dérivé de l'Osmie qui mange l'œuf de son aïeule pour établir le sien.

Ce dérivé, on ne le montrera pas, mais on pourra dire : il se forme. Par les rapts que je viens de décrire se prépare un parasite futur. Le transformisme affirme dans le passé, il affirme dans l'avenir, mais le moins possible il nous parle du présent. Des transformations se sont faites, des transformations se feront; le fâcheux est qu'il ne s'en fait pas. Des trois termes de la durée, un lui échappe, celui-là même qui directement nous intéresse et seul est affranchi des fantaisies de l'hypothèse. Ce silence sur le présent ne me plaît guère, pas plus que ne me plairait le fameux tableau du passage de la mer Rouge peint pour une chapelle de village. L'artiste avait jeté sur la toile un large ruban du plus vif vermillon; et c'était tout.

— Oui, voilà bien la mer Rouge, disait le curé examinant le chef-d'œuvre avant de le payer; voilà bien la mer Rouge; mais où sont les Hébreux?

— Ils sont passés, répliquait le peintre.

— Et les Égyptiens?

— Ils vont venir.

Des transformations se sont passées, des transformations vont venir. De grâce ne pourrait-on nous montrer des transformations qui se font? Est-ce que le réel pour le passé et le réel pour l'avenir excluraient le réel pour le présent? Je ne comprends pas.

Je réclame un dérivé du Chalicodome et un dérivé de l'Osmie qui, depuis l'origine de leurs races, se dévalisent avec entrain dans l'occasion et travaillent chaudement à la création d'un parasite, heureux de ne rien faire. Y sont-ils parvenus? Non. Y parviendront-ils? On l'affirme. Pour le moment, rien. Les Osmies et les Chalicodomes d'aujourd'hui sont ce qu'ils étaient lorsque fut gâchée la première truelle de ciment ou de boue. Combien donc faut-il de siècles de siècles pour faire un parasite? Trop, je le crains, pour ne pas nous rebuter.

Si le dire de la théorie est fondé, se mettre en grève et vivre d'expédients n'a pas toujours suffi pour déterminer le parasitisme. Dans certains cas, l'animal a dû changer de régime, de la proie passer à la nourriture végétale, ce qui bouleversait de fond au comble les plus intimes caractères de son être. Que dirions-nous du loup renonçant au mouton pour paître l'herbe, sur les conseils de la paresse? Les plus téméraires reculeraient devant l'absurde hypothèse. Et cependant le transformisme nous y conduit tout droit. En voici un exemple.

En juillet, je fends en long les bouts de ronce où nidifie l'Osmie tridentée. Dans la file de cellules, les inférieures ont déjà le cocon de l'Osmie; les supérieures contiennent la larve achevant de consommer ses provisions; les terminales ont les vivres intacts avec l'œuf de l'Osmie. Cet œuf est cylindrique, arrondi aux deux extrémités, d'un blanc diaphane, et mesure de quatre à cinq millimètres de longueur. Par un bout, il repose obliquement sur la pâtée, de façon que l'autre bout se relève à quelque distance du miel. Or, en multipliant mes visites aux cellules récentes, une dizaine de fois j'ai fait rencontre précieuse. Sur le bout libre de l'œuf de l'Osmie, un autre œuf est fixé, tout différent de forme, blanc et diaphane comme le premier, mais beaucoup plus petit, plus étroit, obtus à une extrémité et assez brusquement conique à l'autre. Il mesure 2 millimètres de longueur sur demi-millimètre de largeur. C'est l'œuf d'un parasite incontestablement, parasite qui s'impose à mon attention par sa curieuse méthode d'installer sa famille.

Il éclot avant celui de l'Osmie. Aussitôt née, la minuscule larve se met à tarir l'œuf rival, dont elle occupe le haut, loin du miel. L'extermination est rapidement sensible. On voit l'œuf de l'Osmie qui se trouble, perd son brillant, devient flasque et se ride. En vingt-quatre heures, ce n'est plus qu'une gaine vidée, une pellicule chiffonnée. Voilà toute concurrence écartée ; le parasite est maître de céans. La jeune larve détruisant l'œuf était assez active ; elle explorait la chose dangereuse dont il importait de se débarrasser au plus vite ; elle relevait la tête pour choisir et multiplier les points d'attaque ; maintenant, couchée de son long à la surface du miel, elle ne bouge plus ; mais au flux onduleux du canal digestif, se reconnaît son avide consommation des vivres amassés par l'Osmie. En deux semaines, la pâtée est épuisée et le cocon se tisse. C'est un ovoïde assez ferme, d'un brun de poix très foncé, caractères qui le font aussitôt distinguer du cocon cylindrique et pâle de l'Osmie. L'éclosion a lieu en avril, mai. Le mot de l'énigme est enfin connu. Le parasite de l'Osmie est le *Sapyga punctata*, V. L.

Or, où classer ledit hyménoptère, vrai parasite dans toute la rigueur du terme, c'est-à-dire consommateur des provisions d'autrui ? Son aspect général et sa structure en font un genre voisin des Scolies pour tout regard quelque peu familiarisé avec les formes entomologiques. D'ailleurs les maîtres en taxonomie, si scrupuleux dans la comparaion des caractères, s'accordent à placer les Sapyges à la suite des Scolies, un peu avant les Mutilles. Les Scolies vivent de proie, les Mutilles aussi. Le parasite de l'Osmie, s'il dérive réellement d'un ancêtre transformé, a donc pour origine un mangeur de chair, lui qui maintenant est mangeur de miel. Le loup fait plus que devenir mouton : il se convertit en consommateur de sucreries. Du gland de chêne ne sortira jamais un pommier, dit quelque part le gros bon sens de Franklin. Ici la passion de la confiserie devrait sortir de l'amour de la venaison. Une théorie pourrait bien ne pas avoir l'équilibre stable quand elle conduit à de telles aberrations.

J'écrirais un volume si je voulais continuer l'exposé de mes doutes. C'est assez pour le moment. L'homme, l'insatiable questionneur, d'âge en âge se transmet les pourquoi sur les origines ; les réponses se succèdent, aujourd'hui proclamées vraies, demain reconnues fausses ; et la divine Isis reste toujours voilée.

VII

LES TRIBULATIONS DE LA MAÇONNE

Comme exemple circonstancié d'exploiteurs du bien d'autrui, de pillards acharnés à la ruine du travailleur, difficilement je trouverais mieux que les tribulations du Chalicodome des murailles. La Maçonne qui bâtit sur les galets peut se flatter d'être une laborieuse ouvrière. Pendant tout le mois de mai, on la voit, en noires escouades, au gros du soleil, piocher de la dent la carrière à mortier sur la route voisine. Son zèle est tel que les pieds des passants la détournent à peine ; plus d'une se laisse écraser, absorbée qu'elle est par la récolte du ciment.

Les points les plus durs, les plus secs, conservant encore la compacité que leur a donnée le pesant rouleau de l'agent-voyer, sont les filons préférés ; aussi la pelote s'amasse-t-elle péniblement, grain de poussière par grain de poussière. La râclure est gâchée sur place avec de la salive et convertie en mortier. Le tout bien malaxé et la charge suffisante, la Maçonne part d'un essor fougueux, en ligne droite et se rend à son galet, situé à quelques cents pas de distance. La truelle de mortier frais est vite dépensée soit pour élever d'une assise l'édifice en forme de tourelle, soit pour cimenter dans la paroi des moellons de gravier, qui donnent à l'ouvrage solidité plus grande. Les voyages au ciment recommencent jusqu'à ce que la construction ait atteint la hauteur réglementaire. Sans un instant de repos, cent fois on revient au chantier d'exploitation, toujours au même point, reconnu d'excellente qualité.

Maintenant s'amassent les vivres, miel et poussière des fleurs. Si quelque nappe rose de sainfoin fleuri se trouve dans le voisinage, c'est là que la Maçonne butine de préférence, lui faudrait-il chaque fois franchir une distance d'un demi-kilomètre. Le jabot se gonfle d'exsudation mielleuse, le ventre s'enfarine de pollen. Retour à la cellule, qui lentement s'emplit ; et sur-le-champ retour aux lieux de récolte. Et toute la journée, sans apparence de lassitude, la même activité se maintient tant que le soleil est assez élevé. Lorsque le tard se fait, si la demeure n'est pas encore close, l'abeille se retire dans sa cellule pour y passer la nuit, la tête en bas, le bout du ventre au dehors, habitude que n'a pas le Chalicodome des hangars. Alors seulement la Maçonne se repose, mais d'un repos en quelque sorte équivalent au travail, car ainsi plongée elle obstrue l'entrée du magasin à miel et défend son trésor contre les maraudeurs crépusculaires ou nocturnes.

Désireux d'évaluer par à peu près la somme des distances franchies pour l'édification et l'approvisionnement d'une cellule, j'ai compté les pas d'un nid à la route où se pétrissait le mortier, et du même nid au champ de sainfoin où se faisait la récolte ; autant que la patience me l'a permis, j'ai pris note des voyages soit dans une direction, soit dans l'autre ; puis complétant ces données par la comparaison du travail fait avec celui qui restait à faire, j'ai obtenu 15 kilomètres pour le total du va-et-vient. Je ne donne ce nombre, bien entendu, que comme une approximation grossière ; plus de précision eût exigé une assiduité dont je ne me suis pas senti capable.

Tel qu'il est, le résultat, très probablement inférieur à la réalité dans bien des cas, est de nature à fixer nos idées sur l'activité de la Maçonne. Le nid complet comprendra une quinzaine de cellules environ. De plus, l'amas de loges sera finalement revêtu d'une couche de ciment épaisse d'un gros travers de doigt. Cette massive fortification, moins soignée que le reste de l'ouvrage, mais plus dispendieuse en matériaux, représente peut-être, à elle seule, la moitié du travail complet ; si bien que, pour l'établissement de son dôme, la Maçonne des galets, allant et revenant sur l'aride plateau, parcourt en somme une distance de 400 kilomètres, près de la moitié de la plus grande dimension de la France, du nord au sud. N'est-il pas vrai que lorsque, usée par tant de fatigue, l'abeille se retire dans une cachette pour y languir solitaire et mourir, la vaillante bête peut se dire : j'ai travaillé, j'ai fait mon devoir.

Oui certes, la Maçonne a rudement peiné. Pour l'avenir des siens, elle a dépensé sa vie sans réserve, sa longue vie de cinq à six semaines ; et maintenant elle s'éteint satisfaite parce que tout est en ordre dans la chère maison : rations copieuses et de premier choix, abri contre les frimas de l'hiver, remparts contre les irruptions de l'ennemi. Tout est en ordre, du moins elle le croit ; mais, hélas ! quelle n'est pas l'erreur de la pauvre mère ! Ici se dévoile l'odieuse fatalité, *aspera fata,* qui ruine le producteur pour faire vivre l'improductif ; ici éclate la loi stupidement féroce qui sacrifie le travailleur au succès de l'oisif. Qu'avons-nous fait, nous et les bêtes, pour être broyés avec une souveraine indifférence sous la meule de pareilles misères? Ah! les terribles, les navrantes questions qu'amèneraient sur mes lèvres les infortunes de la Maçonne, si je donnais libre cours à mes noires pensées! Mais éloignons des pourquoi sans réponse et restons dans le domaine de simple historien.

Conjurés pour la perte de la pacifique et laborieuse abeille, ils sont une dizaine, et je ne les connais pas tous. Chacun a ses ruses, son art de nuire, sa tactique d'extermination, afin que rien de l'œuvre de la Maçonne n'échappe à la ruine. Quelques-uns s'emparent des vivres, d'autres se nourrissent des larves, d'autres encore s'approprient le domicile. Tout y passe : logis, amas de vivres, nourrissons à peine sevrés.

Les voleurs de pâtée sont le Stelis (*Stelis nasuta*) et le Dioxys (*Dioxys cincta*). — J'ai déjà dit comment, la Maçonne absente, le Stelis perfore le dôme, une cellule après l'autre, pour y déposer ses œufs; et comment après il répare la brèche avec un mortier en terre rouge, qui révèle aussitôt au regard attentif la présence du parasite. De bien moindre taille que le Chalicodome, le Stelis trouve, dans une seule cellule, assez de nourriture pour l'éducation de plusieurs de ses larves. A la surface du nid, à côté de l'œuf de Maçonne qui ne subit d'ailleurs aucun outrage, la mère dépose un nombre d'œufs que j'ai vu varier entre les limites extrêmes deux et douze.

D'abord les choses ne vont pas trop mal. Les convives nagent, — c'est le mot, — au sein de l'abondance; fraternellement ils consomment et digèrent. Puis les temps deviennent durs pour le fils de l'hôtesse; la nourriture décroît, se fait rare et disparaît enfin jusqu'à la dernière miette, alors que la larve de la Maçonne a tout au plus acquis le quart de sa croissance. Les autres, plus expéditifs à table, ont épuisé les vivres bien avant sa normale réfection. Le vermisseau dévalisé se ratatine et meurt, tandis que les vers du Stelis, bien repus, se mettent à filer leurs cocons, petits, robustes, bruns, étroitement serrés l'un contre l'autre et agglomérés en une masse commune pour utiliser du mieux le peu d'espace du logis encombré. Si plus tard on visite la cellule, on trouve, entre l'amas de cocons et la paroi, un petit cadavre desséché. C'est la larve, objet de tant de soins pour la mère Maçonne. A cette lamentable relique ont abouti les efforts de la vie la plus laborieuse. Tout aussi souvent m'est-il arrivé, lorsque je scrutais les secrets de la cellule à la fois berceau et tombe, de ne pas rencontrer le vermisseau défunt. Je m'imagine que le Stelis, avant de faire sa ponte, a détruit l'œuf du Chalicodome, l'a mangé, comme le font entre elles les Osmies ; je m'imagine encore que le moribond, masse gênante pour les nombreux filateurs à l'œuvre dans un étroit réduit, a été écharpé pour céder sa place à l'amalgame de cocons. Mais à tant de noirceurs, je ne voudrais pas en ajouter une autre par mégarde, et je préfère admettre que le ver mort de faim m'est resté inaperçu.

Maintenant disons son fait au Dioxys. Au temps des travaux, c'est un effronté visiteur de nids, exploitant avec la même audace les énormes cités du Chalicodome des hangars et les coupoles solitaires du Chalicodome des galets. Une population innombrable, allant, venant, bourdonnant, bruissant, ne lui en impose pas. Sur les tuiles appendues contre les murs de mon porche, je le vois, l'écharpe rouge aux flancs, arpenter, avec une superbe assurance, l'étendue mamelonnée des nids. Ses noirs projets laissent l'essaim dans une profonde indifférence ; aucune des travailleuses ne s'avise de lui donner la chasse, à moins qu'il ne vienne l'importuner de trop près. Tout se borne d'ailleurs à quelques marques d'impatience de la part de l'ouvrière coudoyée. Pas d'émoi profond, pas de poursuites ardentes comme semblerait en supposer la présence d'un mortel ennemi. Elles sont là, des mille, toutes armées du stylet ; une seule accablerait le perfide, et nulle ne court sus au bandit. Le danger n'est pas soupçonné.

Lui cependant visite le chantier, il circule entre les rangs des Maçonnes, il attend son heure. Si la propriétaire est absente, je le vois plonger dans une cellule et bientôt en ressortir avec la bouche barbouillée de pollen. Il vient de déguster les provisions. Fin connaisseur, il va d'un magasin à l'autre, prélever une bouchée de miel. Est-ce une dîme pour son entretien personnel, est-ce un essai en faveur de sa larve future ? Je n'oserai décider. Toujours est-il qu'après un certain nombre de ces dégustations, je le surprends à stationner dans une loge, l'abdomen au fond, la tête à l'orifice. C'est le moment de la ponte, ou je me trompe fort.

Le parasite parti, je visite la demeure. Je ne vois rien d'anormal à la surface de la pâtée. L'œil plus perspicace de la propriétaire, de retour chez elle, n'y voit rien non plus, car elle continue l'approvisionnement sans manifester la moindre inquiétude. Un œuf étranger, déposé sur les vivres, ne lui échapperait pas. Je sais avec quelle propreté elle tient son magasin ; je sais avec quel scrupule elle rejette au dehors toute chose introduite par mon intervention, œuf qui n'est pas le sien, fétu de paille, grain de poussière. Donc, de par mon témoignage et de par celui du Chalicodome, encore plus concluant, l'œuf du Dioxys, s'il est alors réellement pondu, n'est pas déposé à la surface.

Je soupçonne, sans l'avoir encore vérifié, — négligeance que je me reproche, — je soupçonne qu'il est enfoui dans l'amas de poussière pollinique. Quand je le vois ressortir d'une cellule avec la bouche enfarinée de jaune, peut-être le Dioxys vient-il de s'informer de l'état des lieux et de préparer une cachette pour son œuf. Ce que je prends pour une simple dégustation pourrait bien être acte plus grave. Ainsi dissimulé, l'œuf échappe à la clairvoyante abeille ; laissé à découvert, il périrait infailliblement, aussitôt jeté à la voirie par la propriétaire. Quand la Sapyge ponctuée pond son œuf sur celui de l'Osmie de la ronce, elle opère dans les mystères de l'obscurité, dans les ténèbres d'un puits profond, où le moindre rayon de lumière ne saurait pénétrer. La mère revenant avec sa pelote de mastic vert pour édifier la cloison de clôture, ne voit pas le germe usurpateur et ignore le péril ; mais ici tout se passe au grand jour, ce qui doit exiger une méthode d'installation moins naïve.

D'ailleurs, c'est pour le Dioxys l'unique moment favorable. S'il attend que la Maçonne ait pondu, c'est trop tard, le parasite ne sachant pas enfoncer les portes à l'exemple du Stelis. Aussitôt l'œuf pondu, en effet, le Chalicodome des hangars sort de sa loge, se retourne et se met incontinent à clôturer avec la pelote de mortier tenue toute prête entre les mandibules. Du premier coup, l'occlusion est complète, tant la matière est méthodiquement employée. Les autres pelotes, objets de voyages multipliés, ne serviront qu'à augmenter l'épaisseur du couvercle. Dès le premier coup de truelle, la chambre est inaccessible au Dioxys. De là pour lui nécessité absolue de s'occuper de son œuf avant que le Chalicodome des hangars ait déposé le sien, et nécessité non moins grande de le dissimuler pour le soustraire à la vigilance de la Maçonne.

Les difficultés sont moins grandes dans les nids du Chalicodome des galets. Celui-ci, son œuf pondu, quelque temps l'abandonne pour aller chercher le ciment nécessaire à la clôture ; ou bien, s'il en a déjà une pelote entre les mandibules, cette pelote ne suffit pas à l'occlusion complète, tant l'orifice est ample. Il en faut d'autres pour murer en entier l'entrée. Pendant les absences de la mère, le Dioxys aurait le temps de faire son coup. Mais tout semble dire qu'il se comporte sur les galets comme il le fait sur les tuiles. Il prend les avances en cachant son œuf dans la pâtée.

Que devient l'œuf de la Maçonne enfermé dans la même cellule avec l'œuf du Dioxys? Vainement j'ai ouvert des nids à toutes les époques, je n'ai jamais trouvé trace soit de l'œuf soit de la larve de l'un comme de l'autre Chalicodome. Le Dioxys, ici larve sur le miel ou renfermée dans son cocon, là insecte parfait, s'est trouvé toujours seul. Le concurrent avait disparu sans laisser de vestige. Un soupçon vient alors, et ce soupçon équivaut presque à la certitude tant la force des choses l'impose. Le vermisseau parasite, d'éclosion plus précoce, émerge de sa cachette, du sein du miel et vient à a surface détruire, de son premier coup de dent, l'œuf du Chalicodome, ainsi que le fait la Sapyge de l'œuf de l'Osmie. Le moyen est odieux mais d'une efficacité souveraine. Ne nous récrions pas trop sur ces noirceurs d'un nouveau-né; nous rencontrerons plus tard des manœuvres plus odieuses encore. Le brigandage de la vie est ainsi rempli d'horreurs qu'on n'ose trop sonder. Une créature de rien, vermisseau tout juste visible, traînant encore à l'arrière les langes de son œuf, reçoit de l'instinct, pour première inspiration, le devoir d'exterminer qui le gênerait.

L'œuf de la Maçonne est donc exterminé. Dans l'intérêt du Dioxys était-ce bien nécessaire? Pas le moins du monde. La masse des vivres est trop copieuse pour lui dans une cellule du Chalicodome des hangars, à plus forte raison dans une cellule du Chalicodome des galets. Il en consomme à peine le tiers, la moitié. Le reste demeure tel quel, sans emploi. Il y a là gaspillage flagrant qui apporte des circonstances aggravantes à la destruction de l'œuf de la Maçonne. Faute de vivres, on se mangeait un peu sur le radeau de la *Méduse;* la faim excuse bien des choses; mais ici l'abondance excède les besoins. S'il en a trop pour lui, quel motif pousse donc le Dioxys à détruire en son germe un rival? Que ne laisse-t-il la larve, sa commensale, profiter des restes et se tirer après d'affaires comme elle le pourra? Mais non : la descendance de la Maçonne sera stupidement sacrifiée sur des vivres qui moisiront inutiles! Je tournerais aux sombres élucubrations d'un Schopenhauer si je me laissais glisser sur les pentes du parasitisme.

Telle est la sommaire esquisse des deux parasites du Chalicodome des galets, parasites vrais ou consommateurs de provisions amassées pour d'autres. Leurs méfaits ne sont pas les tribulations les plus amères de la Maçonne. Si le premier affame sa larve, si le second la fait périr dans l'œuf, il y en a d'autres qui réservent à la famille de la travailleuse fin plus lamentable. Lorsque, les vivres épuisés, le ver de l'Abeille, tout rond d'embonpoint et suant la graisse, a filé son cocon pour y dormir de ce sommeil voisin de la mort nécessaire aux préparatifs de la vie future, ils accourent aux nids dont les fortifications sont impuissantes contre leur tactique atrocement ingénieuse. Bientôt sur le flanc de la dormeuse est installé un vermisseau naissant qui se repaît en toute sécurité, de la juteuse victuaille. Les perfides, s'attaquant aux larves prises de léthargie, sont au nombre de trois : un Anthrax, un Leucospis, un minuscule porteur de dague. Leur histoire mérite des développements que je réserve pour plus tard ; je ne fais que mentionner en passant les trois exterminateurs.

Les vivres sont usurpés, l'œuf est détruit, le jeune ver périt de faim, la larve est dévorée. Est-ce tout ? Pas encore. Le travailleur doit être exploité à fond, dans son œuvre comme dans sa famille. En voici maintenant qui convoitent son logis.

Lorsque la Maçonne construit sur un galet édifice nouveau, sa présence presque continuelle suffit pour tenir au large les amateurs de logements gratuits; sa force et sa vigilance en imposent à qui voudrait s'approprier sa bâtisse. En son absence, si quelque audacieux s'avise de visiter le monument, la propriétaire bientôt survient et le déloge avec une animosité des plus décourageantes. Donc rien à craindre de locataires s'imposant eux-mêmes lorsque la maison est neuve. Mais l'Abeille des galets utilise aussi pour sa ponte les demeures anciennes tant qu'elles ne sont pas trop délabrées. Au commencement des travaux, on se les dispute, entre voisines, avec une ardeur où se reconnaît le prix qu'on y attache. Face à face, parfois les mandibules enlacées, ensemble montant dans les airs, ensemble descendant, puis touchant terre, s'y roulant et reprenant l'essor, des heures entières elles batailleront pour la propriété en litige.

Un nid tout fait, héritage de famille qu'il suffit de restaurer un peu, est chose précieuse pour la Maçonne, économe de son temps. Je soupçonne, tant sont fréquentes les vieilles demeures réparées et repeuplées, que l'Abeille n'entreprend des fondations nouvelles qu'à défaut d'anciens nids. Les chambres d'un dôme occupées par un étranger sont donc pour elle privation sérieuse.

Or divers hyménoptères, très laborieux d'ailleurs pour récolter du miel, dresser des cloisons et façonner des récipients à pâtée, sont inhabiles à se préparer les réduits où les cellules doivent être empilées. Les vieilles chambres du Chalicodome, rendues plus vastes par le vestibule de sortie, sont pour eux des acquisitions excellentes. Le tout est de les occuper les premiers, car ici le droit de premier occupant fait loi. Une fois établie, la Maçonne n'est pas troublée chez elle; à son tour, elle ne trouble pas l'étranger qui l'a devancée dans un vieux nid, patrimoine de sa famille. La bénévole déshéritée laisse en paix la bohème maîtresse de la masure, et va sur un autre galet s'établir à nouveaux frais.

En première ligne de ces locataires gratuits, je mettrai une Osmie (*Osmia cyanoxantha*, Pérez) et une Mégachile (*Megachile apicalis*, Spinola), travaillant l'une et l'autre en mai, en même temps que la Maçonne, et assez petites toutes les deux pour loger de cinq à huit cellules dans une seule chambre de Chalicodome, chambre agrandie de son vestibule.

L'Osmie subdivise cet espace en compartiments très irréguliers, par des cloisons obliques, planes ou courbes, subordonnées aux exigences du local. Aucun art par conséquent dans l'amas de logettes ; la seule tache de l'architecte est d'utiliser avec parcimonie le large disponible. La matière des cloisons est un mastic vert, de nature végétale, que l'Osmie doit obtenir en broyant des lambeaux de feuille d'une plante dont la détermination est à faire. La même pâte verte sert pour l'épais tampon qui ferme le logis. Mais ici, l'insecte ne l'emploie pas pure. Pour donner à l'ouvrage résistance plus grande, il incorpore de nombreux grains de gravier dans le ciment végétal. Ces matériaux, de récolte aisée, sont prodigués comme si la mère craignait de ne pas assez fortifier l'entrée de sa demeure. Sur la coupole assez unie du Chalicodome, ils forment une grossière protubérance de cailloutis, qui décèle aussitôt le nid de l'Osmie par son âpre relief et par la coloration verte de son mortier de feuilles mâchées. Plus tard, par l'action prolongée de l'air, le mastic végétal brunit, prend la teinte feuille morte surtout à l'extérieur du tampon ; et il serait alors assez difficile d'en reconnaître la nature pour qui ne l'aurait pas vu à l'état frais.

Les vieux nids des galets paraissaient convenir à d'autres Osmies : mes notes mentionnent l'*Osmia Morawitzi,* Pérez, et l'*Osmia cyanea,* Kirby, comme reconnues dans pareilles demeures sans en être des hôtes bien assidus.

Pour compléter le dénombrement des apiaires à moi connus qui font élection de domicile dans les dômes de la Maçonne, il faut ajouter le *Megachile apicalis* qui empile, par cellule, une demi-douzaine et plus de pots à miel construits avec des rondelles de feuilles de rosier sauvage; et un Anthidie, dont j'ignore l'espèce, n'ayant vu de lui que les sacs de ouate blanche.

La Maçonne des hangars fournit de son côté des logements gratuits à deux espèces d'Osmies, *Osmia tricornis,* Latr., et *Osmia Latreillii,* Spin., l'une et l'autre très communes. L'Osmie tricorne hante de préférence les habitations des apiaires qui nidifient en populeuses colonies : Chalicodome des hangars, Anthophore à pieds velus. L'Osmie de Latreille presque toujours l'accompagne chez le Chalicodome.

Le constructeur réel de la cité et l'exploiteur de l'œuvre d'autrui travaillent ensemble, à la même époque, forment commun essaim et vivent en parfaite harmonie, chaque abeille des deux genres s'occupant en paix de sa besogne. Comme d'un tacite accord, la part est à deux. L'Osmie est-elle assez discrète pour ne pas abuser de la Maçonne débonnaire, pour n'utiliser que des couloirs abandonnés, des cellules au rebut; ou bien prend-elle possession du logis dont les réels propriétaires auraient su, eux aussi, faire usage? J'incline vers l'usurpation, car il n'est pas rare de voir le Chalicodome des hangars déblayer de vieilles cellules et les utiliser comme le fait son collègue des galets. Quoi qu'il en soit, tout ce petit monde affairé vit sans noises, les uns édifiant du nouveau, les autres aménageant du vieux.

Les Osmies, hôtes de la Maçonne des galets, occupent seules, au contraire, le dôme objet de leur exploitation. L'humeur insociable de la propriétaire est cause de cet isolement. Le vieux nid ne lui convient plus du moment qu'elle le voit occupé par un autre. Au lieu de faire part à deux, elle préfère chercher ailleurs une demeure où elle puisse travailler solitaire. Son abandon bénévole d'un excellent logis en faveur d'une étrangère incapable de lui résister un instant, s'il y avait litige, démontre la haute immunité dont jouit l'Osmie auprès de l'ouvrière qu'elle exploite. L'essaim commun et si pacifique de la Maçonne des hangars et des deux Osmies emprunteuses de cellules, la démontre d'une façon plus formelle encore. Jamais de lutte pour acquérir ce qui ne vous appartient pas, ni pour défendre ce qui vous appartient; jamais de rixe entre Osmies et Maçonnes. Voleuse et volée vivent dans les meilleures relations de voisinage. L'Osmie se croit chez elle, et l'autre ne fait rien pour la dissuader. Si les parasites, ce redoutable péril, circulent impunis dans les rangs des travailleuses, sans éveiller un simple émoi, l'indifférence ne doit pas être moins profonde pour de vieilles loges perdues. L'embarras serait grand pour moi s'il me fallait mettre d'accord cette quiétude de l'expropriée et la concurrence sans merci qui, dit-on, régente le monde. Faite pour s'installer chez la Maçonne, l'Osmie trouve auprès d'elle accueil pacifique. Mon regard borné ne peut voir plus loin.

J'ai dit les usurpateurs de vivres, les exterminateurs de larves, et les exploiteurs d'habitations qui prélèvent tribut sur la Maçonne. Cette fois, est-ce fini? Pas du tout. Les vieux nids sont des nécropoles. Il y a là des Abeilles qui, parvenues à l'état parfait, n'ont pu s'ouvrir à travers le ciment la porte de sortie et se sont desséchées dans leurs cellules; il y a des larves mortes, devenues cylindres noirs et cassants; des provisions intactes, moisies ou fraîches, sur lesquelles l'œuf a tourné à mal;

des cocons en lambeaux, des dépouilles épidermiques, des détritus de transformation.

Si l'on enlève de sa tuile le nid du Chalicodome des hangars, parfois d'une épaisseur de deux décimètres et au delà, on ne trouve de population vivante que dans une mince couche extérieure. Tout le reste, catacombes des générations passées, n'est qu'un affreux amoncellement de choses mortes, fanées, ruinées, décomposées. Dans ce sous-sol de l'antique cité tombent en poussière les Abeilles non libérées, les larves non transformées; là s'aigrissent les miels d'autrefois, là se réduisent en humus les vivres non consommés.

Des croque-morts, trois coléoptères, un Clairon, un Ptine, un Anthrène, exploitent ces restes. Les larves de l'Anthrène et du Ptine rongent les détritus cadavériques; la larve du Clairon, à tête noire et le reste du corps d'un beau rose, m'a paru forcer les vieilles boîtes de conserves, à miel ranci. L'insecte parfait lui-même, costumé de vermillon avec ornements bleus, n'est pas rare à la surface des gâteaux de terre pendant la saison des travaux et parcourt lentement le chantier pour déguster çà et là les gouttes de miel qui suintent de quelques pots fêlés. Malgré sa livrée voyante, si disparate avec la bure terne des travailleurs, les Chalicodomes le laissent en paix, comme s'ils reconnaissaient en lui l'égoutier préposé à l'hygiène des bas-fonds.

Ravagée par les années, la demeure de la Maçonne tombe enfin en ruines et devient masure. Exposé qu'il est à l'action directe des intempéries, le dôme édifié sur un galet s'écaille, se crevasse. Le réparer serait trop onéreux, sans parvenir à rétablir la solidité première de la base ébranlée. Mieux protégée par le couvert d'une toiture, la cité des hangars résiste davantage sans échapper néanmoins à la décrépitude. Les étages que chaque génération superpose à ceux où elle est née, augmentent l'épaisseur et le poids de l'édifice dans des proportions inquiétantes. L'humidité de la tuile s'infiltre dans les plus anciennes assises, ruine les fondations et menace le nid d'une prochaine chute. Il est temps d'abandonner sans retour la maison lézardée.

Alors dans les chambres croulantes, sur le galet aussi bien que sur la tuile, vient camper une population bohême, peu difficile en fait d'abri. La masure informe, réduite à quelque pan de mur, trouve des occupants, car le travail de la Maçonne doit être exploité jusqu'aux dernières limites du possible. Dans les culs-de-sac, restes des antiques cellules, des Araignées ourdissent un velarium de satin blanc, derrière lequel elles guettent le gibier passant. Dans les recoins qu'ils améliorent sommairement avec des remblais de terre ou des cloisons d'argile, de faibles vénateurs, Pompiles et Tripoxylons, emmagasinent de petites Araignées, où se retrouvent parfois les tapissières, hôtes des mêmes ruines.

Je n'ai rien dit encore du Chalicodome des arbustes. Mon silence n'est pas oubli, mais bien extrême pénurie de faits relatifs aux parasites le concernant. Des nombreux nids que j'ai ouverts pour en connaître la population, un seul jusqu'ici s'est trouvé envahi par des étrangers. Ce nid, de la grosseur d'une forte noix, était fixé sur un rameau de grenadier. Il comprenait huit loges, dont sept occupées par le Chalicodome et la huitième par un petit Chalcidite, plaie d'une foule d'apiaires. Hors de ce cas, peu grave du reste, je n'ai plus rien vu. Dans ces nids aériens, balancés au bout d'un rameau, pas de Dioxys, de Stelis, et d'Anthrax, de Leucospis, ces redoutables ravageurs des deux autres Maçonnes ; jamais d'Osmies, de Mégachiles, d'Anthidies, ces hôtes des vieilles demeures.

L'absence de ces derniers aisément s'explique. La bâtisse du Chalicodome des arbustes ne persiste pas longtemps sur son frêle support. Les vents d'hiver, alors que l'abri du feuillage a disparu, doivent casser aisément le rameau, guère plus gros qu'une paille et rendu plus fragile par sa lourde charge. Menacée d'une prochaine chute, si elle n'est déjà à terre, la demeure de l'an passé n'est pas restaurée pour servir à la génération présente. Le même nid ne sert deux fois, ce qui exclut les Osmies et leurs émules en utilisation de vieilles cellules.

Ce point élucidé, le second n'en reste pas moins obscur. Je n'entrevois aucun motif qui puisse me rendre compte de l'absence ou du moins de l'extrême rareté des usurpateurs de provisions et des consommateurs de larves, les uns et les autres fort indifférents sur l'état frais ou vieux du nid, pourvu que les cellules soient bien garnies. L'édifice aérien, l'appui branlant du rameau, éveilleraient-ils la méfiance du Dioxys et autres malfaiteurs ! Faute de mieux, je m'en tiendrai là.

Si mon idée n'est pas vaine imagination, il faut reconnaître que le Chalicodome des arbustes a été singulièrement bien inspiré à bâtir en l'air. Voyez, en effet, de quelles misères les deux autres sont victimes. Si je fais le recensement de la population d'une tuile, bien des fois je trouve le Dioxys et le Chalicodome à proportions presque égales. Le parasite a mis à néant la moitié de la colonie. Pour achever le désastre, il n'est pas rare que les mangeurs de larves, le Leucospis et le Chalcide pygmée son émule, aient décimé l'autre moitié. Je ne parle pas de l'Anthrax sinué que je vois sortir de temps en temps des nids du Chalicodome des hangars; sa larve ravage l'Osmie tricorne, hôte de la Maçonne.

Tout solitaire qu'il est sur son caillou, ce qui semblerait devoir écarter les exploiteurs, fléau des populations denses, le Chalicodome des galets n'est pas moins éprouvé. Mes archives abondent en exemples de ce genre : des neuf cellules d'un dôme, trois sont occupées par l'Anthrax, deux par le Leucospis, deux par le Stelis, une par le Chalcidite et la neuvième par la Maçonne. Comme si les quatre mécréants s'étaient concertés pour le massacre, toute la famille de l'Abeille a disparu, moins une jeune mère sauvée du désastre par sa position au centre de la citadelle. Il m'arrive de bourrer mes poches de nids détachés de leurs galets sans en trouver un seul qui n'ait pas été violé tantôt par l'un tantôt par l'autre des malfaiteurs, et plus souvent encore par plusieurs d'entre eux à la fois. Un nid intact est presque un événement dans mes récoltes. Après ces funèbres relevés, une noire pensée m'obsède : le bien-être des uns fondé sur la misère des autres.

VIII

LES ANTHRAX

Je fis connaissance avec les Anthrax en 1855, à l'époque où l'histoire des Méloïdes me faisait fouiller à Carpentras les hauts talus chéris des Anthophores. Leurs singulières nymphes, si puissamment outillées pour frayer une issue à l'insecte parfait incapable du moindre effort, ces nymphes armées d'un soc multiple en avant, d'un trident à l'arrière, de rangées de harpons sur le dos, pour éventrer le cocon de l'Osmie et forcer la croûte durcie du talus, me firent pressentir un filon digne d'être exploité. Le peu que j'en dis alors me valut de pressantes instances : on désirait un chapitre circonstancié sur l'étrange diptère. Les âpres exigences de la vie différèrent, dans un avenir reculant toujours, mes chères recherches, misérablement étouffées. Trente années se sont écoulées ; un peu de loisir est enfin venu, et j'ai repris, dans les harmas de mon village, avec une ardeur qui n'a pas vieilli, mes projets d'autrefois, conservés vivaces ainsi qu'un charbon sous la cendre. L'Anthrax m'a dit ses secrets, que je vais divulguer à mon tour. Que ne puis-je m'adresser à tous ceux qui m'ont encouragé dans cette voie, au vénéré Maître des Landes surtout ! Mais les rangs se sont éclaircis, beaucoup sont en avance d'une étape ; et le disciple retardataire ne peut que tracer, en souvenir de ceux qui ne sont plus, l'histoire de l'insecte costumé de grand deuil.

Dans le courant de juillet, par quelques chocs brusques donnés latéralement sur les galets d'appui, détachons de leurs supports les nids du Chalicodome des murailles. Ébranlé par la commotion, le dôme se détache nettement, tout d'une pièce. De plus, condition fort avantageuse, sur la base du nid mise à nu, les cellules apparaissent béantes, car en ce point elles n'ont d'autre paroi que la surface du caillou. Sans travail d'érosion, pénible pour l'opérateur et dangereux pour les habitants du dôme, on a de la sorte sous les yeux l'ensemble des cellules, avec leur contenu, formé d'un cocon soyeux, ambré, fin et translucide comme une pelure d'oignon. Fendons avec des ciseaux la délicate enveloppe, chambre par chambre, nid par nid. Pour peu que la fortune nous soit propice, comme elle l'est toujours aux patients, nous finirons par trouver des cocons abritant deux larves à la fois, l'une d'aspect plus ou moins fané, l'autre fraîche et potelée. Nous en trouverons aussi, non moins abondants, où la larve flétrie est accompagnée d'une famille de vermisseaux qui s'agitent inquiets autour d'elle.

Dès le premier examen se révèle le drame qui se passe sous le couvert du cocon. La larve flasque et fanée est celle du Chalicodome. C'est elle qui, sa pâtée de miel finie, a, dès le mois de juin, tissé l'outre de soie pour s'y endormir après de la torpeur nécessaire aux préparatifs de la transformation. Toute rebondie de graisse, elle est, pour qui sait l'atteindre, un opulent morceau sans défense. Alors dans le secret réduit, malgré des obstacles en apparence infranchissables, enceinte de mortier et tente sans ouverture, sont survenues des larves carnassières, qui se repaissent de l'endormie. Trois espèces différentes prennent part au carnage, souvent dans le même nid, dans des cellules contiguës. La diversité des formes nous avertit d'un ennemi multiple ; l'évolution finale nous dira les noms et qualités des trois envahisseurs. Anticipant sur les secrets de l'avenir en faveur de la clarté, je devance les faits pour arriver tout de suite aux résultats. Quand il est seul sur les flancs de la larve du Chalicodome, le ver meurtrier appartient soit à l'*An-*

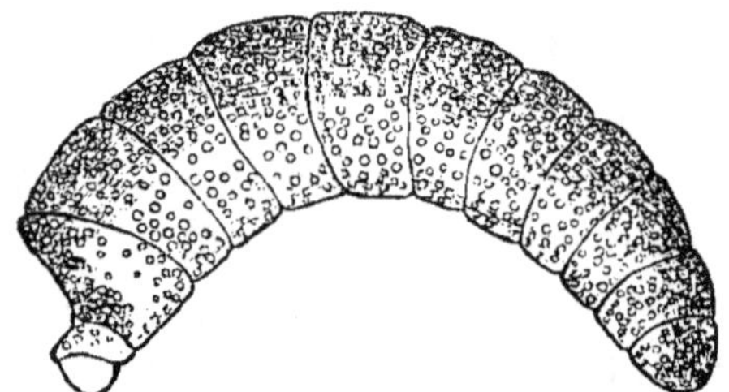

Fig. 1. — Larve secondaire de l'*Anthrax trifasciata.*

thrax trifasciata, Meigen, soit au *Leucospis gigas,* Fab. Mais si de nombreux vermisseaux, souvent une vingtaine et au delà grouillent autour de la victime, nous avons sous les yeux la famille d'un Chalcidien. Chacun de ses ravageurs aura son histoire. Commençons par l'Anthrax.

Et d'abord sa larve, telle qu'elle est lorsqu'après avoir consommé sa victime, elle occupe seule le cocon du Chalicodome. C'est un ver nu, lisse, apode, aveugle, d'un blanc mat et crémeux, rond dans sa section, fortement courbé au repos, mais apte à se rapprocher de la forme droite quand il se démène. A travers l'épiderme diaphane, la loupe distingue des nappes de graisse, cause de sa coloration caractéristique. Plus jeune, à l'état de vermisseau de quelques millimètres, il est tigré de taches blanches, opaques, crémeuses, et de taches translucides, légèrement ambrées. Les premières proviennent d'amas adipeux, en voie de formation ; les secondes, du fluide nourricier ou du sang qui baigne ces amas.

La tête comprise, je compte treize anneaux, nettement séparés l'un de l'autre par un fin sillon dans la région moyenne, mais d'un dénombrement difficultueux dans la partie antérieure. La tête est petite, molle comme le reste du corps, sans aucun indice d'armure buccale même sous le verre attentif de la loupe. C'est un globule blanc, de la grosseur d'une petite tête d'épingle, se continuant en arrière par un bourrelet un peu plus ample, dont il est séparé par un sillon à peine appréciable. Le tout forme un mamelon légèrement gibbeux en dessus, qui d'abord, tant sa structure binaire est délicate à reconnaître, est pris pour la tête seule de l'animal, bien qu'il comprenne à la fois la tête et le prothorax.

Le mésothorax, d'un diamètre de deux à trois fois plus fort, est aplati en avant et séparé du mamelon thoracico-céphalique, par une profonde scissure au sinus étroit et courbe. Sur sa face antérieure se voient deux orifices stigmatiques d'un roux pâle, assez rapprochés. Le métathorax augmente encore un peu de diamètre et fait saillie au-dessus. De ces reliefs sans transition résulte une forte gibbosité, à pente brusque sur le devant. C'est au bas de cette gibbosité qu'est enchâssé le mamelon dont la tête fait partie.

Par delà le métathorax, la forme devient régulière et

cylindrique, mais en diminuant un peu d'ampleur dans les deux ou trois segments terminaux. Tout près de la ligne de séparation des deux derniers anneaux, je parviens à distinguer, non sans peine, deux très petites taches stigmatiques, à peine rembrunies. Elles appartiennent au dernier segment. En tout, quatre orifices respiratoires, deux en avant et deux en arrière, comme il est de règle chez les diptères. La longueur de la larve parvenue à tout son développement est de 15 à 20 millimètres, et sa largeur de 5 à 6.

Si curieux déjà par la gibbosité du thorax et l'exiguïté de la tête, le ver de l'Anthrax acquiert un intérêt exceptionnel par sa méthode d'alimentation. Remarquons d'abord que, dépourvu de tout appareil ambulatoire, même des plus rudimentaires, l'animal est dans l'impuissance absolue de se déplacer. Si je le trouble dans son repos, il s'incurve et se rectifie tour à tour par des contractions, il s'agite vivement sur place mais sans parvenir à progresser. Il se trémousse et ne chemine pas. Nous verrons plus tard à quel magnifique problème conduit cette inertie.

Pour le moment, un fait des plus inattendus appelle toute notre attention. C'est l'extrême promptitude avec laquelle le ver de l'Anthrax quitte et reprend la larve de Chalicodome dont il se nourrit. Témoin des cent et des cent fois du repas de larves carnassières, me voici tout à coup en présence d'une manière de manger sans rapport aucun avec ce que je connais. Je me sens dans un monde où ma vieille expérience est déroutée. Rappelons-nous, en effet, comment se conduit à table une larve vivant de proie, celle de l'Ammophile, par exemple, dévorant sa chenille. Sur le flanc de la victime un trou est ouvert, et dans la blessure s'engagent profondément la tête et le col du nourrisson, pour fouiller en plein au milieu des entrailles. Jamais de retraite hors du ventre rongé, jamais de recul pour interrompre la consommation et reprendre quelque temps haleine. La bête vorace avance toujours, mâchant, engloutissant, digérant jusqu'à ce que la peau de la chenille soit vidée de son contenu. Attablée en un point, elle ne se dérange tant que les vivres durent. Pour l'engager à retirer la tête hors de la plaie, le chatouillement d'une paille ne suffit pas toujours ; il me faut user de violence. Extrait de force, puis abandonné à lui-même, l'animal longtemps hésite, s'étire et cherche de la bouche sans essayer d'ouvrir une voie par une nouvelle blessure. Il lui faut le point d'attaque qui vient d'être abandonné. S'il le retrouve, il s'y engage et se remet à manger ; mais l'éducation est désormais fort compromise, car le gibier, maintenant exploité peut-être en des points intempestifs, est exposé à se pourrir.

Avec la larve de l'Anthrax, rien de cette boucherie par éventrement, rien de cette station tenace sur une plaie d'entrée. Pour peu que je la chatouille avec l'extrémité d'un pinceau, à l'instant elle se retire ; et au point abandonné la loupe ne constate aucune blessure, aucun épanchement de sang, comme il s'en produirait si la peau était perforée. La sécurité revenue, le ver applique de nouveau son bouton céphalique sur la larve nourricière, en n'importe quel point, au hasard ; et tant que ma curiosité ne le détourne pas, il s'y maintient fixé, sans le moindre effort, le moindre mouvement perceptible qui puisse rendre compte de cette adhérence. Si je renouvelle l'attouchement de la pointe du pinceau, même soudain recul, et bientôt après même contact, tout aussi prompt.

Cette facilité de prendre, quitter, reprendre, tantôt ici, tantôt ailleurs, et toujours sans blessure, le point de la victime où la nourriture est puisée, à elle seule nous avertit que la bouche de l'Anthrax n'est pas armée de crocs mandibulaires propres à s'implanter dans la peau pour la déchirer. Si de telles pinces tailladaient les chairs, il faudrait quelques essais soit pour les dégager soit pour les implanter de nouveau ; d'ailleurs en chaque point mordu se montrerait une lésion. Or, rien de pareil : le scrupuleux examen de la loupe reconnaît la peau intacte, le ver colle sa bouche sur sa proie ou la retire avec une aisance que peut seul expliquer un simple contact. Dans de telles conditions, l'Anthrax ne mâche pas sa nourriture comme le font les autres larves carnassières ; il ne mange pas, il hume.

Ce mode d'alimentation suppose un appareil buccal exceptionnel, dont il convient de s'informer avant de poursuivre. Au centre du bouton céphalique, ma plus forte loupe finit par reconnaître un petit point d'un roux ambré ; et c'est tout. Pour scruter plus avant consultons le microscope. D'un coup de ciseaux je détache l'énigmatique bouton, je le lave dans une goutte d'eau et l'étale sur le porte-objet. La bouche se montre alors comme une tâche ronde qui, par ses faibles dimensions et sa teinte est comparable aux stigmates antérieurs. C'est un petit cratère conique, à parois d'un léger roux ambré à fines lignes assez régulièrement concentriques. Au fond de cet entonnoir débouche l'œsophage, lui-même teinté de roux en avant, et rapidement dilaté en cône en arrière. De crochets mandibulaires, de mâchoires, de pièces à saisir et à triturer, pas le moindre vestige. Tout se réduit à l'embouchure cratériforme, tapissée d'un subtil revêtement corné et plissé comme l'indiquent la couleur ambrée et les stries concentriques. Si je cherche une expression pour désigner cette entrée digestive, dont je ne connais pas encore d'autre exemple, je ne trouve que celle de ventouse. Son attaque est un simple baiser, mais quel baiser perfide !

Nous connaissons la machine, voyons maintenant le travail. Pour la facilité des observations, j'ai déménagé de la cellule natale dans un tube de verre la larve de l'Anthrax en ses débuts, et la larve de Chalicodome, sa nourrice. J'ai pu de la sorte, avec des tubes aussi nombreux que je l'ai désiré, suivre du commencement à la fin, dans l'intimité de ses détails, l'étrange repas que je vais raconter.

En un point arbitraire de la nourrice, toute rebondie, grasse à lard, le vermisseau est fixé par sa ventouse, prêt à interrompre soudain son baiser si quelque chose l'inquiète, prêt à le reprendre non moins aisément lorsque la tranquillité sera revenue. L'agneau n'a pas plus de liberté avec la tétine de sa mère. Au bout de trois ou quatre jours d'accolement du nourrisson à sa nourrice, celle-ci, d'abord replète et douée de ce luisant d'épiderme qui est le signe de la santé, commence à prendre un aspect flétri. Le flanc s'affaisse, la fraîcheur se ternit, la peau se couvre de légers plis et dénote une diminution sensible dans cette espèce de mamelle qui, pour lait, donne de la graisse et du sang. Une semaine est à peine écoulée, que l'épuisement progresse avec une rapidité frappante. La nourrice est flasque, ridée, comme écrasée sous son poids ainsi qu'un objet trop mou. Si je la dérange de sa position, elle croule sur elle-même, elle s'aplatit, s'étale sur le nouveau plan d'appui, à la façon d'une outre demi-pleine. Mais le baiser de l'Anthrax continue à la vider ; elle n'est bientôt qu'une sorte de lardon ratatiné, d'heure en heure amoindri, d'où la ventouse extrait des derniers suintements huileux. Enfin du douzième au quinzième jour, il ne reste de la larve du Chalicodome qu'un granule blanc, gros à peine comme une tête d'épingle.

Ce granule, c'est l'outre tarie jusqu'à la dernière goutte, c'est la peau de la nourrice vidée de tout son contenu. Je ramollis dans l'eau la maigre relique ; puis, avec un tube de verre très finement effilé, je l'insuffle en la tenant immergée. La peau s'étale, se gonfle et reprend la forme de la larve sans qu'il y ait nulle part d'issue pour l'air comprimé. Elle est donc intacte ; elle est exempte de toute perforation, qui se décèlerait à l'instant sous l'eau par une fuite gazeuse. Ainsi, sous la ventouse de l'Anthrax, l'outre huileuse s'est tarie par simple transpiration à travers sa membrane ; la substance de la larve nourrice s'est transvasée dans le corps du nourrisson par une sorte d'endosmose. Que dirions-nous d'un allaitement par simple apposition de la bouche sur une mamelle dépourvue de pis? C'est ici fait comparable : sans voie de sortie, le laitage de la larve de Chalicodome passe dans l'estomac de la larve de l'Anthrax.

Est-ce réellement travail d'endosmose? Ne serait-ce pas plutôt la pression atmosphérique qui fait affluer et suinter les fluides nourriciers dans la bouche cratériforme de l'Anthrax, fonctionnant pour faire le vide à peu près comme les cupules des poulpes ? Tout cela est possible, mais je me garderai bien de décider, réservant une large part à l'inconnu dans cette extraordinaire méthode d'alimentation. Il y aurait là, ce me semble, pour la physiologie, un champ de recherches où pourraient se glaner des aperçus nouveaux sur l'hydrodynamique des liquides vivants ; ce champ d'ailleurs est limitrophe avec d'autres à riche moisson. La brièveté des jours m'impose de proposer le problème sans chercher à le résoudre.

Le second problème sera celui-ci. La larve de Chalicodome destinée à nourrir l'Anthrax est sans blessure aucune. La mère du vermisseau est un débile diptère dépourvu de toute espèce d'arme capable d'offenser la proie de sa famille. D'ailleurs elle est dans l'impuissance absolue de pénétrer dans la forteresse de la Maçonne ; un flocon de duvet n'est pas mieux arrêté par le roc. Sur ce point aucun doute : la future nourrice de l'Anthrax n'a pas été paralysée à coups de dard comme le sont les provisions de bouche amassées par les hyménoptères giboyeurs ; elle n'a reçu ni coup de dent, ni coup de griffe, ni contusion d'aucune sorte ; elle n'a rien éprouvé d'insolite ; enfin elle est dans son état normal. Le nourrisson imposé arrive, nous verrons ailleurs comment ; il arrive, à peine visible, défiant presque le regard de la loupe ; et ses préparatifs faits, il s'installe, lui atome, sur la monstrueuse nourrice, qu'il doit épuiser jusqu'à l'épiderme. Et celle-ci, non paralysée par une vivisection préalable, et douée de toute sa normale vitalité, se laisse faire, se laisse tarir, avec l'apathie la plus profonde. Pas un frémissement dans ses chairs révoltées, pas un tressaillement de résistance. Un cadavre n'est pas plus indifférent à la morsure qui le ronge.

Ah ! c'est que le vermisseau a choisi l'heure de l'attaque avec une savante perfidie. S'il était survenu plus tôt, alors que la larve consomme son amas de miel, certes les choses auraient mal tourné pour lui. Se sentant saignée à blanc sous le baiser de l'affamé, l'attaquée aurait protesté par les contractions de la croupe et le cisaillement des mandibules. La place ne serait pas tenable, et l'intrus périrait. Mais aujourd'hui, tout péril a disparu. Incluse dans sa tente de soie, la larve est prise de cette léthargie qui précède la métamorphose. Son état n'est pas la mort, mais ce n'est pas non plus la vie. C'est un état intermédiaire, c'est presque la vitalité latente de la graine et de l'œuf. Donc de sa part aucun signe d'irritation sous la pointe de l'aiguille avec laquelle je la stimule, et encore moins sous la ventouse de l'Anthrax, qui peut, en parfaite sécurité, tarir l'opulente mamelle.

Ce défaut de résistance, amené par la torpeur de la transformation, me paraît nécessaire, vu la faiblesse du nourrisson quittant l'œuf, toutes les fois que la mère est elle-même inhabile à mettre la victime dans l'impuissance de se défendre. C'est alors pendant la période de la nymphose que sont attaquées les larves non paralysées. Nous en verrons bientôt, en effet, d'autres exemples.

Tout immobile qu'elle est, la larve de Chalicodome n'est pas moins vivante. La teinte beurrée et le luisant de la peau sont des signes non équivoques de santé. Réellement morte, en moins de vingt-quatre heures elle deviendrait d'un brun sale et bientôt après diffluerait en putrilage. Or voici le merveilleux. Pendant les quinze jours environ que dure le repas de l'Anthrax, la coloration beurrée de la larve, indice certain de la non invasion de la mort, se maintient invariable, pour ne faire place au brun, caractéristique de la pourriture, qu'aux derniers moments, quand il ne reste à peu près plus rien; et encore la teinte rembrunie est loin de se montrer toujours. D'habitude l'aspect de chair vivante se conserve jusqu'à l'apparition de la pelote finale, formée de la peau, l'unique résidu, Cette pelote est blanche, sans aucune souillure de matière faisandée, preuve de la persistance de la vie jusqu'à ce que le corps soit réduit à zéro.

Nous assistons ici au transvasement d'un animal dans un autre, à la mutation de la substance de Chalicodome en substance d'Anthrax; et tant que le transvasement n'est pas complet, tant que le mangé n'a pas disparu en entier pour devenir le mangeur, l'organisme ruiné lutte contre la destruction. Qu'est donc cette vie, comparable à la flamme d'une veilleuse dont l'extinction n'arrive que lorsque la dernière goutte d'huile est épuisée ? Comment un animal peut-il lutter contre le dénouement putride tant qu'il lui reste un noyau de matière comme foyer des énergies vitales? Les forces de l'être vivant se dissipent ici non par trouble d'équilibre mais par défaut de tout point d'application : la larve meurt parce qu'elle n'est matériellement plus rien.

Serions-nous en présence de la vie diffuse de la plante, vie qui persiste dans un fragment? En aucune manière : le ver est édifice organique plus délicat. Il y a solidarité entre les diverses parties, et l'une ne peut péricliter sans entraîner la ruine des autres. Si je fais moi-même une blessure à la larve, si je la contusionne, tout le corps, à bref délai, brunit et tombe en pourriture. Elle meurt et se décompose pour une simple piqûre d'aiguille; elle se maintient vivante, ou du moins elle conserve la fraîcheur des tissus vivants tant qu'elle n'est pas en entier vidée par la ventouse de l'Anthrax. Un rien la tue; un atroce dépérissement ne le peut. Non, je ne comprends pas et lègue le problème à d'autres.

Tout ce qu'il m'est possible d'entrevoir, — et encore je n'avance mes doutes qu'avec une extrême réserve, — tout ce qu'il m'est permis de soupçonner se réduit à ceci. La substance de la larve somnolente n'a pas encore une statique bien déterminée; semblable à des matériaux bruts amassés pour la construction d'un édifice, elle attend la mise en œuvre qui doit en faire une abeille. Pour affiner ces moellons de l'insecte futur, l'air, ce travailleur primordial des choses ayant vie, circule dans leurs rangs, conduit par un réseau de trachées. Pour les organiser, pour guider leur mise en place, l'appareil nerveux, prototype de l'animal, leur distribue ses ramifications. Le nerf et la trachée, voilà donc l'essentiel; le reste est de la matière en disponibilité pour l'œuvre de la métamorphose. Tant que cette matière n'est pas employée, tant qu'elle n'a pas acquis son équilibre final, elle peut décroître, et la vie, quoique languissante, n'en persistera pas moins, à la condition expresse que soient respectées la respiration et l'innervation. C'est en quelque sorte la lampe, qui, son réservoir plein ou tari, continue à donner lumière tant que la mèche est imbibée. Sous la ventouse de l'Anthrax, à travers la peau non perforée du ver, il ne peut suinter que des fluides, matériaux plastiques en réserve; mais rien ne passe provenant de l'appareil respiratoire et de l'appareil nerveux. Les deux fonctions essentielles restant indemnes, la vie persiste jusqu'à complet épuisement. Au contraire, si je blesse moi-même la larve, je porte le trouble dans les filaments nerveux ou trachéens; et du point meurtri, l'altération puis la pourriture se propagent dans tout le corps.

Au sujet de la Scolie, dévorant sa larve de Cétoine, j'ai déjà insisté sur cet art délicat de manger qui consiste à consommer sa proie en ne la tuant qu'aux dernières bouchées. L'Anthrax a les mêmes besoins que ses émules en repas de chair fraîche. Il lui faut viande du jour, tirée d'une pièce unique qui doit durer une quinzaine sans se faisander. Sa méthode de consommation atteint le degré le plus élevé de l'art : il n'entame pas sa victime, il la hume petit à petit par suintement sous sa ventouse. De cette manière, toute chance périlleuse est écartée. Qu'il puise en ce point ou ailleurs, qu'il abandonne et reprenne après la succion, il ne lui arrivera jamais d'attaquer ce qu'il importe de respecter sous peine d'amener la corruption. Les autres ont sur la victime un emplacement déterminé, où les mandibules doivent mordre et plonger. S'ils s'en écartent, s'ils perdent la direction licite, ils se mettent en péril. Lui, mieux favorisé, s'abouche où bon lui semble; il quitte quand il veut, et quand il veut reprend.

Si je ne me fais illusion, je crois voir la nécessité de cette prérogative. L'œuf du fouisseur carnivore est solidement fixé sur la victime en un point, fort variable il est vrai suivant la nature du gibier, mais constant pour le même genre de proie; et de plus, condition de haute portée, l'extrémité d'attache de cet œuf est toujours l'extrémité céphalique, position inverse de l'œuf d'un apiaire, celui des Osmies par exemple, fixé par l'extrémité postérieure sur la pâtée de miel. Aussitôt éclos, le nouveau-né n'a pas à choisir lui-même, à ses risques et périls, le point où il convient d'entamer la venaison sans crainte de la tuer trop vite; il lui suffit de mordre la même où il vient de naître. Avec sa sûreté d'instinct, la mère a déjà fait le choix périlleux; elle a collé son œuf en lieu propice, et par cela même tracé à l'inexpérimenté vermisseau la marche qu'il doit suivre. Le savoir-faire de l'âge mûr réglemente ici la conduite à table de la jeune larve.

Pour l'Anthrax, les conditions sont bien différentes. L'œuf n'est pas déposé sur les vivres, il n'est pas même pondu dans la cellule du Chalicodome; c'est la conséquence formelle des formes débiles de la mère et de son manque de tout instrument, sonde ou tarière, apte à transpercer l'enceinte de mortier. C'est au ver, récemment éclos, de pénétrer lui-même dans la loge. Le voici entré, le voici en présence de sa volumineuse victuaille, la larve du Chalicodome. Libre d'action, il est maître d'attaquer la proie où bon lui semble; ou plutôt le point d'attaque sera décidé au hasard par le premier contact de la bouche en recherche. Admettons dans cette bouche des outils de dépècement, mâchoires et mandibules; supposons enfin chez le ver du diptère un mode de réfection pareil à celui des autres larves carnassières; et du coup le nourrisson est menacé de mort à bref delai. Il crèvera le ventre à sa nourrice, il fouillera sans règle, il mordra au hasard, sur l'essentiel comme sur l'accessoire; et du jour au lendemain, il provoquera la pourriture dans la masse violentée, comme je la provoque moi-même au moyen d'une blessure.

Faute d'un point d'attaque imposé dès la naissance, il périra sur les vivres avariés. Sa liberté d'action l'aura tué. Certes la liberté est noble apanage, même chez un vermisseau de rien ; mais elle a partout aussi ses périls. L'Anthrax n'échappe au danger qu'à la condition d'être pour ainsi dire muselé. Sa bouche n'est pas une féroce pince qui déchire; c'est une ventouse qui épuise mais ne blesse. Ainsi contenu par cet appareil de sûreté, qui change la morsure en baiser, le ver a des vivres frais jusqu'à la fin de sa croissance, bien qu'il ignore les règles d'une consommation méthodique en un point fixe et dans une direction déterminée d'avance.

Les considérations que je viens d'exposer me paraissent d'une stricte logique : l'Anthrax, par cela même qu'il est libre de puiser sa nourriture où il veut sur le corps de la larve nourricière, doit être mis, pour sa sauvegarde, dans l'impuissance d'ouvrir les flancs à sa victime. Je suis tellement convaincu de cette harmonique relation entre le mangeur et le mangé, que je n'hésite pas à l'ériger en principe. — Je dirai donc : toutes les fois que l'œuf d'un insecte quelconque n'est pas fixé sur la larve destinée à servir de nourriture, le jeune ver, libre de choisir le point d'attaque et d'en changer au gré de ses caprices, est comme muselé et consomme sa victuaille par une sorte de succion, sans aucune blessure appréciable. Cette réserve est de rigueur pour le maintien des vivres en bon état. Mon principe s'appuie déjà sur des exemples très variés, tous unanimes dans leurs affirmations. Ainsi parlent, après l'Anthrax, les Leucospis et leurs émules, dont nous entendrons bientôt le témoignage ; l'*Ephialtes mediator,* qui se nourrit, dans les ronces sèches de la larve du Psen noir; le Myiodite, l'étrange coléoptère à tournure de mouche, dont le ver consomme la larve de l'Halicte. Tous, diptères, hyménoptères, coléoptères, ménagent scrupuleusement leur nourrice; ils se gardent d'en déchirer la peau, afin que l'outre conserve jusqu'à la fin un suc non corrompu.

La salubrité des vivres n'est pas la seule condition imposée; j'en vois une seconde, non moins nécessaire. Il faut que la substance de la larve nourricière soit assez fluide pour suinter, sous l'action de la ventouse, à travers la peau intacte. Eh bien, cette fluidité se réalise aux approches de la métamorphose. Quand elle voulut rajeunir Pélias, Médée mit dans une chaudière bouillante les membres dépécés du vieux roi de Colchos, car une existence nouvelle ne se comprend pas sans une préalable dissolution. Il faut abattre pour reconstruire; l'analyse de la mort est l'acheminement à la synthèse d'une autre vie. La substance du ver qui doit se transfigurer en abeille commence donc par se désagréger, et se résoudre en une bouillie fluide. C'est par une refonte générale de l'organisme actuel que s'obtiennent les matériaux de l'insecte futur. De même que le fondeur jette dans le creuset ses vieux bronzes pour les couler après dans un moule d'où le métal sortira façonné différemment, de même la vie fluidifie le ver, simple machine à digérer, maintenant mise au rebut; et avec sa purée coulante, obtient l'insecte parfait, abeille, papillon, scarabée, suprême expression de l'animal.

Ouvrons, sous le microscope, une larve de Chalicodome pendant la période de torpeur. Son contenu consiste presque entièrement en une bouillie liquide, où nagent d'innombrables orbes huileux et une fine poussière d'acide urique, sorte de scorie des tissus oxydés. Une chose coulante, sans forme et sans nom, voilà toute la bête si nous y joignons d'abondantes ramifications trachéennes, des filaments nerveux, et sous la peau une mince couche de fibres musculaires. Pareil état rend compte d'un suintement graisseux à travers la peau quand la ventouse de l'Anthrax fonctionne. A tout autre moment, lorsque la larve est dans la période active ou bien lorsque l'insecte est parvenu à l'état parfait, la fermeté des tissus s'opposerait au transvasement, et la nutrition de l'Anthrax serait difficultueuse, impossible même. Je trouve, en effet, le ver du diptère établi, dans la grande majorité des cas, sur la larve somnolente, et quelquefois, mais rarement, sur la nymphe. Jamais je ne le rencontre sur la larve vigoureuse qui mange son miel; presque jamais non plus sur l'insecte amené à perfection, tel qu'on le trouve inclus dans sa loge tout l'automne et tout l'hiver. Autant faut-il en dire des autres consommateurs de larves qui épuisent leurs victimes sans les blesser : tous sont à leur œuvre de mort pendant la période de torpeur, alors que les chairs sont fluidifiées. Ils vident leur patient, devenu sac de graisse coulante, à vie diffuse; mais aucun, parmi ceux que je connais, n'atteint la perfection de l'Anthrax dans son art d'extracteur.

Nul non plus ne peut être comparé au diptère sous le rapport des moyens mis en action pour sortir de la cellule natale. Devenus insectes parfaits, ils ont des outils de sape et de démolition, mandibules solides, capables de fouiller la terre, d'abattre des cloisons de pisé et même de réduire en poudre le dur ciment de la Maçonne. Sous sa forme définitive, l'Anthrax n'a rien de pareil. Sa bouche est une molle et courte trompe, bonne au plus à lécher sobrement l'exsudation sucrée des fleurs; ses pattes fluettes sont si débiles, que remuer un grain de sable serait pour elles travail excessif, propre à fausser toutes les jointures ; ses grandes ailes rigides, impuissantes à réduire leur envergure par des plis, ne lui permettent pas de se couler dans un étroit passage ; son fin habit de velours à longs poils, qu'on déflore rien qu'en y soufflant dessus, ne saurait supporter le rude contact d'une galerie de mine. Ne pouvant pénétrer lui-même dans la cellule du Chalicodome pour y déposer son œuf, il ne peut davantage en sortir quand l'heure est venue de se libérer et de paraître au grand jour sous son costume de noces. La larve, de son côté, est dans l'impuissance de préparer les voies à l'évasion future. Ce petit cylindre butyreux, dont tout l'outillage se résume en une ventouse à peine cornée et point presque mathématique, est encore plus faible que l'insecte adulte, qui du moins vole et marche. La loge de la Maçonne est pour lui caveau de granit. Comment sortir de là ? Problème insoluble pour ces deux impuissances, si rien autre n'intervenait.

Chez les insectes, la nymphe, état transitoire entre la forme larvaire et la forme adulte, est en général l'image frappante de toutes les faiblesses d'une organisation qui naît. Sorte de momie emmaillottée dans des langes, immobile, impassible, elle attend la résurrection. Ses tendres chairs sont diffluentes ; ses membres, transparents ainsi que du cristal, sont maintenus fixes à leur place, étalés sur les flancs, crainte qu'un mouvement ne trouble l'exquise délicatesse du travail qui s'accomplit. Pour se rétablir, ainsi est captif, sous les bandelettes du chirurgien, le patient fracassé. Un calme profond est nécessaire, sinon l'un et l'autre seront des estropiés ou même périront.

Or voici que, par un revirement où nos conceptions sur la vie sont en désarroi, la nymphe de l'Anthrax est chargée d'un travail de cyclope. C'est à elle de peiner, de s'agiter, de s'exténuer en efforts pour crever la muraille et ouvrir la voie de sortie. A l'embryon la besogne acharnée, sans miséricorde pour les chairs naissantes ; à l'insecte adulte les douceurs du repos au soleil. Ce renversement des rôles a pour conséquence un outillage de puisatier chez la nymphe, outillage bizarre, compliqué, que rien ne pouvait faire prévoir dans la larve et que

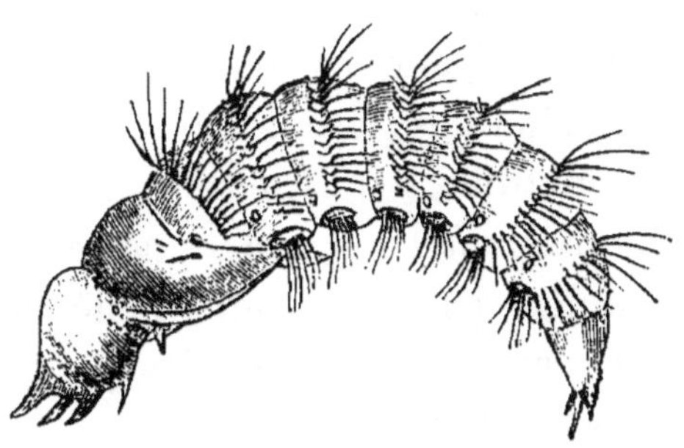

Fig. 2. — Nymphe de l'*Anthrax trifasciata*.

rien ne rappelle dans l'insecte parfait. La trousse de travail est un assortiment de socs de charrue, de forets, de crocs, de harpons, et autres engins sans analogues dans nos industries, sans nom dans nos dictionnaires. Décrivons de notre mieux l'étrange mécanique à percer.

En quinze jours au plus, l'Anthrax a consommé sa larve de Chalicodome, dont il ne reste que la peau, ramassée en un granule blanc. Juillet n'est pas fini qu'il devient rare de trouver encore des nourrissons sur leur nourrice. De cette époque jusqu'au mois de mai suivant, rien de nouveau ne se passe. Le diptère garde sa forme de larve sans modification appréciable, et repose immobile dans le cocon de la Maçonne, à côté du globule relique. Quand arrivent les beaux jours de mai, le ver se ride, se dépouille de sa peau, et la nymphe apparaît, revêtue sur tout le corps d'un robuste épiderme roussâtre et corné.

Tête ronde, volumineuse, séparée du thorax par un étranglement, couronnée en avant et à la partie supérieure par une sorte de diadème à six pointes dures, aiguës, noires, disposées en une demi-circonférence dont la concavité regarde en bas. Ces pointes diminuent un peu de longueur du sommet de l'arc aux extrémités. Leur ensemble rappelle les couronnes radiales que portent, sur les médailles, les empereurs romains de la décadence. Ce sextuple soc est le principal outil d'excavation. Inférieurement et sur la ligne médiane, l'instrument se complète par un groupe isolé de deux petites pointes noires, contiguës entre elles.

Thorax lisse. Étuis des ailes amples, repliés sous le corps en écharpe et descendant jusque vers le milieu de l'abdomen. Celui-ci de neuf segments, dont quatre, à partir du second, sont armés sur le dos, en leur milieu, d'une ceinture de petits arceaux cornés, d'un brun fauve, rangés parallèlement l'un à l'autre, enchâssés dans la peau par leur face convexe et relevant chacune de leurs extrémités en une épine noire et dure. En son ensemble, la ceinture forme ainsi une double série de spinules, avec sillon médian. Je compte environ 25 arcs à double denticule pour un seul segment, ce qui fait un total de 200 pointes pour les quatre arceaux ainsi armés.

L'utilité de cette râpe est manifeste : elle sert à la nymphe pour prendre appui sur la paroi de sa galerie à mesure que le travail avance. Ainsi ancrée sur une foule de points, l'âpre pionnière cogne plus violemment l'obstacle avec son diadème de forets. En outre, pour rendre le recul du trépan plus difficile, de longs cils raides et dirigés en arrière sont clair-semés parmi les denticules des ceintures d'ascension. Il y en a d'ailleurs sur les autres segments, tant à la face ventrale qu'à la face dorsale. Sur les flancs, ils sont plus denses et comme disposés en bouquets.

Le sixième segment porte ceinture semblable, mais bien plus faible et composée d'une seule rangée de spinules, presque effacées. Elle est plus faible encore sur le septième segment; enfin sur le huitième, elle se réduit à quelques aspérités brunes. A partir du sixième, les anneaux diminuent d'ampleur, et l'abdomen se termine en un cône, dont l'extrémité, formée du neuvième segment, constitue une armure d'un nouveau genre. C'est un faisceau de huit pointes brunes. Les deux dernières dépassent les autres en longueur, et se détachent du groupe en un double soc terminal.

Un stigmate rond en avant, de chaque côté du thorax ; un stigmate pareil sur le flanc de chacun des sept premiers segments abdominaux. Au repos, la nymphe est courbée en arc. Pour l'action, brusquement elle se débande et se rectifie. Elle mesure de 15 à 20 millimètres de longueur, et de 4 à 5 millimètres de largeur.

Telle est l'étrange machine à forer qui doit préparer une issue au débile Anthrax à travers le ciment du Chalicodome. Ces détails de structure, si pénibles à rendre par la parole, peuvent se résumer ainsi : en avant, sur le front, un diadème de pointes, outil de percussion et de fouille ; en arrière, un soc multiple qui s'implante en un point d'arrêt et permet à la nymphe de se débander brusquement pour un choc contre la barrière à démolir ; sur le dos, quatre ceintures d'ascension ou quatre râpes, qui maintiennent l'animal en place en mordant, de leurs centaines de crocs, sur la paroi du canal. Sur tout le corps, de longs cils raides, dirigés en arrière, pour prévenir la chute, empêcher le recul.

Pareille structure se retrouve chez les autres Anthrax, avec de légères variantes de détail. Je me bornerai à un exemple, celui de l'Anthrax sinué, qui vit aux dépens de l'Osmie tricorne. Sa nymphe diffère de celle de l'Anthrax du Chalicodome par une armure plus faible. Ses quatre ceintures d'ascension ne sont formées que de quinze à dix-sept arceaux à double pointe, au lieu de vingt-cinq ; de plus, les segments abdominaux, à partir du sixième, sont uniquement hérissés de cils raides, sans vestige de spinules cornées. Si l'évolution des Anthrax nous était mieux connue, l'entomologie tirerait, je crois, grand profit du nombre de ces arceaux pour la distinction spécifique. Je le vois se maintenir fixe pour une même espèce, et varier très nettement d'une espèce à l'autre. Mais ce ne sont pas là mes affaires ; je signale ce champ d'études aux classificateurs sans m'y arrêter davantage.

Vers la fin du mois de mai, la coloration de la nymphe, jusque-là d'un roux clair, se modifie profondément et présage la prochaine transformation. La tête, le thorax et l'écharpe des ailes deviennent d'un beau noir luisant. Une bande sombre occupe le dos des quatre segments à double rangée de pointes ; trois taches apparaissent sur les deux anneaux suivants ; l'armure anale se rembrunit. Ainsi se trahit déjà la noire livrée de l'insecte, sur le point d'éclore. C'est le moment, pour la nymphe, de travailler à la galerie de sortie.

J'ai été désireux de la voir en action, non dans les conditions naturelles, chose impraticable, mais dans un tube de verre où je l'enferme entre deux épais tampons de moelle de sorgho. L'espace ainsi délimité représente à peu près la loge natale. Les cloisons d'avant et d'arrière, sans avoir la résistance de la bâtisse du Chalicodome, sont néanmoins assez fermes pour ne céder que sous des efforts prolongés; mais les parois latérales sont lisses, et les ceintures de râpes n'y pourront prendre appui, circonstance très défavorable. N'importe : dans l'intervalle d'une journée, la nymphe perce la cloison d'avant, épaisse de deux centimètres. Je la vois ancrer sur la cloison postérieure son double soc anal, se courber en arc, puis brusquement se détendre et heurter le tampon d'avant de son front radié Sous le choc des pointes, le sorgho lentement s'émiette. C'est pénible à venir; cela vient tout de même, un atome après l'autre. De loin en loin, la méthode change. Sa couronne de forets plongée dans la moelle, l'animal se trémousse, oscille sur le pivot de son armure anale. C'est l'opération de la tarière succédant à celle du pic. Puis les heurts recommencent, entrecoupés de repos pour se refaire de la fatigue. Enfin le trou est fait. La nymphe s'y glisse, mais ne sort en entier : la tête et le thorax se montrent au dehors; le ventre reste engagé dans la galerie.

La cellule de verre, avec son manque de points d'appui latéraux, a certainement troublé ma bête, qui ne paraît pas avoir fait usage de toutes ses méthodes. Le trou à travers le sorgho est ample, irrégulier; c'est une brèche grossière et non une galerie. A travers la muraille de la Maçonne, il est cylindrique, assez net, et tout juste du diamètre de l'animal. Aussi j'aime à croire que, dans les circonstances naturelles, la nymphe pratique moins les coups de pic et donne la préférence au travail de vilebrequin.

L'étroitesse et la régularité du canal de libération lui est nécessaire. Elle y reste toujours à demi engagée et même assez solidement fixée par ses râpes dorsales. Sortent seuls à l'air libre la tête et le thorax. C'est une dernière précaution pour la délivrance finale. La fixité d'un appui est, en effet, indispensable à l'Anthrax pour émerger de sa gaîne de corne, pour déployer ses grandes ailes hors de leurs étuis, pour tirer ses pattes fluettes de leurs fourreaux. Tout ce travail, si délicat, serait compromis par un manque de stabilité.

La nymphe reste donc ancrée au moyen de ses râpes dorsales dans l'étroite galerie de sortie et fournit ainsi l'équilibre stable réclamé par l'éclosion. Tout est prêt. Au grand acte maintenant d'avoir son cours. Une fente transversale se déclare sur le front, à la base du diadème perforateur; une seconde, mais longitudinale, ouvre le crâne en deux et se prolonge sur le thorax. Par cette ouverture cruciale, l'Anthrax brusquement apparaît, tout moite des humeurs du laboratoire de la vie. Il s'affermit sur ses jambes tremblantes, il dessèche ses ailes et prend l'essor en laissant à la fenêtre de la loge sa dépouille de nymphe, qui fort longtemps se conserve intacte. Le lugubre diptère a devant lui cinq à six semaines pour explorer les galets au milieu du thym et prendre sa petite part aux fêtes de la vie. En juillet nous le retrouverons s'occupant de l'entrée en cellule, plus étrange encore que la sortie.

IX

LES LEUCOSPIS

Visitons en juillet les nids du Chalicodome des murailles, en les détachant de leurs galets par la méthode du choc, ainsi que je viens de l'exposer dans l'histoire des Anthrax. Les cocons de la Maçonne à double habitant, l'un dévorant, l'autre dévoré, sont assez nombreux pour permettre d'en récolter quelques douzaines dans une matinée, avant que le soleil soit devenu intolérable. Cognons ferme sur les silex pour desceller les dômes de terre, empaquetons dans de vieux journaux, bourrons la boîte et rentrons au plus vite ; tout à l'heure l'atmosphère va s'embraser comme le ciel d'une Gomorrhe.

L'examen, mieux suivi dans l'ombre du chez soi, nous apprend bientôt que si le dévoré est toujours le misérable Chalicodome, le dévorant appartient à deux espèces. D'une part, à sa forme de cylindre, à sa coloration d'un blanc crémeux, à son petit mamelon céphalique, se reconnaît la larve de l'Anthrax, hors de cause en ce moment ; d'autre part, à sa structure d'ensemble, à son aspect général, se révèle la larve de quelque hyménoptère. Le second exterminateur de la Maçonne est, en effet, un Leucospis (*Leucospis gigas,* Fab.) superbe insecte, zébré de noir et de jaune, à ventre arrondi au bout et creusé, ainsi que le dos, en gorge de poulie pour recevoir, dans sa rainure, une longue rapière, aussi déliée qu'un crin, que l'animal dégaine et plonge, à travers le mortier, jusque dans la cellule où il se propose d'établir son œuf. Avant de nous occuper de son métier d'inoculateur, apprenons comment vit la larve dans la loge envahie.

C'est un ver nu, apode, aveugle, facile à confondre, pour des yeux non expérimentés, avec celui de divers hyménoptères collecteurs de miel. Ses caractères les plus apparents consistent en une coloration de beurre rance,

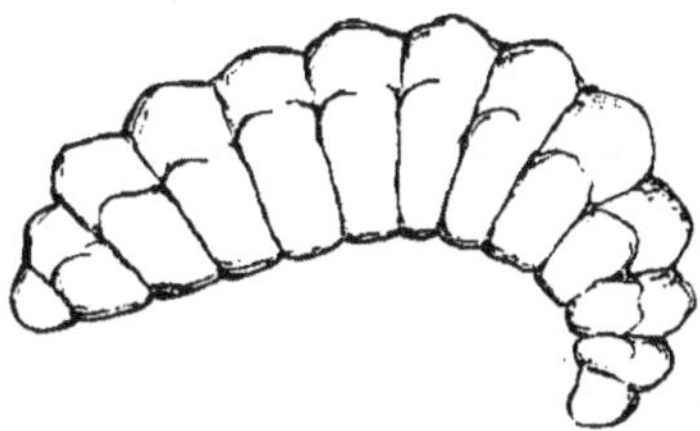

Fig. 3 — Larve secondaire du *Leucospis gigas*.

une peau luisante et comme huilée, une segmentation accusée par de forts bourrelets, de manière que, vu de profil, le dos est très nettement ondulé. Au repos, cette larve est courbée en arc, revenant sur lui-même. Elle est composée de treize segments, y compris la tête. Celle-ci, très petite relativement au reste du corps, ne montre, sous la loupe, aucune pièce buccale ; tout au plus aperçoit-on un léger trait roux, qui vous engage à recourir au microscope. On distingue alors deux fines mandibules, très courtes et façonnées en pointe aiguë. Une petite embouchure ronde, un subtil perçoir de droite et de gauche, voilà tout ce que montre l'appareil à fort grossissement. Quant à mes meilleures loupes, elles ne me montrent rien du tout. On voit très bien, au contraire, et sans armer l'œil d'une lentille, l'armature buccale, notamment les mandibules, soit d'un mangeur de miel, Osmie, Chalicodome, Mégachile, soit d'un mangeur de proie, Scolie, Ammophile, Bembex. Tous possèdent des pinces robustes, propres à saisir, à broyer, à lacérer. A quoi peut donc servir l'invisible outillage du Leucospis? Le mode de consommation va nous l'apprendre.

Comme l'Anthrax, son modèle, le Leucospis ne mange pas la larve de Chalicodome, c'est-à-dire ne la dépèce pas en bouchées ; il l'épuise sans l'ouvrir et lui fouiller les flancs. Avec lui reparaît cet art merveilleux qui consiste à se nourrir du patient sans le tuer jusqu'à la fin du repas, afin d'avoir toujours ration de chair fraîche. La bouche assidûment appliquée sur la peau de la victime, le ver meurtrier s'emplit et grossit tandis que la larve nourricière se dégonfle et se flétrit tout en conservant assez de vie pour résister à la décomposition. De la défunte transvasée, il reste la peau qui, ramollie dans l'eau, puis insufflée, se ballonne sans fuite de gaz, preuve de sa continuité. L'outre dépourvue d'ouverture a tout de même perdu son contenu. C'est la répétition de ce que nous a montré l'Anthrax, avec cette différence que le Leucospis paraît moins versé dans les délicates opérations de l'épuisement. Au lieu du granule, si blanc et si propre, que le diptère laisse pour tout résidu de sa pièce alimentaire, l'insecte à longue sonde abandonne pour reliefs une dépouille fréquemment souillée par la teinte brune de vivres gâtés. Il semble que, sur la fin, la consommation devient plus brutale et ne dédaigne pas la chair morte. Je reconnais aussi que le Leucospis n'est pas apte à se lever de table ou bien à s'y remettre avec la promptitude de l'Anthrax. Je dois le harceler quelque temps avec la pointe d'un pinceau pour le décider à lâcher prise ; et une fois la pièce quittée, il n'y fixe de nouveau la bouche qu'après quelques hésitations. Son adhérence ne peut être le simple effet d'un baiser de ventouse ; des crocs qu'il faut dégager peuvent seuls en rendre compte.

Je m'explique alors l'usage des microscopiques mandibules. Ces deux subtiles pointes sont incapables de rien mâcher, mais elles peuvent très bien servir à percer l'épiderme d'un orifice comme n'en ferait pas l'aiguille la plus déliée, et c'est à travers la piqûre que le Leucospis hume le suc de sa proie. Ce sont des instruments propres à perforer le sac graisseux qui lentement, sans éprouver en son intérieur aucun dommage, se vide à travers un pertuis çà et là renouvelé. La ventouse de l'Anthrax est ici remplacée par des perçoirs très aigus, et si réduits qu'ils ne peuvent rien blesser au delà de l'épiderme. Ainsi se trouve réalisée, avec un autre outillage d'attaque, la prudente consommation qui maintient les vivres frais.

Est-il nécessaire de dire, après l'histoire de l'Anthrax, que pareille alimentation serait impossible avec une proie dont les tissus posséderaient leur finale fermeté ? C'est donc pendant qu'elle est à demi fluide et plongée dans la torpeur de la nymphose que la larve du Chalicodome est vidée par celle du Leucospis. La dernière quinzaine de juillet et la première quinzaine d'août sont les époques favorables pour assister au repas, que j'ai vu durer de douze à quatorze jours. Plus tard, on ne trouve dans le cocon du Chalicodome que la larve du Leucospis, superbe d'embonpoint, et à côté une sorte de mince et rance lardon, relique de la défunte nourrice. Jusqu'aux chaleurs de l'été suivant, jusqu'en fin juin au plus tôt, les choses restent en l'état.

Alors apparaît la nymphe, qui n'a rien de saillant à nous apprendre ; et enfin l'insecte parfait, dont l'éclosion peut se retarder jusqu'au mois d'août. Sa sortie hors de la forteresse de la Maçonne n'a rien de l'étrange méthode employée par l'Anthrax. Doué de vaillantes mandibules, l'insecte parfait crève lui-même le plafond de son domicile sans grave difficulté. A l'époque de sa libération, les Chalicodomes, qui travaillent en mai, ont depuis longtemps disparu. Sur les galets, tous les nids sont clos, les provisions sont achevées, les larves dorment dans leur cocon ambré. Comme les vieux nids sont utilisés par la Maçonne tant qu'ils ne sont pas trop délabrés, le dôme d'où vient de sortir le Leucospis, plus vieux d'un an, a ses autres loges occupées par les fils de l'abeille. Il y a là, pour sa race, sans chercher au loin, grasse prébende dont il est maître de profiter. Il ne dépend que de lui de faire de sa maison natale la maison des siens. Du reste, si les explorations à distance lui plaisent, les dômes de mortier abondent dans l'harmas. Sous peu, l'inoculation des œufs à travers la muraille va commencer. Avant d'assister à ce curieux travail, occupons-nous de la sonde qui doit l'accomplir.

En dessus, le ventre de l'insecte est creusé d'un sillon qui remonte jusqu'à la base du thorax ; à l'extrémité, élargie et ronde, il est fendu par une étroite scissure, qui semble partager cette région en deux ; on dirait une poulie à fine gorge. A l'état de repos, la sonde inoculatrice ou oviscapte reste engagée dans cette rainure et ce sillon. La délicate machine fait ainsi presque le tour complet de l'abdomen. En dessous, sur la ligne médiane, se voit une longue écaille d'un brun marron, lancéolée, carénée, fixée par sa base au premier segment abdominal et prolongée sur les côtés en ailes membraneuses qui viennent étroitement s'appliquer sur les flancs. Sa fonction est de protéger la région sous-jacente, région à parois molles où la sonde prend origine. C'est un opercule, une cuirasse qui, pendant l'inaction, protège les délicatesses du mécanisme moteur, mais fait bascule d'arrière en avant et se relève quand il faut dégainer l'outil et en faire usage.

Détachons cet opercule d'un coup de ciseaux pour avoir sous le regard tout l'appareil ; puis soulevons l'oviscapte avec la pointe d'une aiguille. La partie longeant le dos se dégage sans difficulté aucune, mais la partie enchâssée dans la gorge de poulie du bout du ventre offre une résistance qui nous avertit d'une complication non aperçue d'abord. L'outil, en effet, se compose de trois pièces, une centrale ou filament inoculateur, et deux latérales, dont l'ensemble constitue un fourreau. Ces deux-ci, plus fortes, sont creusées en façon de demi-canal et forment, en se rejoignant, un canal complet dans lequel le filament est engainé. Ce fourreau à deux valves est libre d'adhérence dans la partie dorsale ; mais plus loin, au bout de l'abdomen et sous le ventre, il ne peut plus s'isoler, ses valves se trouvant soudées avec la paroi abdominale. Là règne donc, entre les deux pièces protectrices rapprochées, une simple rigole où le filament est à couvert. Quant à ce dernier, il s'extrait aisément de sa gaine et se met en liberté jusqu'à sa base, sous le bouclier de l'écaille.

A la loupe, c'est un fil rond, corné, rigide, compris pour la grosseur entre un cheveu et un crin de cheval. Son extrémité se montre un peu rugueuse, pointue et longuement taillée en biseau. Le microscope est nécessaire pour reconnaître sa réelle structure, bien moins simple qu'elle ne le semble d'abord. On reconnaît alors que la partie terminale, taillée en biseau, se compose d'une série de cônes tronqués, emboîtés l'un dans l'autre et dont la large base déborde un peu. De cette disposition résulte une sorte de lime, de râpe à dents très émoussées. Pressé sur le porte-objet, le fil se subdivise en quatre pièces de longueur inégale. Les deux plus longues ont pour terminaison le biseau dentelé. Elles s'assemblent en une gouttière très étroite pour recevoir les deux autres pièces, un peu plus courtes. Celles-ci se terminent l'une et l'autre par une pointe, mais non dentelée, et en retrait par rapport à la râpe finale. Assemblées en un demi-canal, elles s'enchâssent dans le demi-canal des deux autres, de façon que le tout forme un canal complet. En outre, les deux pièces courtes, considérées ensemble, sont mobiles, suivant leur longueur, dans la gouttière qui les reçoit ; elles sont de plus mobiles l'une sur l'autre, toujours dans le sens de la longueur, si bien que, sur le porte-objet, leurs pointes terminales correspondent rarement au même niveau.

Si l'on tronque d'un coup de ciseaux le fil inoculateur sur l'animal vivant et qu'on observe la section à la loupe, on voit la demi-gouttière interne s'allonger et faire saillie en dehors de la demi-gouttière externe, puis rentrer tour à tour, tandis que suinte de la blessure une gouttelette albumineuse, provenant sans doute du liquide qui donne à l'œuf le singulier appendice dont il sera fait mention plus loin. Au moyen de ces mouvements longitudinaux de la rigole interne dans la rigole externe, et du glissement, l'une sur l'autre, des deux pièces de la première rigole, l'œuf peut être acheminé jusqu'au bout de l'oviscapte malgré l'absence de toute contraction musculaire, impossible dans un conduit de nature cornée.

Pour peu que l'on presse l'abdomen en dessus, on le voit se disloquer après le premier segment, comme si l'insecte, en ce point, avait été à demi sectionné. Il se produit, entre le premier et le second anneau, un large entrebâillement, un hiatus, où sous une fine membrane, fait hernie la base de l'oviscapte, fortement recourbée en crosse. Là le filament traverse de part en part l'animal et va émerger en dessous. Son point de sortie se trouve ainsi vers la base de l'abdomen, au lieu de se trouver au bout suivant la règle générale. Cette étrange disposition a pour effet de raccourcir le bras de levier de l'oviscapte, de rapprocher du point d'appui, c'est-à-dire des pattes, l'origine du filament, et de favoriser par ce moyen le difficultueux travail de l'inoculation en utilisant du mieux possible l'effort dépensé. En somme, l'oviscapte au repos fait le tour de l'abdomen. Parti de la base, à la face inférieure, il contourne le ventre d'avant en arrière, puis revient d'arrière en avant à la face supérieure, pour aboutir à peu près à la même hauteur que le point de départ. Sa longueur est de 14 millimètres. Ainsi est déterminée la limite des profondeurs que la sonde peut atteindre dans les nids de Chalicodome.

Un mot encore, avant d'en finir avec l'outil du Leucospis. Sur l'animal agonisant, décapité, privé de pattes et d'ailes, transpercé d'une épingle, les parois de la scissure où le fil inoculateur est engagé, éprouvent de vifs mouvements trépidatoires comme si le ventre allait s'entr'ouvrir, se partager en deux suivant la ligne médiane, puis ressouder ses deux moitiés. Le fil lui-même est animé de trépidations convulsives ; il se dégage de son fourreau, puis y rentre pour se dégainer encore. Il semble que la machine à pondre ne puisse se résoudre à périr avant d'avoir accompli sa mission. L'animal a pour but suprême l'œuf ; et tant qu'il lui reste une étincelle de vie, il agonise dans des essais de ponte.

Le Leucospis géant exploite avec la même ferveur les nids du Chalicodome des galets et ceux du Chalicodome des hangars. Pour assister aisément à l'inoculation de l'œuf et suivre à nombreuses reprises l'opérateur dans la pratique de son art, j'ai donné la préférence à la seconde Maçonne, dont les nids, détachés des toitures voisines, ont été appendus par mes soins, depuis quelques années, sous le porche de mon cellier. Ces ruches en pisé, accolées contre des tuiles, me fournissent, chaque saison, de nouveaux documents. Je leur dois beaucoup pour l'histoire des Leucospis.

Comme terme de comparaison avec ce qui se passait chez moi, j'observais les mêmes scènes sur les galets des harmas d'alentour. Chaque sortie dans ce but était loin de me dédommager de mon zèle, quelque peu méritoire par un soleil atroce ; mais enfin, de loin en loin, je parvenais à voir quelque Leucospis implantant la sonde dans le dôme de mortier. Couché à terre, du commencement à la fin de l'opération, qui pouvait durer des heures entières, je suivais de très près l'insecte dans tous ses actes, tandis que mon chien, lassé d'une température d'étuve, sournoisement abandonnait la partie, et la queue basse, la langue pendante, rentrait au logis pour s'étendre à plat ventre sur les fraîches dalles du vestibule. Ah ! qu'il était bien avisé de dédaigner la contemplation devant les cailloux ! Je rentrais à demi cuit, bruni comme un grillon. Je retrouvais mon camarade qui, les flancs haletants, le dos dans l'angle de la muraille et les quatre pattes étalées à plat, exhalait les derniers jets de vapeur de sa chaudière surchauffée. Ah ! comme Bull était mieux avisé de regagner au plus vite l'ombre de la maison ! Pourquoi l'homme s'informe-t-il ? Pourquoi n'a-t-il pas l'insouciance des choses, cette haute philosophie de la bête ? En quoi peut nous intéresser ce qui ne remplit pas le ventre ? A quoi bon apprendre ? A quoi bon le vrai quand l'utile suffit ? Pourquoi, descendant de quelque macaque tertiaire à ce que l'on dit, suis-je affligé du besoin de savoir, lorsque Bull, mon compagnon, en est affranchi ? Pourquoi..... Ah ! ça mais ! où donc en suis-je ? Rentrerai-je, le cerveau congestionné par un coup de soleil ? Revenons vite à nos moutons.

C'est dans la première semaine de juillet que j'ai vu l'inoculation débuter sur mes nids de Chalicodome des hangars. Au fort de la chaleur, sur les trois heures de l'après-midi, le travail se poursuit, de moins en moins actif, pendant presque tout le mois. Je compte jusqu'à douze Leucospis à la fois sur la paire de tuiles la mieux peuplée. L'insecte explore les nids, lentement, gauchement. Du bout des antennes, fléchies à angle droit après le premier article, il palpe la surface. Puis immobile et la tête penchée, il semble méditer et débattre en lui-même l'opportunité du lieu. Est-ce bien ici, est-ce ailleurs que gît la larve convoitée ? Au dehors rien, absolument rien, ne l'indique. C'est une nappe pierreuse, bosselée mais très uniforme d'aspect, car les cellules ont disparu sous une couche de crépi, travail d'intérêt général où l'essaim dépense ses derniers jours. S'il me fallait, avec ma longue pratique, décider moi-même du point convenable, me serait-il loisible d'user d'une loupe pour scruter le mortier grain par grain, et d'ausculter la surface pour me renseigner au moyen du son rendu, je déclinerais l'entreprise, convaincu d'avance d'échouer le plus souvent et de ne réussir que par hasard.

Où sont en défaut mes moyens optiques et mon discernement raisonné, l'insecte ne se trompe pas, guidé qu'il est par les bâtonnets des antennes. Son choix est fait. Le voici qui dégaine sa longue mécanique ; la sonde est dirigée normalement à la surface et occupe à peu près le milieu entre les deux pattes intermédiaires. Une large dislocation se déclare sur le dos, entre le premier et le second segment de l'abdomen, et par cet entrebâillement fait hernie la base de l'outil, dont la pointe s'efforce de plonger dans le tuf. Des mouvements trépidatoires au sein de cette hernie trahissent l'énergie dépensée. On craint de voir se rompre, d'un moment à l'autre, la frêle bourse violentée par l'effort. Mais elle tient bon et le fil progresse.

Immobile, hautement guindé sur jambes pour développer son appareil, l'insecte n'a que de très légères oscillations pour tout signe de son laborieux travail. Je vois des sondeurs qui dans un quart d'heure ont fini d'opérer. Ce sont les plus prompts à la besogne. La rencontre d'une couche de moindre épaisseur et de moindre résistance les a favorisés. J'en vois d'autres qui, pour une seule opération, dépensent jusqu'à trois heures, trois longues heures de patience pour l'observateur désireux de suivre l'acte jusqu'à la fin, trois longues heures d'immobilité pour l'animal, encore plus désireux d'assurer à son œuf le vivre et le couvert. Mais aussi n'est-ce pas travail des plus difficiles que d'insinuer un cheveu dans l'épaisseur de la pierre? Pour nous, avec toute notre dextérité des doigts, ce serait impossible; pour l'animal, qui simplement pousse du ventre, ce n'est que laborieux.

Malgré la résistance du milieu traversé, l'insecte persévère, certain de réussir ; et il réussit en effet sans que je puisse encore m'expliquer son succès. La matière où doit plonger la sonde n'a pas la structure poreuse ; elle est homogène et compacte comme notre ciment durci. En vain mon attention se porte sur le point précis où fonctionne l'outil ; je ne vois pas de fissure, de pertuis qui puisse faciliter l'accès. Un trépan, un foret de mineur pulvérisent la roche pour avancer d'autant. Cette méthode de percussion n'est pas ici de mise ; l'extrême délicatesse de la sonde s'y oppose. Il faut à la frêle tige, ce me semble, une voie toute faite, une faille où elle puisse glisser ; mais cette faille, je n'ai jamais pu la découvrir. Est-il permis d'invoquer un liquide dissolvant qui ramollirait le mortier sous la pointe de l'oviscapte? Non, car je ne vois aucune trace d'humidité autour du point où le fil est engagé. Je reviens à la fissure, au défaut de continuité, bien que mon examen soit impuissant à le découvrir sur le nid du Chalicodome. En d'autres circonstances, j'ai été mieux servi. Le *Leucospis dorsigera,* Fab., établit ses œufs auprès de la larve de l'Anthidie diadème, qui nidifie parfois dans des tronçons de roseau. A diverses reprises, je l'ai vu introduisant sa tarière par une subtile rupture du canal. L'enceinte n'étant pas la même, ici bois et là mortier, peut-être convient-il de laisser une part à l'inconnu.

Mon assiduité, pendant la majeure partie de juillet, devant les tuiles appendues contre les murailles du porche, m'a permis la comptabilité des inoculations. A mesure que l'insecte, son opération terminée, dégageait la sonde, je marquais au crayon le point précis d'où sortait l'instrument ; et tout à côté, j'inscrivais la date. Ces données devaient être utilisées à la fin des travaux du Leucospis.

Les sondeurs disparus, je procède à l'examen des nids, noircis de mon grimoire, les indications au crayon. Un premier résultat, auquel je m'attendais d'ailleurs, me dédommage de mes patientes stations. Sous chaque point marqué de noir, sous chaque point d'où j'ai vu retirer l'oviscapte, se trouve constamment une cellule, sans une seule exception. Il y a pourtant d'une cellule à l'autre des intervalles pleins, ne résulteraient-ils que de l'adossement des parois. D'ailleurs les loges, très irrégulièrement distribuées par un essaim dont chaque ouvrière travaille à sa guise, laissent entre elles d'amples anfractuosités, que remplit à la fin l'enduit général du nid. De ces dispositions, il résulte que les parties massives équivalent presque en volume aux parties vides. Rien au dehors n'indique le plein ou le creux des régions sous-jacentes. Il m'est absolument impossible de décider si, en creusant tout droit, je rencontrerai la capacité d'une cellule ou bien l'épaisseur d'un mur.

L'insecte, lui, ne s'y trompe pas, comme en témoignent toutes mes fouilles sous les points notés par le crayon; il dirige toujours son appareil vers la cavité d'une loge. Comment est-il averti que le dessous est vide ou plein? Ses organes d'information sont, à ne pas en douter, les antennes, qui palpent le terrain. Ce sont deux doigts d'inouïe délicatesse, qui scrutent le sous-sol en tapotant dessus. Que perçoivent-ils donc, ces organes énigmatiques? — Une odeur? Nullement; je m'en étais toujours douté, et aujourd'hui j'en suis certain après ce que je vais raconter dans un instant. — Perçoivent-ils un son? Faut-il les regarder comme des appareils microphoniques d'ordre supérieur, aptes à recueillir les échos moléculaires du plein et les résonnances du vide? Cette idée me séduirait si, dans une foule de circonstances où sont étrangères les sonorités d'une voûte, les antennes ne remplissaient leur rôle avec la même efficacité. Nous ignorons et peut-être sommes-nous destinés à toujours ignorer la vraie valeur du sens antennal, dont notre nature n'a pas l'analogue; mais s'il nous est impossible de dire ce qu'il perçoit, nous pouvons du moins reconnaître en partie ce qu'il ne perçoit pas, et lui refuser en particulier l'aptitude à l'olfaction.

Je remarque, en effet, non sans vive surprise, que la grande majorité des cellules visitées par la sonde du Leucospis ne contiennent pas la seule chose que recherche l'insecte, c'est-à-dire la larve récente du Chalicodome enfermée dans son cocon. Leur contenu consiste en détritus divers, si fréquents dans tout vieux nid de la Maçonne : miel liquide et resté sans emploi, l'œuf ayant péri; provisions gâtées, tantôt moisies, tantôt devenues culot goudronneux; larve morte, durcie en un cylindre brun ; insecte parfait dësséché, à qui les forces ont manqué pour la libération ; décombres poudreux, provenant de la lucarne de sortie qu'a bouchée plus tard la couche générale de crépi. Les effluves odorants qui peuvent se dégager de ces résidus ont certainement des caractères très divers. L'aigre, le faisandé, le moisi, le goudronneux, ne sauraient être confondus par un odorat un peu subtil ; chaque loge, suivant son contenu, possède un fumet spécial, sensible ou non pour nous ; et ce fumet, à coup sûr, n'a rien de commun avec celui que nous pouvons supposer à la larve fraîche, recherchée par le Leucospis. Si néanmoins l'insecte ne distingue par ces loges l'une de l'autre et plonge la sonde dans toutes indifféremment, n'est-ce pas la preuve évidente que l'odorat ne le guide en rien dans ses recherches? Par d'autres considérations, en traitant de l'Ammophile hérissée, j'étais arrivé à nier, dans les antennes, la sensibilité olfactive. Aujourd'hui le Leucospis, avec ses fréquentes erreurs, malgré sa continuelle exploration antennale, établit ma négation sur des bases inébranlables.

Le sondeur des nids en mortier vient de nous délivrer, je crois, d'un vieux préjugé physiologique. N'aurait-elle que ce résultat, son étude serait déjà méritoire ; mais l'intérêt est loin d'être épuisé. Entamons un autre point de vue, dont toute l'importance ne se révélera qu'à la fin ; parlons d'un fait auquel j'étais fort loin de m'attendre lorsque je surveillais avec tant d'assiduité les nids de mes Chalicodomes.

La même cellule peut recevoir à diverses reprises, à plusieurs jours d'intervalle, la sonde des Leucospis. J'ai dit comment je marquais de noir le point précis où l'instrument de ponte s'était engagé et comment j'inscrivais à côté la date de l'opération. Eh bien, en beaucoup de ces points déjà visités, sur lesquels je possédais les documents les plus authentiques, j'ai vu revenir l'insecte une seconde fois, une troisième et même une quatrième, tantôt le même jour, tantôt quelque temps après, et y replonger son fil inoculateur, exactement au même endroit, comme si rien ne s'était passé. Était-ce le même individu qui répétait son acte dans une cellule déjà visitée par lui mais oubliée ; étaient-ce des individus différents qui venaient, l'un après l'autre, déposer l'œuf dans une loge prise pour inoccupée? Je ne saurais le dire, ayant négligé de marquer les opérateurs, crainte de les troubler.

Comme rien, si ce n'est la marque de mon crayon, marque de signification nulle pour l'animal, n'indique que la tarière a déjà travaillé là, il peut très bien arriver que le même opérateur, retrouvant sous ses pas un point déjà exploité par lui-même, mais effacé de son souvenir, renouvelle son coup de sonde dans une loge qu'il croit découvrir pour la première fois. Si tenace que soit sa mémoire des lieux, on ne peut admettre que l'insecte possède, pendant des semaines et point par point, la topographie d'un nid de quelques mètres carrés de superficie. Ses souvenirs, s'il en a, le servent mal ; l'aspect extérieur ne le renseigne pas ; et sa tarière pénètre, au hasard des découvertes, en des points déjà sondés peut-être à plusieurs reprises.

Il peut arriver encore — et ceci me paraît le cas le plus fréquent — qu'à l'exploiteur d'une cellule en succède un second, puis un troisième, un quatrième et davantage, tous avec le zèle de premier occupant parce que leurs prédécesseurs n'ont pas laissé de trace de leur passage. De l'une et de l'autre manière, la même loge est exposée à des pontes multiples, bien que son contenu, la larve de Chalicodome, soit une ration tout juste suffisante pour une seule larve de Leucospis.

Ces sondages réitérés sont loin d'être rares : j'en ai inscrit une vingtaine sur mes tuiles, et pour quelques cellules, l'opération s'est renouvelée sous mes yeux jusqu'à quatre fois. Rien ne dit qu'en mon absence ce nombre n'ait été dépassé. Le peu que j'ai reconnu m'empêche d'assigner des limites. Maintenant une question surgit, grosse de conséquences : l'œuf est-il réellement pondu toutes les fois que la sonde pénètre dans une cellule ? Je n'entrevois rien qui plaide en faveur de la négative. A cause de sa nature cornée, l'oviscapte ne doit être doué que d'une sensibilité tactile des plus obtuses. L'insecte n'est averti du contenu de la loge que par l'extrémité de ce long crin, témoin, ce me semble, peu digne de confiance. L'arrivée dans le vide est annoncée par le défaut de résistance ; et voilà, probablement, le seul avis que puisse fournir l'insensible outil. La sonde, forant la roche, ne saurait avertir le mineur sur le contenu de la caverne où elle vient de s'engager ; ainsi doit-il en être du fil rigide des Leucospis.

La cellule atteinte renferme-t-elle du miel moisi, des décombres, une larve desséchée, une larve au point convenable ? Et surtout renferme-t-elle déjà un œuf ? Sur ce dernier point, au moins, la réponse ne peut être douteuse. Il est impossible que, par l'intermédiaire d'un crin, l'insecte soit renseigné sur ce point si délicat : l'absence ou la présence d'un œuf, corpuscule perdu dans une vaste enceinte. En admettant même le tact à l'extrémité de la tarière, il resterait toujours cette difficulté insurmontable : retrouver dans l'inconnu d'une spacieuse chambre le point précis où gît l'atome. Je n'hésite pas même à croire que l'oviscapte n'avertit pas l'insecte ou ne l'avertit que très vaguement du contenu de la cellule, propice ou non à l'évolution du germe. Chaque coup de sonde, pourvu qu'un vide soit rencontré, dépose peut-être son œuf, auquel échoit ainsi, tantôt saine nourriture et tantôt résidu sans valeur.

Ces aberrations de la ponte réclament des preuves plus concluantes que les aperçus où conduit la nature cornée de l'oviscapte ; il importe de reconnaître directement si la cellule où la tarière a plongé plusieurs fois renferme en effet plusieurs occupants, outre la larve du Chalicodome. Les Leucospis ayant terminé leurs sondages, j'ai attendu encore quelques jours pour donner aux jeunes larves le temps de se développer un peu, ce qui devait rendre mon examen plus facile. Enfin j'ai transporté les tuiles sur la table de mon cabinet pour en scruter les secrets avec les soins les plus minutieux. Là m'attendait une déception comme rarement j'en ai éprouvé de pareilles. Les cellules que j'avais vu, de mes propres yeux vu, traverser par la sonde deux, trois et quatre fois, ne renfermaient qu'une larve de Leucospis, une seule, attablée sur celle du Chalicodome. D'autres, également sondées à plusieurs reprises, contenaient des résidus gâtés ; mais de Leucospis, point. Ah ! sainte patience ! donnez-moi le courage de recommencer, dissipez les ténèbres et délivrez-moi du doute !

Je recommence. La larve de Leucospis m'est familière; je peux la reconnaître, sans erreur possible, tant dans les nids du Chalicodome des galets que dans les nids du Chalicodome des hangars. Toute la morte-saison, je multiplie mes courses ; je détache des toits des vieilles masures et des cailloux des harmas, les constructions des deux Maçonnes ; j'en bourre mes poches, j'en remplis ma boîte, j'en charge le havresac de Favier, j'en récolte assez pour encombrer toutes les tables de mon cabinet ; et lorsqu'il fait trop froid, que l'âpre mistral souffle, je déchire la fine étoffe des cocons pour m'informer de l'habitant. La plupart contiennent la Maçonne à l'état parfait ; d'autres me donnent la larve de l'Anthrax ; d'autres encore, et fort nombreux, me donnent la larve du Leucospis. Et cette dernière est seule, toujours seule, immanquablement seule. C'est à n'y rien comprendre lorsqu'on sait, comme je le savais, la multiplicité fréquente des coups de sonde.

Ma perplexité ne fait qu'accroître lorsque, au retour de la belle saison, je suis, pour la seconde fois, témoin des opérations du Leucospis réitérées sur les mêmes cellules ; et que, pour la seconde fois , je constate une larve unique dans les loges sondées plusieurs fois. Serai-je donc forcé d'admettre que la tarière sait reconnaître les cellules contenant déjà un œuf, et dès lors s'abstient d'y pondre ? Dois-je accorder un tact extraordinaire à ce rude bout de crin ; mieux que cela : une sorte de divination qui affirme ou nie l'œuf sans avoir besoin de le toucher ? Mais ce que je dis là est insensé ! Certainement quelque chose m'échappe, et toute l'obscurité du problème vient de mes renseignements incomplets. O patience ! souveraine vertu de l'observateur, venez encore à mon aide : pour la troisième fois, je dois recommencer.

Jusqu'ici mes recherches se sont faites quelque temps

après la ponte, à une époque où la larve a pris au moins un développement assez avancé. Qui sait si, dès le début du premier âge, rien ne se passe qui puisse après me fourvoyer? C'est à l'œuf lui-même que je dois m'adresser pour obtenir le secret que me refuse la larve. Je reprends donc mon étude dans la première quinzaine de juillet, alors que les Leucospis, affairés, commencent à visiter les nids des deux Maçonnes. Les galets des harmas me fournissent en abondance les édifices du Chalicodome des murailles ; les refuges des troupeaux, çà et là disséminés dans la campagne, me donnent, sous leur toiture délabrée, par fragments détachés au ciseau, les constructions du Chalicodome des hangars. Je tiens à ne pas détruire complètement mes ruches domestiques, déjà si éprouvées par mes expériences; elles m'ont beaucoup appris, elles peuvent m'apprendre encore. Des colonies étrangères, rencontrées un peu de partout, font les frais de mon butin. La loupe d'une main, les pinces de l'autre, je passe en revue ma récolte, le jour même, avec la prudence et le soin que seule permet la table du laboratoire. D'abord les résultats ne répondent pas du tout à mes espérances. Je ne vois rien que je n'aie déjà vu. Nouvelles expéditions à quelques jours d'intervalle et nouveaux chargements de mottes de mortier; tant et tant qu'à la fin la chance me sourit.

La raison avait raison. Un coup de sonde n'est pas donné sans dépôt de l'œuf dans la cellule atteinte. Voici un cocon de la Maçonne des galets avec un œuf accompagné de la larve du Chalicodome. Mais quel œuf étrange! Jamais rien de pareil ne s'est offert à mes yeux, et puis est-ce bien l'œuf du Leucospis? Mes transes n'étaient pas petites. L'évolution m'en délivra en me donnant, une paire de semaines après, la larve qui m'était familière. Ces cocons à un seul œuf sont aussi nombreux que je peux le désirer ; ils dépassent même mes désirs ; mes petits récipients en verre ne peuvent y suffire.

En voici d'autres, plus précieux, à ponte multiple. J'en trouve abondamment avec deux œufs ; j'en trouve avec trois, avec quatre ; le mieux peuplé m'en offre jusqu'à cinq. Et pour mettre le comble à ma joie de chercheur qui, sur le point de désespérer, soudain réussit, voici encore, bien muni d'un œuf, un cocon stérile, c'est-à-dire ne contenant qu'une larve corrompue et desséchée. Tous mes soupçons se réalisent, tous jusqu'au plus inconséquent : l'œuf auprès d'un amas de pourriture.

Ce sont les nids du Chalicodome des murailles, de construction plus régulière, d'examen plus aisé à cause de leur base largement bâillante une fois séparée du galet d'appui, qui m'ont fourni la grande majorité des renseignements ; ceux du Chalicodome des hangars, qu'il faut émietter à coups de marteau pour en visiter les cellules entassées sans aucun ordre, se prêtent bien moins à une enquête délicate, endommagés qu'ils sont par l'écrasement et les commotions du choc.

Et maintenant, c'est fait : il reste établi que la ponte du Leucospis est exposée à des périls bien exceptionnels. Elle peut confier l'œuf à des cellules stériles, sans vivres utilisables ; elle peut en établir plusieurs dans une même loge, quoique cette loge ne renferme de la nourriture que pour un seul. Qu'elles proviennent d'un individu unique revenant, par mégarde, à diverses reprises au même point, ou qu'elles soient le fait d'individus différents non informés des sondages antérieurs, ces pontes multiples sont très fréquentes, presque autant que les pontes normales. La plus complexe que j'aie reconnue se composait de cinq œufs, mais rien n'autorise à voir dans ce nombre une limite extrême. Qui pourait dire, lorsque la population des sondeurs est nombreuse, jusqu'où peut aller cette accumulation? J'exposerai dans un autre chapitre comment la ration d'un œuf reste

Fig. 4. — Œuf du *Leucospis gigas*.

effectivement ration d'un seul œuf, malgré la multiplicité des convives. Je termine par la description de l'œuf.

C'est un corps blanc, opaque, en forme d'ovale très allongé. L'une des extrémités se prolonge en un col ou filament, aussi long que l'œuf proprement dit, un peu rugueux, sinueux et d'ordinaire fortement courbé. Le tout figure assez bien certaines courges à panse allongée et goulot anguiforme. La longueur totale, le pédicule compris, est de 3 millimètres environ. Il est inutile de dire, après avoir reconnu le mode d'alimentation du ver, que cet œuf n'est pas déposé à l'intérieur de la larve nourricière. Toutefois, avant de connaître les mœurs du Leucospis, volontiers j'aurais cru que tout hyménoptère porteur de longue sonde inocule ses œufs dans les flancs de la victime, comme le font les Ichneumons à l'égard des chenilles. Je rappelle cette erreur pour en délivrer ceux qui la partageraient.

L'œuf du Leucospis n'est pas même déposé sur la larve du Chalicodome ; il est appendu, par son pédicule courbe, à la paroi filamenteuse du cocon. Si je m'y prends avec assez de délicatesse pour ne pas troubler les dispositions des choses lorsque je détache le nid par le choc, et que j'extrais et j'ouvre le cocon, je vois l'œuf osciller à la voûte de soie. Mais il en faut bien peu pour le faire choir. Aussi le plus souvent, ne serait-ce que par l'effet du choc intervenu au moment de la séparation du nid de son galet, je le trouve détaché du point de suspension et gisant à côté de la larve, à laquelle d'ailleurs il n'a jamais aucune adhérence. La sonde du Leucospis ne va pas au delà du cocon traversé ; et l'œuf reste maintenu au plafond dans l'anse de quelque filament soyeux, au moyen de son pédicule en croc.

X

AUTRE SONDEUR

Comment s'appelle-t-il donc celui-ci, dont je n'ose inscrire le nom en tête du chapitre? Il s'appelle *Monodontomerus cupreus,* Sm. Essayez un peu pour voir, dites : *Mo-no-don-to-me-rus.* Comme cela vous remplit bien la bouche ; comme cela vous met en l'esprit l'idée de quelque bête apocalyptique ! On songe, en prononçant le mot, aux monstruosités des anciens âges, Mastodonte, Mammouth, lourd Mégathérium. Eh bien, nous sommes dupés par la nomenclature : il s'agit d'un insecte de rien, moindre que le Cousin vulgaire.

Il y a, comme cela, de braves gens tout heureux de servir la science avec des sonorités de Canaque ; ils vous effarouchent rien que pour désigner un moucheron. Vénérés savants qui baptisez les bêtes, vos dénominations, si âpres soient-elles avec leurs conglomérats de syllabes, volontiers je les accepte pour mon usage, sans en abuser d'ailleurs ; mais elles peuvent sortir du cénacle et paraître devant le public, toujours prêt à témoigner de l'irrévérence à l'égard des termes sans respect pour son oreille. Désireux de parler comme tout le monde afin d'être compris de tous, et persuadé qu'un jargon de cyclope n'est pas nécessaire à la science, je fuis l'appellation technique quand elle est trop barbare, et quand elle menace d'encombrer la page pour peu qu'elle revienne sous la plume. Je renonce à *Monodontomerus*.

C'est un insecte bien chétif, presque autant que les moucherons que l'on voit tourbillonner dans un rayon de soleil sur la fin de l'automne. Son costume est le bronze doré ; ses yeux sont d'un rouge corail. Il porte flamberge à découvert, c'est-à-dire que le fourreau de sa tarière se dresse obliquement au bout du ventre, au lieu de venir se coucher dans une rainure creusée le long du dos, suivant les us des Leucospis. Dans cette gaine est tenue la moitié terminale du filament inoculateur, qui se prolonge sous l'animal jusqu'à la base de l'abdomen. En somme, son outil est celui des Leucospis, avec cette différence que sa moitié terminale se dresse en glaive.

Ce minuscule porteur d'épée sur le croupion est encore un persécuteur des Chalicodomes et non des moins redoutables. Il exploite les nids des Maçonnes en même temps que le Leucospis. Avec lui, je le vois explorer le terrain peu à peu, du bout des antennes ; avec lui, je le vois plonger bravement sa dague dans le tuf. Plus affairé dans son travail, plus inconscient peut-être du péril, il n'a cure de l'homme qui de très près l'observe. Le Leucospis fuit, lui ne bouge. Son assurance est telle, qu'il vient jusque dans mon cabinet, me disputer, sur ma table de travail, les nids dont j'examine les populations. Il opère sous ma loupe, il opère tout à côté de la pointe de mes pinces. Que risque-t-il ? Que peut-on lui faire, à lui si petit, si petit ? Il se juge si bien en sécurité, que je peux prendre le nid à la main, le transporter, le déposer, le reprendre, sans que l'insecte s'en formalise ; il continue son œuvre au foyer de mon verre grossissant.

L'un de ces audacieux est venu visiter un nid de Chalicodome des murailles dont la plupart des cellules sont occupées par les nombreux cocons d'un parasite, le Stelis. A demi éventrées par ma curiosité, ces cellules ont leur contenu largement à découvert. La trouvaille plaît, paraît-il, car pendant quatre jours sans désemparer, je vois le nain fureter d'une cellule à l'autre, choisir son cocon et y plonger sa tarière suivant toutes les règles de l'art. J'apprends ainsi que la vue, bien qu'elle soit un guide indispensable pour les recherches, ne décide pas de l'opportunité du coup de sonde. Voici un insecte qui explore, non la nappe pierreuse du logis de la Maçonne, mais bien la surface de cocons en tissu de soie. L'explorateur ne s'est jamais trouvé dans des circonstances semblables, sa race non plus : tout cocon, dans l'état normal, étant protégé par une enceinte. N'importe : malgré la profonde différence des surfaces, l'insecte n'hésite pas. Averti par un sens spécial, énigme indéchiffrable pour nous, il sait que sous la paroi, si nouvelle pour lui, se trouve l'objet de ses recherches. L'odorat était déjà mis hors de cause ; maintenant s'élimine la vue.

Des sondages à travers les cocons du Stelis, parasite du Chalicodome, n'ont rien qui me surprennent : je sais combien mon effronté visiteur est indifférent sur la nature des victuailles destinées à sa famille. J'ai reconnu sa présence chez des apiaires très divers de taille et de mœurs, Anthophores, Osmies, Chalicodomes, Anthidies. Le Stelis exploité sur ma table est une victime de plus, et voilà tout. L'intérêt n'est pas là. Il est dans les manœuvres de l'insecte que je peux suivre dans les conditions les plus favorables.

Coudées brusquement à angle droit, ainsi que deux bâtonnets brisés, les antennes palpent le cocon uniquement par leur extrémité. C'est dans l'article terminal que réside le sens percevant à distance ce que l'œil ne voit pas, ce que l'odorat ne sent pas, ce que l'ouïe n'entend pas. Si le point exploré convient, l'insecte se guinde hautement sur jambes pour donner de l'espace au jeu de sa mécanique; il ramène un peu en avant le bout du ventre; et l'oviscapte en entier, fil inoculateur et fourreau, se dresse perpendiculaire au cocon, au milieu du quadrilatère déterminé par les quatre pattes postérieures, position éminemment favorable pour obtenir le maximum d'effet. Quelque temps la tarière, toujours en son entier, s'appuie sur le cocon, cherche de la pointe, tâtonne ; puis brusquement le fil sondeur se dégage de sa gaine. Celle-ci revient alors en arrière, suivant l'axe du corps, tandis que le filament s'efforce de pénétrer. L'opération est pénible. Je vois l'insecte essayer une vingtaine de fois, coup sur coup, sans parvenir à transpercer la dure enveloppe du Stelis. Si la sonde ne pénètre pas, l'instrument rentre dans sa gaine, et l'insecte se remet à scruter le cocon, qu'il ausculte point par point du bout des antennes. Puis d'autres coups de sonde sont tentés jusqu'à réussite.

Les œufs sont de petits fuseaux, blancs et brillants comme l'ivoire, de deux tiers de millimètre à peu près de longueur. Ils n'ont pas le long pédicule courbe de ceux du Leucospis ; ils ne sont pas appendus au plafond du cocon ainsi que ces derniers, mais bien déposés sans ordre autour de la larve nourricière. Enfin dans une seule cellule et pour une seule mère, la ponte est toujours multiple et comprend un nombre d'œufs très variable. Le Leucospis, à cause de sa taille avantageuse, rivalisant avec celle de l'hyménoptère sa victime, ne trouve dans chaque cellule que des vivres pour un seul; aussi lorsque sa ponte est multiple dans une loge, c'est erreur de sa part et non résultat prémédité. Où la ration entière est nécessaire pour le repas d'un seul, il se garderait bien d'installer volontairement plusieurs convives. Son émule n'a pas à garder les mêmes réserves. Avec une larve de Chalicodome, le nain a de quoi doter une vingtaine des siens, qui vivront en commun et grassement de ce que consommerait un seul fils du colosse. Le petit, très petit praticien en sondages établit donc toujours nombreuse famille au même banquet. Bien suffisante pour une douzaine ou deux, la gamelle est fraternellement vidée.

Le désir m'a pris de dénombrer la parenté, pour voir si la mère savait juger des vivres et proportionner le nombre des convives aux somptuosités du réfectoire. Mes notes mentionnent cinquante-quatre larves dans une cellule d'Anthophore à masque (*Anthophora personata*). Aucun autre recensement n'a atteint ce chiffre. Peut-être deux mères différentes avaient-elles pondu dans cette loge si bien peuplée. Chez le Chalicodome des murailles, je vois, d'une cellule à l'autre, le nombre de larves varier de quatre à vingt-six; chez le Chalicodome des hangars, de cinq à trente-six ; chez l'Osmie tricorne, qui m'a fourni les documents les plus nombreux, de sept à vingt-cinq ; chez l'Osmie bleue (*Osmia cyanea,* Kirby), de cinq à six ; chez le Stelis (*Stelis nasuta*), de quatre à douze.

Le premier et les deux derniers relevés sembleraient indiquer une proportionnalité entre l'abondance des vivres et le nombre des consommateurs. Quand la mère rencontre la copieuse larve de l'Anthophore à masque, elle lui donne à nourrir le demi-cent; avec le Stelis et l'Osmie bleue, ration parcimonieuse, elle se borne à la demi-douzaine. N'introduire dans la salle à manger qu'un nombre de pensionnaires en rapport avec le menu, serait certes très méritoire de sa part, d'autant plus que l'insecte est dans des conditions fort difficultueuses pour juger du contenu de la loge. Ce contenu est invisible, sous le plafond de la cellule, et l'animal ne peut être renseigné que par l'extérieur du nid, variable d'une espèce à l'autre. Il faudrait alors admettre un discernement particulier, une sorte de discernement de l'espèce, reconnue petite ou grosse suivant la façade de son habitation. Je me refuse à conduire aussi loin mes suppositions, non que l'instinct me paraisse incapable de pareilles prouesses, mais à cause des renseignements donnés par l'Osmie tricorne et les deux Chalicodomes.

Dans les loges de ces trois espèces, je vois varier le nombre de larves mises en nourrice suivant des chiffres si élastiques, qu'il faut renoncer à toute idée de proportionnalité. Sans trop s'inquiéter s'il y aurait excès ou défaut de vivres pour sa famille, la mère a peuplé les loges au gré de ses caprices, ou plutôt suivant la richesse de ses ovaires en ovules mûrs au moment de la ponte. Si la nourriture surabonde, la nichée profitera mieux et deviendra plus forte ; s'il y a disette, les nourrissons faméliques ne périront pas pour cela, mais resteront plus petits. J'ai reconnu souvent, en effet, tant dans les larves que dans les insectes adultes, des différences de volume qui vont du simple au double d'après la densité de la population.

Les larves sont blanches, fusoïdes, nettement segmentées, hérissées sur tout le corps d'une fine villosité invisible sans le secours de la loupe. La tête consiste en un petit bouton d'un diamètre bien moindre que celui du corps. Le microscope y découvre des mandibules, consistant en fines pointes d'un roux fauve, qui se dilatent en une large base incolore. Dépourvues de denticulations, incapables de rien mâcher entre leurs sommets subulés, ces deux outils servent tout au plus à fixer quelque peu le vermisseau en un point de la larve nourricière. Impuissante au dépècement, la bouche est donc un simple suçoir osculateur, qui épuise la victuaille par exsudation à travers la peau. Nous avons ici la répétition de ce que nous ont appris les Anthrax et les Leucospis : le dépérissement graduel d'une victime que l'on consomme sans la tuer.

C'est un curieux spectacle, même après celui de l'Anthrax. Ils sont là de vingt à trente affamés, tous la bouche appliquée, comme pour un baiser, sur les flancs de la larve dodue, qui de jour en jour se fane et se tarit sans la moindre blessure appréciable ; aussi se conserve-t-elle fraîche jusqu'à réduction en une dépouille ratatinée. Si je trouble la marmaille attablée, tous d'un brusque recul lâchent prise et se laissent choir pour se démener autour de la nourrice. Avec la même promptitude, ils reprennent leur féroce baiser. Inutile d'ajouter qu'au point abandonné comme au point repris, l'examen le plus attentif ne découvre aucun extravasement de liquide. L'exsudation huileuse ne se fait que lorsque la pompe fonctionne S'arrêter davantage sur cet étrange mode d'alimentation devient superflu après ce que j'ai raconté des Anthrax.

L'apparition de l'insecte adulte a lieu vers le commencement de l'été, après une année presque entière de séjour dans la loge envahie. Le nombre considérable des habitants d'une même cellule me donnait à penser que le travail de libération devait présenter quelque intérêt. Aussi désireux l'un que l'autre de franchir au plus tôt les murs de la prison et de venir aux grandes fêtes du soleil, attaquent-ils tous à la fois, dans une mêlée confuse, le plafond qu'il s'agit de forer ? Le travail de délivrance est-il coordonné dans un intérêt général ; n'a-t-il pour règle que l'égoïsme de chacun ? C'est ce que l'observation va nous dire.

Quelque temps à l'avance, je transvase chaque famille dans un court tube de verre, qui représentera la cellule natale. Un solide bouchon de liège, plongeant au moins d'un centimètre, sera l'obstacle à percer pour la sortie. Eh bien, mes nichées séquestrées sous verre, au lieu de la hâte fougueuse et du désordre dissipateur des forces que je m'attendais à trouver, me rendent témoin d'un atelier des mieux réglementés. Un seul travaille à forer le liège. Patiemment, de la pointe des mandibules, grain de poussière par grain de poussière, il pratique un canal du diamètre de son corps. La galerie de mine est si étroite, que pour revenir en arrière, l'ouvrier doit marcher à reculons. C'est lent à venir. Il faut des heures et puis des heures pour creuser le pertuis, rude besogne pour le frêle mineur.

Si la fatigue devient trop grande, l'excavateur quitte le front d'attaque, et va se mêler à la foule pour se reposer et s'épousseter. Un autre, le premier venu parmi les voisins, aussitôt le remplace, relayé lui-même par un troisième, sa corvée finie. D'autres encore succèdent, toujours un par un, si bien que le chantier jamais ne chôme et jamais n'est encombré. Paisible et patiente, la multitude cependant se tient à l'écart. Nulle inquiétude pour la délivrance. Le succès viendra, tous en sont convaincus. En attendant, qui se lave les antennes en les passant dans la bouche, qui se lustre les ailes avec les pattes postérieures, qui se trémousse pour tromper les ennuis de l'inaction. Quelques-uns font l'amour, souverain moyen de tuer le temps, que l'on soit né du jour ou que l'on ait la vingtaine.

Quelques-uns font l'amour. Ces favorisés sont rares, comptent à peine. Est-ce indifférence? Non ; mais les amoureux manquent. Les deux sexes sont très inégalement représentés dans la population d'une loge ; les mâles s'y trouvent en misérable minorité, et souvent même font complètement défaut. Cette pénurie masculine n'avait pas échappé aux anciens observateurs. Brullé, le seul auteur qu'il me soit loisible de consulter dans mon ermitage, dit textuellement : « Les mâles ne paraissent pas connus. » Pour mon compte, je les connais; mais vu leur faible nombre je me demande quel peut être leur rôle dans un sérail si disproportionné avec leurs forces. Quelques relevés montreront en quoi mes hésitations sont fondées.

Pour vingt-deux cocons d'Osmie tricorne, le dénombrement total de la population s'élève à trois cent cinquante-quatre, dont quarante-sept mâles et trois cent sept femelles. La population moyenne est ainsi de seize individus par cocon ; et pour un seul mâle, il y a six femelles au moins. Tantôt plus forte, tantôt plus faible, cette disparité se maintient quelle que soit l'espèce de l'hyménoptère envahi. Dans les cocons du Chalicodome des hangars, je retrouve la proportion moyenne de six femelles pour un mâle ; dans ceux du Chalicodome des murailles, je constate un mâle pour quinze femelles.

Ces données, dont je ne saurais assigner les limites, suffisent pour faire soupçonner que les mâles, avortons moindres que les femelles et d'ailleurs mis à mal, comme tout insecte, par un seul accouplement, doivent, dans la majorité des cas, rester étrangers aux femelles. Les mères s'en passent-elles, en effet, sans être pour cela privées de descendance? Je ne dis pas oui, mais je ne dis pas non. Rude problème que celui de la dualité des sexes! Pourquoi deux? Pourquoi pas un seul? C'eût été bien plus simple, et surtout moins fécond en sottises. Pourquoi la sexualité lorsque le tubercule du topinambour s'en passe? Telles sont les grosses questions que me propose en finissant le *Monodontomerus cupreus,* négligeable de taille et si volumineux de nom, que je m'étais bien juré de ne jamais plus en parler suivant les règles de son état civil.

XI

LE DIMORPHISME LARVAIRE

S'il a donné quelque attention à l'histoire des Anthrax, le lecteur a dû s'apercevoir que mon récit est incomplet. Le renard du fabuliste voyait bien comment on entre dans le repaire du lion, mais ne voyait pas comment on en sort. Pour nous, c'est l'inverse : nous savons comment on sort de la forteresse du Chalicodome, mais nous ne savons pas comment on entre. Pour sortir de la cellule dont il a consommé le propriétaire, l'Anthrax devient une machine à perforation, un outil vivant dont notre industrie pourrait s'inspirer s'il lui fallait de nouvelles combinaisons de trépans propres à forer la roche. Le tunnel de la délivrance ouvert, l'outil se fend ainsi qu'une gousse que le soleil fait éclater, et de cette robuste charpente s'échappe un délicat diptère, flocon velouté, mol duvet qui nous émerveille par son contraste avec la rudesse des profondeurs d'où il remonte. Sur ce point, nous sommes suffisamment renseignés. Reste l'entrée en loge, énigme qui m'a tenu un quart de siècle en haleine.

Tout d'abord, il est évident que la mère ne peut déposer son œuf dans la cellule de l'Abeille maçonne, depuis longtemps close et barricadée d'une enceinte de ciment lorsque l'Anthrax apparaît. Pour y pénétrer, il lui faudrait redevenir appareil d'excavation et reprendre la dépouille qu'elle a laissée engagée dans la fenêtre de sortie ; il lui faudrait revenir en arrière, renaître nymphe, et le travail de la vie n'a jamais de ces reculs. Avec des griffes, des mandibules et beaucoup de persévérance, à la rigueur l'insecte adulte pourrait forcer le coffre de mortier ; mais le diptère en est dépourvu. Sa patte fluette serait déformée par des entorses rien qu'en balayant un peu de poussière ; sa bouche est un suçoir pour cueillir les exsudations sucrées des fleurs, et non la solide tenaille nécessaire pour émietter le ciment. Pas de tarière non plus, pas de sonde imitée de celle du Leucospis ; nul instrument d'aucune sorte qui puisse s'insinuer dans l'épaisseur de la muraille et acheminer l'œuf jusqu'à destination. Bref, la mère est dans l'impuissance absolue d'établir sa ponte dans la chambre de la Maçonne.

Serait-ce la larve qui, d'elle-même, s'introduit dans la soute aux vivres, cette larve que nous avons vue épuiser le Chalicodome par des baisers buveurs de sang? Rappelons-nous ce ver, petit boudin de graisse, qui s'étire ou se recourbe sur place et ne parvient à se déplacer. Son corps est un cylindre lisse ; sa bouche, une simple lèvre circulaire. Aucun organe ambulatoire, pas même des cils, des aspérités, des rides pour la reptation. L'animal est fait pour la digestion et pour l'immobilité. Son organisation est incompatible avec le mouvement ; tout l'affirme de la façon la plus claire. Non, et encore non : cette larve, moins que la mère, ne peut entrer d'elle-même dans la demeure de la Maçonne. Les vivres cependant sont là ; et ces vivres, il faut les atteindre sous peine de périr ; *to be or not to be.* Comment donc s'y prend le diptère ? Vainement j'interrogerais les probabilités, trop souvent mensongères ; pour obtenir réponse valable, je n'ai qu'une ressource : tenter presque l'impossible et surveiller l'Anthrax à partir de son œuf.

Quoique assez nombreux sous le rapport des espèces, les Anthrax n'abondent pas lorsqu'on désire population assez dense pour se prêter à des observations suivies. Je les vois, un peu de ci, un peu de là, aux lieux violemment ensoleillés, voleter sur les vieux murs, les talus, les sables, parfois par faibles escouades, le plus souvent solitaires. De ces vagabonds, présents aujourd'hui, absents demain, je ne peux rien attendre, dans mon ignorance de leurs établissements. Les épier un à un sous le hâle du jour est très pénible et peu fructueux, l'insecte aux ailes véloces disparaissant toujours on ne sait où lorsque l'espoir d'obtenir le secret commence à nous venir. A ce métier, j'ai dépensé de belles heures de patience, sans résultat aucun. Le succès aurait des chances avec des Anthrax dont on connaîtrait d'avance le domicile, et surtout si la même espèce formait colonie assez populeuse. L'interrogation commencée sur l'un se poursuivrait sur un second, puis sur d'autres jusqu'à réponse complète. Or dans de telles conditions de fréquence, ma longue carrière entomologique n'a rencontré jusqu'ici que deux Anthrax : l'un à Carpentras, l'autre à Sérignan. Le premier, *Anthrax sinuata,* Fallen, vit dans les cocons de l'Osmie tricorne, qui nidifie elle-même dans les vieilles galeries de l'Anthophore à pieds velus ; le second, *Anthrax trifasciata,* Meigen, exploite le Chalicodome des galets. Je consulterai l'un et l'autre.

Encore une fois, sur le tard de mes jours, me voici donc à Carpentras, dont le rude nom gaulois fait sourire le sot et penser l'érudit. Chère petite ville où j'ai vécu ma vingtième année et laissé mes premiers flocons de laine aux buissons de la vie, ma visite d'aujourd'hui est un pèlerinage : je viens revoir les lieux où sont écloses mes plus vives impressions juvéniles. Je salue en passant le vieux collège où j'ai fait mes premières armes d'éducateur. Son aspect n'a pas changé, c'est toujours celui d'un pénitencier. Ainsi l'entendait l'enseignement gothique d'autrefois. A la gaieté, à l'activité du jeune âge, choses par lui jugées malsaines, il opposait le palliatif de l'étroit, du triste, de l'obscur. Ses maisons d'éducation étaient surtout des maisons de correction. Les fraîcheurs virgiliennes s'interprétaient dans l'étouffement d'une prison. Entre quatre hautes murailles, j'entrevois la cour, sorte de fosse aux ours, où les écoliers se disputaient l'espace pour leurs ébats sous la ramée d'un platane. Tout autour s'ouvraient des espèces de cages à fauves, privées de jour et privées d'air : c'étaient les classes. Je parle au passé, car le présent sans doute a mis fin à ces misères scolaires.

Voici le bureau de tabac où, le mercredi soir, en sortant du collège, je prenais à crédit de quoi bourrer ma pipe et célébrer ainsi, la veille, les joies du lendemain, ce jeudi sacré que je croyais si bien remplir avec mes équations difficultueuses résolues, mes réactifs nouveaux expérimentés, mes plantes récoltées et déterminées. Je faisais ma timide demande en simulant l'oubli de la monnaie, tant il est dur, à qui se respecte, d'avouer qu'il n'a pas le sou. Ma candeur inspirait, paraît-il, un peu de confiance; et j'obtenais crédit, chose inouïe, chez le représentant de la régie. Ah! que n'ai-je, sur le seuil d'une boutique, étalé à la vente quelques paquets de chandelles, une douzaine de morues, un baril de sardines et des pains de savon ! Ni plus sot, ni moins laborieux qu'un autre, j'aurais fait ma trouée. Mais à quoi pouvais-je prétendre ? Accoucheur de cervelles, manipulateur d'intelligences, je n'avais pas même droit à la niche et à la pâtée.

Voici mon ancienne habitation, où sont venus après nasiller des moines. Dans l'embrasure de cette fenêtre, entre les contrevents fermés et le vitrage, je tenais, à l'abri des mains profanes, mes drogues de chimie, drogues dont j'achetais pour quelques sous en trichant le budget de mon jeune ménage. Un fourneau de pipe me servait de creuset, une fiole à pralines de cornue, des pots à moutarde de récipients pour oxydes et sulfures. Sur quelques charbons, à côté du pot-au-feu, s'élaborait la préparation en étude, inoffensive ou redoutable.

Oh ! que je voudrais revoir cette chambre où j'ai tant pâli sur les différentielles et les intégrales ; où j'apaisais ma pauvre tête en feu en regardant le Ventoux, dont le sommet me réservait, pour ma prochaine expédition, la saxifrage et le pavot, hôtes des terres arctiques ! Que je voudrais retrouver mon intime confident, ce tableau noir loué cinq francs par an à un menuisier bourru, ce tableau payé en somme plusieurs fois sa valeur et jamais acheté faute des avances nécessaires. Que de sections coniques sur cette planche, que de savant grimoire !

Bien que tous mes efforts, rendus plus méritoires par mon isolement, n'aient à peu près abouti à rien dans la carrière si conforme à mes goûts, je recommencerais si j'en avais le pouvoir. J'aimerais à converser tour à tour, pour la première fois, avec Leibnitz et Newton, Laplace et Lagrange, Thénard et Dumas, Cuvier et Jussieu, devrais-je après résoudre ce problème autrement ardu. comment se procurer le pain du jour. Ah ! jeunes gens, mes successeurs, comme on vous fait aujourd'hui la part belle ! Si vous ne le savez pas, laissez-moi vous l'apprendre par quelques lambeaux de l'histoire de l'un de vos aînés.

Mais n'oublions pas l'insecte en écoutant les échos d'illusions et de misères que réveillent dans mes souvenirs la fenêtre-armoire à drogues et le tableau noir de louage. Rendons-nous aux chemins creux de la *Lègue,* devenus classiques, à ce qu'on dit, depuis mes observations sur les Méloïdes. Illustres ravins à talus calcinés par le soleil, si j'ai quelque peu contribué à votre renom, à votre tour vous m'avez valu de belles heures d'oubli dans le bonheur d'apprendre. Vous au moins, vous ne m'avez pas leurré de vains espoirs ; tout ce que vous m'avez promis, vous me l'avez donné, et souvent au centuple. Vous êtes ma terre promise, où j'aurais désiré dresser finalement ma tente d'observateur. Mon souhait n'a pu se réaliser. Que je salue du moins au passage mes chères bêtes d'autrefois.

Un coup de chapeau au Cerceris tuberculé que je vois occupé, sur cette pente, à l'emmagasinement de son Cléone. Tel je l'ai vu jadis, tel je le revois. Mêmes lourdes allures pour hisser la proie jusqu'à l'embouchure du terrier, mêmes rixes entre mâles aux aguets sur les broussailles du chêne-kermès. A le regarder faire, un sang plus jeune coule dans mes veines ; il m'arrive comme les effluves de quelque renouveau de la vie. Le temps presse, passons.

Encore un salut par ici. J'entends bruire là haut, sur

cette corniche, une bourgade de Sphex poignardant leurs grillons. Donnons-leur un coup d'œil d'ami, mais pas plus. Mes connaissances ici sont trop nombreuses ; le loisir me manque pour renouer avec toutes mes vieilles relations. Sans m'arrêter, un coup de chapeau à l'adresse des Philanthes, qui font ruisseler, sur la déclivité, leurs longues avalanches de déblais ; un autre au Stize ruficorne, qui empile ses Mantes religieuses entre deux lames de grès ; à l'Ammophile soyeuse, aux pattes rouges, qui met en silo des chenilles arpenteuses ; aux Tachytes, sacrificateurs de criquets ; aux Eumènes, architectes en coupoles de glaise sur un rameau.

Enfin nous y sommes. Cette haute falaise à pic, se développant au midi sur une longueur de quelques cents pas, et toute criblée de trous comme une monstrueuse éponge, est la cité séculaire de l'Anthophore aux pieds velus et de l'Osmie tricorne, sa locataire gratuite. Là pullulent aussi leurs exterminateurs : le Sitaris, parasite de l'Anthophore, l'Anthrax, assassin de l'Osmie. Mal renseigné sur l'époque propice, je suis venu un peu trop tard, le 10 septembre. C'est un mois plus tôt, et même vers la fin de juillet, que j'aurais dû me rendre ici pour assister aux manœuvres du diptère. Mon voyage s'annonce comme peu fructueux : je ne vois que de rares Anthrax, voletant devant la façade. Ne désespérons pas cependant et consultons au préalable les lieux.

Les cellules de l'Anthophore contiennent cet hyménoptère à l'état de larve. Quelques-unes me donnent le Méloë et le Sitaris, riches trouvailles jadis, sans valeur aujourd'hui pour moi. D'autres contiennent la Mélecte à l'état de nymphe très colorée, ou même d'insecte parfait. Encore plus précoce, quoique datant de la même époque, l'Osmie se montre, dans ses cocons, exclusivement sous la forme adulte ; mauvais présage pour mes recherches, car c'est la larve et non l'insecte parachevé que réclame l'Anthrax. Le ver du diptère redouble mes appréhensions. Son développement est complet, sa larve nourricière est consommée, et depuis plusieurs semaines peut-être. Je n'en doute plus : je suis venu trop tard pour assister à ce qui se passe dans les cocons de l'Osmie.

La partie serait-elle perdue ? Pas encore. Mes notes font foi d'éclosions d'Anthrax dans la seconde moitié de septembre. D'ailleurs ceux que je vois maintenant explorer la falaise ne sont pas là pour de vains exercices ; l'établissement de la famille est leur préoccupation. Ces retardataires ne peuvent s'attaquer à l'Osmie, qui avec la fermeté de ses chairs d'adulte ne se prêterait au délicat allaitement du nourrisson, et en outre ne se laisserait pas faire, vigoureuse comme elle est. Mais en automne, une population spécifiquement différente et moins nombreuse de récolteurs de miel succède, sur le talus, à celle du printemps. Je vois à l'œuvre, en particulier, l'Anthidie diadème, qui pénètre dans ses galeries tantôt avec sa récolte de poussière pollinique, tantôt avec sa petite balle de coton. Ces apiaires de l'arrière-saison ne pourraient-ils, eux aussi, être exploités par l'Anthrax, le même qui choisit l'Osmie pour victime une paire de mois plus tôt ? Ainsi s'expliqueraient les Anthrax que je vois maintenant affairés.

Un peu rassuré par ce soupçon, je m'établis au pied de la falaise, sous un soleil à faire cuire un œuf ; et pendant une demi-journée, je suis du regard les évolutions de mes diptères. — Les Anthrax volent mollement devant le talus, à quelques pouces de la nappe terreuse. Ils vont d'un orifice à l'autre, mais sans jamais y pénétrer. Du reste, leurs grandes ailes, transversalement étalées même pendant le repos, s'opposeraient à leur entrée dans une galerie, trop étroite pour pareille envergure. Ils explorent donc la falaise, allant et revenant, montant et descendant, d'un vol tantôt brusque, tantôt lent et doux. De temps à autre, je vois l'Anthrax brusquement se rapprocher de la paroi et abaisser l'abdomen comme pour toucher la terre du bout de l'oviducte. Cette manœuvre a la soudaineté d'un clin d'œil. Cela fait, l'insecte prend pied autre part et se repose. Puis il recommence son mol essor, ses longues investigations et ses chocs soudains du bout du ventre contre la nappe de terre. Les Bombyles sont coutumiers de pareilles manœuvres quand ils planent à peu de distance du sol.

Au point touché, aussitôt je me précipitais, armé d'une loupe, dans l'espoir de trouver l'œuf que tout affirme être pondu à chaque choc de l'abdomen. Je n'ai rien pu distinguer malgré toute mon attention. Il est vrai que la fatigue, la lumière aveuglante et la chaleur de fournaise rendaient l'observation très difficile. Plus tard, quand j'ai connu l'animalcule issu de cet œuf, mon échec ne m'a plus surpris. Dans le loisir du cabinet, avec mes yeux reposés et mes meilleurs verres, que dirige une main non tremblante d'émotion et de lassitude, j'ai toutes les peines du monde à retrouver l'infime créature lorsque je sais pourtant le point où elle gît. Comment pouvais-je voir l'œuf, accablé comme je l'étais sous la torride falaise, et retrouver le point précis de la ponte, si soudainement faite par un insecte observé à distance ! Dans les pénibles conditions où je me trouvais, l'insuccès était inévitable.

Malgré mes tentatives négatives, je reste donc convaincu que les Anthrax sèment leurs œufs un à un, à la surface des lieux hantés par les apiaires convenables à leurs larves. Chacun de leurs chocs brusques du bout de l'abdomen est une ponte. Aucune précaution de leur part pour mettre le germe à couvert, précaution rendue impossible d'ailleurs par la structure de la mère. L'œuf, cette chose si délicate, est brutalement déposé en plein soleil, entre des grains de sable, dans quelque ride de l'argile calcinée. Cette sommaire installation suffit, pourvu qu'il y ait à proximité la larve convoitée. C'est désormais au jeune vermisseau à se tirer d'affaire à ses risques et périls.

Si les chemins creux de *la Lègue* n'ont pas dit tout ce que je désirais savoir, ils ont du moins rendu très probable que le ver naissant doit parvenir de lui-même dans la cellule aux vivres. Mais le ver qui nous est connu, celui qui tarit l'outre graisseuse, larve de Chalicodome ou larve d'Osmie, ne peut se déplacer, encore moins se livrer à des pérégrinations de découverte à travers l'épaisseur d'une enceinte et le tissu d'un cocon. Alors une nécessité s'impose : celle d'une forme initiale, mobile, organisée pour la recherche, et sous laquelle le diptère parviendrait à son but. L'Anthrax aurait ainsi deux états larvaires : l'un pour pénétrer jusqu'aux vivres et l'autre pour les consommer. Je me laisse convaincre par cette logique des choses ; je vois déjà en esprit l'animalcule issu de l'œuf, assez mobile pour ne pas craindre une tournée à la ronde, assez délié pour s'insinuer dans les moindres fissures. Une fois en présence de la larve dont il doit se nourrir, il dépouille son costume de voyage et devient l'animal obèse, dont l'unique devoir est de se faire gros et gras dans l'immobilité. Tout cela s'enchaîne, tout cela se déduit comme un théorème de géométrie. Mais aux ailes de l'imagination, si doux qu'en soit l'essor, il convient de préférer les sandales des faits observés, les lentes sandales aux semelles de plomb. Je les chausse pour continuer.

L'année suivante, je reprends mes recherches, et cette fois sur l'Anthrax du Chalicodome qui, mon proche voisin dans les harmas d'alentour, me permettra de renouveler mes visites chaque jour, matin et soir s'il le faut. Averti par mes études antérieures, je sais maintenant l'époque précise de l'éclosion et par conséquent de la ponte, qui doit avoir lieu bientôt après. C'est en juillet, au plus tard en août, que l'Anthrax trifascié établit sa famille. Tous les matins, vers les neuf heures, alors que la chaleur commence à devenir insupportable et que, suivant l'expression de Favier, un fagot de plus est jeté dans le brasier du soleil, je me mets en campagne, décidé à revenir étourdi par une insolation pourvu que je rapporte le mot de mon énigme. Décidément, il faut avoir le diable au corps pour quitter l'ombre à cette époque. Et pourquoi faire, s'il vous plaît? Pour écrire l'histoire d'une mouche! Plus la chaleur est forte, plus j'ai chance de réussir. Ce qui fait mon supplice fait la joie de l'insecte ; ce qui m'accable le stimule. Allons ; la route éblouit comme une nappe d'acier en fusion. Des oliviers, tristement poudreux, s'élève une volumineuse palpitation sonore, un vaste *andante* dont les exécutants ont pour orchestre toute l'étendue boisée. C'est le concert des Cigales, dont le ventre oscille et bruit avec plus de frénésie à mesure que la température monte. Les rauques coups d'archet de la Cigale de l'Orne, le *Carcan* du pays, y rythment la monotone symphonie de la Cigale commune. C'est le moment, allons. Et pendant cinq à six semaines, le plus souvent le matin, parfois l'après-midi, je me suis mis à explorer pas à pas le plateau caillouteux.

Les nids du Chalicodome abondent, mais je ne parviens à voir aucun Anthrax, occupé de sa ponte, faire tache noire à leur surface. Aucun ne s'y pose sous mes yeux. Tout au plus, de loin en loin, j'en entrevois quelqu'un qui passe, d'un vol fougueux, à portée de ma vue. Je le perds dans l'éloignement, et c'est tout. Impossible d'assister au dépôt de l'œuf. J'en suis toujours au peu que m'ont appris les falaises de la *Lègue*. Aussitôt la difficulté reconnue, je m'empresse de m'adjoindre des aides. Des bergers, des enfants, gardent les moutons dans ces pâturages de cailloux, où se paît, au grand honneur des gigots du pays, la *badafo* saturée de camphre, c'est-à-dire la lavande aspic. Je les instruis du mieux de l'objet de mes recherches ; je leur parle d'une grosse mouche noire et des nids où elle doit se poser, ces nids de terre, si bien connus d'eux qui savent, au printemps, en extraire le miel avec une paille et l'étaler sur une croûte de pain. Ils doivent surveiller cette mouche, bien remarquer les nids sur lesquels ils la verraient s'abattre et stationner ; le soir même, en ramenant leurs troupeaux au village, ils m'avertiront du résultat de la journée. Sur leur avis favorable, je dois aller avec eux, le lendemain, continuer les observations. Rien pour rien, cela va de soi. Mes jeunes Amyntas n'ont pas les mœurs antiques : à la flûte à sept trous enduite de cire, à la coupe en bois de hêtre, ils préfèrent la pièce, qui leur permettra, le dimanche, l'accès du cabaret. Une récompense pécuniaire est promise pour chaque nid qui remplira les conditions désirées. Le marché est accepté d'enthousiasme.

Ils sont trois, et moi je suis le quatrième. Entre tous, réussirons-nous? Je le croyais. En fin août mes dernières illusions étaient dissipées. Aucun de nous n'est parvenu à voir la grosse mouche noire stationner sur le dôme de l'Abeille maçonne.

L'insuccès, ce me semble, s'expliquerait ainsi. Devant la spacieuse façade de la cité aux Anthophores, l'Anthrax est de séjour. Il en visite, au vol, les coins et les recoins sans s'écarter de la falaise natale, parce que ses recherches au loin seraient infructueuses. Il y a là, pour les siens, indéfiniment, le vivre et le couvert. Si quelque point est jugé bon, il l'inspecte en planant, puis soudain s'en rapproche et le choque du bout du ventre. C'est fait : l'œuf est pondu. Je me le figure du moins. Ainsi se poursuivent, dans un rayon de quelques mètres, et d'un essor interrompu par de courts repos au soleil, la recherche des endroits propices et la dissémination des œufs. L'assiduité de l'insecte sur le même talus a pour cause la richesse inépuisable des lieux exploités.

L'Anthrax du Chalicodome est dans des conditions bien différentes. Les habitudes casanières lui seraient préjudiciables. D'un vol fougueux, que lui permet la robuste et longue envergure des ailes, il doit voir du pays et beaucoup, s'il veut coloniser. Les nids de l'Abeille sont isolés, un à un, sur leurs galets, et clairsemés un peu de partout dans des étendues se mesurant par hectares. En trouver un ne suffit pas au diptère : toutes les cellules, tant s'en faut, à cause des parasites, ne contiennent pas la larve désirée ; d'autres loges, trop bien défendues, ne permettraient pas l'accès jusqu'aux vivres. Plusieurs nids sont nécessaires, nombreux peut-être, pour la ponte d'un seul ; et leur recherche exige des voyages au long cours.

Je me figure donc l'Anthrax allant et revenant, dans tous les sens, à travers la plaine caillouteuse. Son regard exercé n'a pas besoin d'un ralentissement de l'essor pour distinguer le dôme de terre objet de ses recherches. Ce dôme trouvé, il l'inspecte de haut, toujours en planant ; il le choque une fois, deux fois de l'extrémité de l'oviducte, et aussitôt repart sans avoir mis pied à terre. S'il se repose, ce sera ailleurs, n'importe où, sur le sol, sur une pierre, sur une touffe de lavande ou de thym. Avec de telles mœurs, rendues si vraisemblables par mes observations dans les chemins creux de Carpentras, il est tout simple que la clairvoyance de mes jeunes bergers et la mienne aient échoué. Je désirais l'impossible : l'Anthrax ne stationne pas sur le nid du Chalicodome pour y procéder méthodiquement à sa ponte ; il ne fait qu'y passer en volant.

Ainsi croît ma prévision d'une forme larvaire initiale, toute différente de celle qui m'est connue. Il faut qu'à son début l'Anthrax soit organisé pour se déplacer à la surface du nid où l'œuf vient d'être si négligeamment jeté ; il faut que la larve naissante, outillée pour franchir l'enceinte de tuf, puisse, à la faveur de quelque fêlure, pénétrer dans la loge de la Maçonne. A peine né, traînant après lui peut-être la dépouille de l'œuf, le diptère doit se mettre en quête de son logement et de sa nourriture. Il y parviendra guidé par l'instinct, cette faculté qui n'attend pas le nombre des jours, aussi clairvoyante dès l'éclosion qu'après les épreuves d'une vie bien remplie. Ce vermisseau originel n'est pas pour moi dans les limbes du possible ; je le vois, sinon en forme, du moins dans ses actes, comme s'il était en réalité sous ma loupe. Il existe, si la raison n'est pas un vain guide ; je dois le trouver ; je le trouverai. Jamais la logique des choses n'a été plus pressante dans mes investigations sur les bêtes ; jamais elle ne m'a conduit avec tant de sûreté vers un magnifique théorème biologique.

En même temps que j'essaie, sans y réussir, d'assister à la ponte, je m'informe du contenu des nids de l'Abeille maçonne, à la recherche du ver nouvellement issu de l'œuf. Mes propres récoltes et celles de mes jeunes bergers, dont j'utilise le zèle pour un service moins difficultueux que le premier, me valent des monceaux de nids, de quoi remplir des corbeilles. Tout cela est visité à loisir, sur ma table de travail, avec cette fièvre que donne la certitude d'une prochaine et belle découverte. Les cocons de la Maçonne sont extraits des cellules, visités au dehors, ouverts et visités à l'intérieur. La loupe en explore tous les plis et replis ; elle explore la larve somnolente du Chadicodome point par point ; elle explore la paroi interne de la loge. Rien, encore rien, toujours rien. Depuis deux semaines, les nids au rebut s'entassaient ; mon cabinet en était encombré. Quelles hécatombes de pauvres dormeuses retirées de leur sac de soie, et destinées la plupart à une fin misérable, malgré le soin que je prenais de les mettre en lieu sûr, où pourrait se poursuivre le travail de la transformation ! La curiosité nous rend cruels. Je continuais mes éventrements de cocons. Et rien, toujours rien. Il me fallait, pour persévérer, la foi la plus robuste. Je l'avais et bien m'en prit.

Le 25 juillet, — la date de l'événement mérite d'être inscrite, — je vis, ou plutôt je crus voir, quelque chose remuer sur la larve du Chalicodome. Est-ce une illusion de mes désirs? Est-ce un bout de duvet diaphane que mon haleine vient d'agiter? Ce n'est pas une illusion, ce n'est pas un bout de duvet, mais bel et bien un vermisseau! Ah! quel moment! Et puis quelles perplexités! Cela n'a rien de commun avec la larve de l'Anthrax; on dirait un microscopique Helminthe qui par hasard se serait fait jour à travers la peau de son hôte et serait venu se trémousser au dehors. Je compte peu sur la valeur de ma trouvaille, tant son aspect me déroute. N'importe : transvasons dans un petit tube de verre la larve de Chadicodome et l'être problématique qui s'agite à sa surface. Si c'était lui? Qui sait?

Une fois averti des difficultés de vision que pourrait bien offrir l'animalcule que je recherche, je redouble d'attention, si bien qu'en une paire de jours je suis possesseur d'une dizaine de vermisseaux pareils à celui qui m'a donné tant d'émoi. Chacun est logé dans un tube de verre avec sa larve de Chadicodome. L'animalcule est si petit, si diaphane, il se confond si bien avec son hôte, que le moindre pli de la peau me le dérobe. Après l'avoir suivi la veille à la loupe, il m'arrive de ne plus le retrouver le lendemain. Je le crois perdu, déconfit sous le poids de la larve renversée, revenu à ce rien dont il était si près. Puis il s'agite, et je le revois. De quinze jours, mes perplexités n'eurent terme. Est-ce bien la larve initiale de l'Anthrax? Oui, car je vis enfin mes élèves se transformer en la larve précédemment décrite et faire leurs débuts dans l'épuisement par baisers. Quelques instants de satisfaction comme j'en eus alors dédommagent de bien d'ennuis.

Reprenons l'histoire de la bestiole, maintenant authentique origine de l'Anthrax. C'est un vermisseau d'un millimètre environ de longueur, presque aussi délié qu'un cheveu. L'apercevoir est fort difficile à cause de sa diaphanéité. Blotti dans une ride de la peau de sa larve nourricière, peau si fine d'ailleurs, il reste introuvable

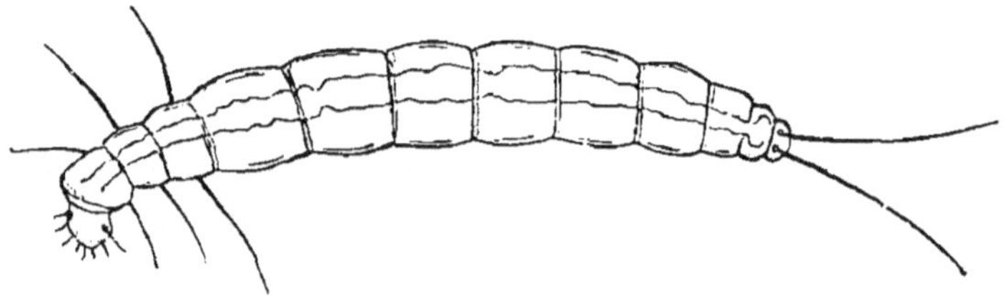

Fig. 5. — Larve primaire de l'*Anthrax trifasciata.*

pour la loupe. La faible créature est très active : elle arpente les flancs de l'opulent morceau, elle en fait le tour. Elle chemine avec assez de prestesse, se bouclant et se débouclant tour à tour à peu près comme le font les chenilles arpenteuses. Les deux extrémités sont les principaux points d'appui. Arrêtée, elle meut en tous sens sa moitié antérieure comme pour explorer l'espace autour d'elle; en marche, elle se distend, exagère sa segmentation et prend alors l'aspect d'un bout de filament noueux.

Au microscope, on lui reconnaît treize anneaux, y compris la tête. Celle-ci est petite, légèrement cornée, ce qu'annonce sa coloration d'ambre, et hérissée en avant d'un petit nombre de cils courts et raides. Sur chacun des trois segments thoraciques, deux longs cils, fixés à la face inférieure. Deux cils pareils et plus longs encore à l'extrémité de l'anneau terminal. Ces quatre paires de crins, trois en avant et une en arrière, sont les organes locomoteurs. Il faut y joindre le bord hérissé de la tête ainsi que le bouton anal, base de sustentation qui pourrait bien fonctionner à l'aide de quelque viscosité, ainsi que cela se passe chez la larve primaire des Sitaris. On voit par transparence deux longs cordons trachéens qui, parallèles l'un à l'autre, vont du premier segment thoracique à l'avant-dernier segment abdominal. Ils doivent aboutir par leur extrémité à deux paires d'orifices stigmatiques que je n'ai pu reconnaître bien nettement. Ces deux gros vaisseaux respiratoires sont caractéristiques des larves de diptères. Leurs terminaisons correspondent précisément aux points où s'ouvrent les deux paires de stigmates dans la larve de l'Anthrax sous sa seconde forme.

Pendant une quinzaine de jours, le débile ver reste en l'état que je viens de décrire, sans accroissement aucun, et très probablement aussi sans aucune nourriture. Si assidues que soient mes visites, je ne peux le surprendre en un moment de réfection. Du reste, que mangerait-il ? Dans le cocon envahi rien autre ne se trouve que la larve du Chalicodome, et le vermisseau ne peut en faire profit qu'après avoir acquis la ventouse que lui donnera la seconde forme. Cette vie d'abstinence n'est pourtant pas une vie d'oisiveté. L'animalcule, tantôt ici, tantôt ailleurs, explore son lardon ; il le parcourt par des enjambées de chenille arpenteuse ; il interroge les alentours en dressant et branlant la tête.

Cette longue durée sous une forme transitoire ne demandant pas d'alimentation, me paraît nécessaire. L'œuf est déposé par la mère à la superficie du nid, dans le voisinage d'une cellule convenable, j'aime à le croire, mais enfin assez loin de la larve nourricière, larve que protège un épais rempart. C'est au nouveau-né de se frayer l'accès jusqu'aux vivres, non par la violence et l'effraction, ce dont il n'est pas capable, mais par un glissement patient dans un labyrinthe de gerçures, tentées, abandonnées, reprises. Tâche fort difficultueuse, même pour lui, tout délié qu'il est, tant la bâtisse de la Maçonne est compacte. Pas de fêlures, vice de construction, pas de lézardes, effet des intempéries ; de partout l'homogénéité, en apparence infranchissable. Je ne vois qu'une partie faible, et encore dans quelques nids seulement : c'est la ligne de jonction du dôme avec la superficie du galet. Une soudure imparfaite entre des matériaux de nature différente, le ciment et la pierre, peut y laisser une brèche suffisante pour des assiégeants aussi menus qu'un cheveu. La loupe néanmoins est loin de parvenir toujours à reconnaître pareille voie sur des nids occupés par des Anthrax.

Aussi j'admets volontiers que l'animalcule errant à la recherche de sa loge, dispose, dans le choix de son entrée, de toute la superficie du dôme. Où sait descendre la fine tarière du Leucospis, n'y a-t-il pas pour lui, plus délié encore, suffisant passage ? Il est vrai que l'hyménoptère sondeur possède force musculaire et dureté d'outil. Lui, dans sa débilité extrême, n'a que la patience obstinée. Il fait, avec longueur de temps, ce que l'autre, supérieurement outillé, accomplit en trois heures. Ainsi s'expliquent les deux semaines de l'Anthrax sous la forme initiale, dont le rôle est de franchir l'enceinte de la Maçonne, de se glisser à travers le tissu du cocon et de parvenir aux vivres.

Je pense même qu'il faut davantage. L'œuvre est si laborieuse et l'ouvrier est si faible ! J'ignore depuis combien de temps mes élèves étaient parvenus à leur but. Favorisés peut-être par des voies peu difficiles, ils étaient arrivés sur leurs larves nourricières bien avant la fin de leur premier âge, qu'ils achevaient de dépenser sous mes yeux, sans utilité apparente, en explorant leurs vivres. Le moment n'était pas encore venu pour eux de faire peau neuve et de s'attabler. Leurs pareils, pour la plupart, devaient errer encore dans les pores de la maçonnerie, et c'est ce qui rendait mes recherches si vaines au début.

Quelques faits sembleraient dire que l'entrée en loge peut être retardée des mois entiers par la difficulté des voies. Il se trouve quelques larves d'Anthrax à côté de débris de nymphes non loin de la métamorphose finale ; il s'en trouve, mais fort rarement, sur des Chalicodomes déjà à l'état parfait. Ces larves sont souffreteuses, de maladive apparence, les vivres, trop fermes, ne se prêtant plus au délicat allaitement. D'où proviennent ces retardataires si ce n'est d'animalcules ayant trop longtemps erré dans la muraille du nid. Non entrées à l'époque favorable, elles ne trouvent plus mets à leur convenance. La larve primaire du Sitaris persiste de l'automne au printemps suivant. Ainsi pourrait bien persister la forme initiale des Anthrax, non dans l'inaction, mais dans des tentatives opiniâtres pour franchir l'épais rempart.

Mes jeunes vers, transvasés avec leurs vivres dans des tubes, sont restés stationnaires une quinzaine de jours en moyenne. Enfin je les ai vus se contracter, puis se dépouiller de l'épiderme et devenir la larve que j'attendais avec tant d'anxiété, comme réponse finale à tous mes doutes. C'était bien, dès le début, la larve de l'Anthrax, le cylindre d'un blanc crémeux, avec petit bouton céphalique suivi d'une gibbosité. Sans retard, appliquant sa ventouse sur le Chalicodome, le ver a commencé son repas, dont la durée est encore d'une quinzaine de jours. On sait le reste.

Avant d'en finir avec l'animalcule, donnons quelques lignes à son instinct. Il vient d'éclore à la vie sous les morsures du soleil. Son berceau est l'âpre superficie de la pierre ; les rudesses minérales l'accueillent au monde, lui filament d'albumine à peine coagulée. Mais le salut est à l'intérieur, et voici que l'atome de glaire animée entre en lutte avec le caillou. Obstinément il en sonde les pores ; il s'y glisse, rampe en avant, recule, recommence. La radicule de la graine qui germe n'est pas plus persévérante à descendre dans les fraîcheurs du sol qu'il ne l'est à s'insinuer dans la motte de mortier. Quelle inspiration le pousse vers sa nourriture, à la base du bloc ; quelle boussole le dirige ? Que sait-il de la distribution et du contenu de ces hypogées ? Rien. Que sait la racine des fécondités de la terre ? Pas davantage. Tous les deux pourtant se dirigent vers le point nutritif. Des théories sont proposées, fort savantes, avec mise en scène de la capillarité, de l'osmose, de l'imbibition cellulaire, pour expliquer l'ascension de la tigelle et la descente de la radicule. Serait-ce avec des forces physiques ou chimiques que s'expliquerait l'animalcule s'enfonçant dans le tuf? Profondément, je m'incline sans comprendre, sans même chercher à comprendre. La question est trop haute pour l'inanité de nos moyens.

La biographie de l'Anthrax est maintenant complète, sauf les détails relatifs à l'œuf, encore inconnu. Dans l'immense majorité des insectes à métamorphoses, dès l'éclosion apparaît la forme larvaire qui doit se maintenir immuable jusqu'à la nymphe. Par une discordance bien remarquable, ouvrant à l'entomologie un filon de nouveaux aperçus, les Anthrax, à l'état de larve, revêtent deux formes successives, fort différentes l'une de l'autre, tant pour la structure que pour le rôle à remplir. Je désignerai cette double étape de l'organisation par le terme de *dimorphisme larvaire*. La forme initiale, issue de l'œuf, s'appellera *larve primaire ;* la deuxième forme sera la *larve secondaire*. Chez les Anthrax, la larve primaire a pour fonction de parvenir jusqu'aux vivres, sur lesquels la mère ne peut déposer son œuf. Elle est mobile et douée de cirrhes ambulatoires, qui lui permettent, déliée comme elle est, de se glisser dans les moindres interstices de l'enceinte du nid d'un apiaire, de s'insinuer dans la trame du cocon et de s'introduire auprès de la larve dont le diptère doit se nourrir. Ce but atteint, son rôle est fini. Alors apparaît la larve secondaire, dénuée de tout moyen de progression. Internée dans la loge envahie, incapable d'en sortir par elle-même aussi bien que d'y pénétrer, celle-ci n'a d'autre mission que de consommer. C'est un estomac qui s'emplit, digère et amasse. Puis vient la nymphe, outillée pour la sortie de même que la larve primaire est outillée pour l'entrée. La délivrance accomplie, se montre l'insecte parfait, occupé de sa ponte. Le cycle de l'Anthrax se partage ainsi en quatre périodes, à chacune desquelles correspondent des formes et des fonctions spéciales. La larve primaire entre dans le coffre aux vivres, la larve secondaire consomme ces vivres, la nymphe ramène l'insecte au jour en forant l'enceinte, l'insecte parfait sème ses œufs, et le cycle recommence.

Le dimorphisme larvaire rappelle les débuts de l'hypermétamorphose. Chez les Méloës, les Sitaris et autres méloïdes, la forme issue de l'œuf est très active, excellemment douée en pattes et autres appareils de locomotion. Elle s'embusque sur les fleurs des composées, elle se tapit dans les galeries des apiaires, pour attendre au passage les récolteuses de miel, se cramponner à leur toison et se faire transporter ainsi dans la cellule convoitée. Dans les deux animalcules, celui du Méloïde et celui de l'Anthrax, l'identité des fonctions est frappante. Voués tous les deux à une abstinence sévère et prolongée, ils ont mission de parvenir aux vivres, ici larve somnolente et là pâtée de miel. Une fois la nourriture assurée, à l'un comme à l'autre succède une larve incapable de déplacement, dont l'unique affaire est de manger et de grossir.

Par delà cette larve secondaire, la similitude d'évolution, jusqu'ici parfaite, ne se maintient plus. Avant qu'apparaisse la nymphe, les Méloïdes passent par deux états inconnus chez l'Anthrax : celui de pseudo-chrysalide et celui de troisième larve, dont il m'est encore impossible de démêler, de soupçonner même les attributions, tant ces deux états sont singuliers dans le monde des insectes. N'importe : un nouveau pas est fait et non sans valeur. Il est établi qu'une larve primaire, suivie d'une larve secondaire, se retrouve ailleurs que chez les Méloïdes ; le dimorphisme larvaire nous achemine à l'hypermétamorphose. J'aurai bientôt occasion de combler un peu plus l'intervalle qui les sépare.

Le principe dont je viens d'établir les bases gagnerait en importance si je parvenais à le fortifier d'exemples puisés en d'autres séries entomologiques. La bonne fortune m'en a fourni quelques-uns que je vais exposer.

Je reviens au Leucospis, consommateur de larves de Chalicodome. J'ai dit comment, sur les nids de la Maçonne des hangars, j'ai vu la même cellule recevoir des coups de sonde multiples à des intervalles plus ou moins longs. Rien n'indiquant au dehors qu'une loge a été déjà exploitée, d'autres sondeurs peuvent survenir qui, l'un après l'autre, y plongent leur tarière comme s'ils étaient les premiers opérateurs. J'ai raconté comment ces pontes répétées s'affirmaient par la présence de plusieurs œufs dans une même cellule, soit du Chalicodome des hangars soit du Chalicodome des galets. J'en ai trouvé jusqu'à cinq à la fois, et rien ne dit que ce nombre ne soit dépassé. Ce fait bien constaté devenait fort surprenant comparé avec cet autre : à quelque moment que l'on visite le nid, on ne trouve jamais, dans la chambre de la Maçonne, qu'une seule larve de Leucospis, attablée sur sa victime ou l'ayant déjà consommée. D'une part, très fréquemment plusieurs œufs ; et d'autre part, toujours un seul convive. L'énigme méritait attention. Rapidement elle a été résolue, sans aucune de ces péripéties que m'a value la difficultueuse histoire des Anthrax.

Pondu vers les premiers jours de juillet, l'œuf ne tarde pas à éclore. Il en sort un animalcule sans rapport aucun avec la larve que nous connaissons déjà. Sa conformation est même tellement insolite que, si je n'avais connu son origine, l'idée ne me serait jamais venue de le considérer comme le premier état d'un hyménoptère. C'est un vermisseau nettement segmenté, transparent, presque hyalin, qui mesure de un millimètre à un millimètre et demi de longueur, et un quart de millimètre dans sa plus grande largeur. Les segments, au nombre de treize, la tête non comprise, s'atténuent graduellement vers les deux extrémités. Volumineuse par rapport au reste du corps, la tête se détache du premier segment

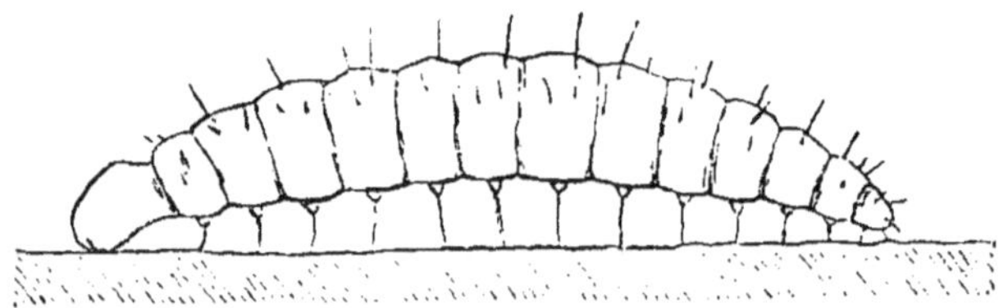

Fig. 6. — Larve primaire du *Leucospis gigas*.

thoracique par un étranglement qui forme une sorte de col. Elle est allongée, courbe, peu épaisse. Sa coloration légèrement ambrée dénote une consistance assez ferme. Le microscope y constate deux cornicules droites, représentant les antennes ; une tache brune ou orifice buccal, où je parviens à grand'peine à distinguer deux faibles mandibules. Aucune trace d'organe de vision, comme il est de règle chez un animal destiné à vivre dans une profonde obscurité.

Tous les anneaux, sauf le dernier ou anal, ont à la face ventrale un couple de cirrhes hyalins portés, chacun, sur un petit mamelon conique, et dont l'extrémité ibre se renfle un peu en olive. Ces cirrhes sont assez longs et mesurent à peu près la largeur de l'animal dans la région correspondante. Les mêmes douze segments ont, à la face dorsade, trois cirrhes pareils, mais non portés sur une base conique. Tout le corps est, en outre, hérissé de cils courts, hyalins, droits et raides, en forme de spinules. Il m'est impossible de reconnaître les stigmates, bien que, sur chaque flanc, d'un bout à l'autre du corps, je suive du regard un vaisseau trachéen.

Au repos, l'animalcule est légèrement courbé en arc et ne repose que par les deux extrémités sur la larve du Chalicodome. Le reste du corps est tenu à distance par les cirrhes, dirigés d'aplomb sur la base d'appui. On dirait une palissade interposée pour empêcher le contact. Sa marche fait songer à celle des chenilles arpenteuses. Appuyée sur la terminaison du segment anal, la bestiole abaisse la tête et en fixe le bord en un point ; puis elle rapproche l'extrémité postérieure en se bouclant. Un pas est fait. Est-elle inquiétée, elle se dresse, engluée à l'arrière par quelque viscosité anale et s'agite dans le vide en brusques oscillations. Pour la troisième fois, chez les Sitaris d'abord, puis chez les Anthrax et maintenant chez les Leucospis, je vois servir à la locomotion un organe qu'on ne soupçonnerait guère apte à pareil service. Les trois jeunes vers, si étranges de mœurs, se font un pied de l'extrémité de l'intestin, épanouie en ventouse visqueuse. Ce sont des culs-de-jatte, cheminant sur leur derrière.

S'aidant ainsi de l'anus, le Leucospis nouveau-né parcourt sa larve nourricière. Il fait mieux : il entreprend des pérégrinations à distance. Une tournée dans le voisinage paraît fort de son goût, l'itinéraire serait-il d'un pouce. Hissé sur les cirrhes ambulatoires ainsi que sur des échasses, je le vois abandonner la larve et parcourir, très affairé, le tube de verre qui maintenant pour lui représente la cellule natale ; je le vois s'engager, l'imprudent, jusque dans le tampon d'ouate avec lequel j'ai délimité son domaine. Saura-t-il se dépêtrer dans ce labyrinthe de bourre ; saura-t-il surtout se reconnaître et revenir à la larve ? Mes appréhensions sont vives, je crois l'explorateur égaré. Eh ! mais non ! il n'est pas égaré du tout. Après quelques heures d'attente, je le retrouve campé de nouveau sur la larve, où il semble se reposer des fatigues de son long voyage. Les forces revenues, d'autres expéditions sont reprises, toujours avec le même succès. Ainsi s'écoulent, en alternances de repos sur la larve et d'excursions aux environs, les cinq à six jours du Leucospis sous sa forme de larve primaire.

Ici les habitudes de l'animalcule initial sont toutes différentes de celles de l'Anthrax qui, une fois entré en cellule, se borne à explorer la larve nourricière en long et en large sans jamais la quitter. D'où vient au Leucospis cette humeur voyageuse ? A peine sorti de l'œuf, le voilà qui chemine et s'aventure en courses de reconnaissance autant que le permet son étroite prison de verre. Que cherche-t-il, avec ses enjambées de chenille arpenteuse ? La larve dont il doit se nourrir ? Oui, sans doute ; mais autre chose encore, puisque, cette larve trouvée, il l'abandonne pour errer de partout, y revenir et repartir après repos. Continuons notre étude après avoir enregistré ce premier résultat : la larve primaire du Leucospis dépense en recherches inquiètes les cinq à six jours de sa durée.

Je dispose dans autant de tubes de verre, ramenés à

la capacité d'une loge normale avec un tampon de coton, le contenu des cellules de Chalicodome que je trouve envahies par le Leucospis. Parmi ces cellules, il y en a avec un seul œuf de l'envahisseur, d'autres en contiennent de deux à cinq. Du reste, il m'est loisible d'augmenter moi-même les pontes multiples pour rendre mes expérimentations plus concluantes. Je récolte les pontes simples, qui sont loin d'être rares, et je mets de trois à six œufs de Leucospis en présence d'une larve unique de Chalicodome. J'obtiens ainsi convenable série d'œufs isolés et d'œufs associés soit naturellement soit par mon intervention.

Or qu'advient-il de ces préparatifs? Un résultat uniforme dans toutes mes chambres de verre. Avec un œuf isolé, une larve primaire; avec des œufs associés, n'importe le nombre, encore une larve primaire, jamais plus. Le multiple et le simple s'équivalent pour l'éclosion ; c'est-à-dire que les œufs dont chacun donnerait sa larve s'il était séparé, n'en donnent entre tous qu'une seule une fois qu'ils sont logés ensemble. La cohabitation leur est fatale, sauf au plus précoce. En effet, quand a paru la première larve en date, on ne tarde pas à reconnaître qu'il ne faut plus compter sur l'évolution du reste de la famille : les autres œufs, jusque-là d'excellente apparence, se flétrissent et se déssèchent. J'en vois d'éventrés, dont le contenu s'épanche en une petite traînée d'albumine ; j'en vois de chiffonnés, de recroquevillés. Toute la population a péri. Un seul survit : le premier-né. Telle est l'invariable issue de mes expérimentations: mortalité générale bientôt après l'éclosion de l'œuf le plus précoce et probablement aussi le premier pondu.

Rapprochons maintenant quelques faits. Une larve de Chalicodome est nécessaire au développement du Leucospis. C'est assez pour lui, mais ce n'est pas trop, car les reliefs du repas se réduisent à l'épiderme, chose trop coriace pour être comestible. Ainsi, dans la cellule de la Maçonne, il n'y a part rigoureusement que pour un seul. Je n'y ai jamais, en effet, rencontré deux convives. Cependant le Leucospis est exposé à se méprendre. Il lui arrive de confier son œuf à une loge déjà peuplée par d'autres. Les vivres seraient alors insuffisants, et le salut général exige que les germes surnuméraires disparaissent. C'est ce qui ne manque pas d'arriver : une fois la première larve née, tous les œufs restants périssent.

De plus, pendant plusieurs jours, on voit cette larve errer, fort affairée, dans la cellule ; elle en visite le haut et le bas, les côtés, l'avant et l'arrière, avec une persistance qu'explique seul un péril à conjurer. Ce péril, quel peut-il être sinon la concurrence des affamés qui vont éclore si rien n'y met bon ordre ? Ayant toujours manqué l'instant favorable pour assister au massacre, j'hésiterais devant l'atroce action du nouveau-né si les événements pouvaient s'interpréter d'une autre manière. Le seul intéressé à la destruction des œufs, c'est lui ; le seul qui puisse disposer de leur sort, c'est encore lui. J'arrive ainsi forcément à cette noire conséquence : la larve primaire du Leucospis a pour rôle l'extermination des concurrents.

Quand elle arpente, inquiète, le plafond de son logis, c'est pour s'informer si quelque œuf de trop n'y serait pas suspendu ; quand elle se livre à de longues reconnaissances, c'est pour supprimer qui pourrait lui diminuer les vivres. Tout œuf rencontré est meurtri de la dent. Les germes fanés que je vois bientôt après la première éclosion, ont péri de la sorte, victimes d'un atroce droit d'aînesse. Par ce brigandage, l'animalcule se trouve enfin unique maître des victuailles; il quitte alors son costume d'exterminateur, son casque de corne, son armure de piquants, et devient l'animal à peau lisse, la larve secondaire qui, paisiblement, tarit l'outre de graisse, but final de si noirs forfaits.

Les Leucospis, après les Anthrax, viennent de nous montrer combien la larve primaire s'éloigne, pour les fonctions remplies non moins que pour la forme, de la larve qui lui succède. Chez les uns, elle perpètre des fratricides pour écarter des concurrents qui lui disputeraient une ration insuffisante pour deux; chez les autres, elle prend possession des vivres à travers des obstacles qu'elle seule peut surmonter. Si incomplet que soit encore le chapitre de biologie dont je trace aujourd'hui les premiers linéaments, il devient très probable, après ces deux exemples, que les attributions de la larve primaire doivent être très variées suivant les mœurs, les manières de vivre de l'insecte. A l'appui de mes prévisions, je dispose d'un troisième cas, malheureusement trop peu circonstancié.

Le lecteur se rappelle-t-il la Sapyge ponctuée, parasite de l'Osmie tridentée? A-t-il gardé souvenir de cet œuf en fuseau implanté sur l'œuf cylindrique de l'Osmie? Voilà mon sujet d'observation. Ma trouvaille était unique. Je disposais, il est vrai, d'assez nombreux cocons de Sapyge, ou bien de larves occupées à manger la pâtée de l'Osmie, mais je n'avais qu'un seul œuf parasite, pondu le jour même, dans la cellule la plus élevée de la série ; et circonstance plus fâcheuse, j'ignorais encore le dimorphisme larvaire, que devaient me révéler plus tard l'Anthrax et le Leucospis. Mon attention n'étant pas éveillée sur ce point, j'ai entrevu plutôt que scrupuleusement vu ; en outre, le tube de verre où j'avais mis en sûreté le bout de ronce ouvert pour apprendre ce que deviendrait l'œuf singulier fixé sur celui de l'Osmie, me rendait difficile un minutieux examen. En attendant qu'une nouvelle bonne fortune me permette de revenir sur une observation trop sommaire, je transcris tel quel le résultat consigné dans mon registre de notes.

« Le 21 juillet, l'œuf parasite éclôt sur celui de l'Osmie ,dont l'aspect n'a pas changé. Le jeune ver qui en provient est blanc, diaphane, apode. Sa tête est nettement séparée du corps par un étranglement, et porte de très courtes et fines antennes. Je ne reconnais pas du tout l'habituelle conformation d'une larve d'hyménoptère. Que sera-ce donc ? Mes idées se portent vers un coléoptère. L'animalcule est assez actif ; il se démène, il abaisse et relève tour à tour sa moitié antérieure. Il mordille l'œuf de l'Osmie, que je vois se flétrir, s'affaisser, puis devenir pellicule flasque sur laquelle le nouveau-né s'agite. Le 26, je ne vois plus trace de l'œuf, et le parasite éprouve une mue. Alors mes doutes cessent : j'ai bien sous les yeux une larve d'hyménoptère, qui, désormais immobile, commence la pâtée de l'Osmie. »

Là se bornent mes documents. Si laconiques qu'ils soient, ils affirment les traits fondamentaux du dimorphisme larvaire. L'animal issu de l'œuf est actif, celui qui mange la pâtée ne l'est pas. La forme initiale rappelle si peu une larve d'hyménoptère, que je suis tout d'abord dérouté et que mes soupçons se portent sur un coléoptère parasite. Mes idées ne sont fixées sur la nature de l'être problématique qu'après la mue. Alors seulement se montre indiscutable la conformation à laquelle les hyménoptères m'ont habitué. Cette mue n'est donc pas un simple renouvellement d'épiderme, c'est aussi une transfiguration. La fonction changeant, l'organisme change aussi. Mes regrets sont vifs de n'avoir pas suivi de plus près une métamorphose à laquelle j'étais fort loin de m'attendre ; n'importe, j'en ai vu assez pour conclure au dimorphisme larvaire de la Sapyge ponctuée.

Sa larve primaire a pour rôle de détruire l'œuf qui lui ferait concurrence. Ainsi agit la larve primaire des Sitaris ; ainsi agit la larve primaire des Leucospis, avec cette circonstance aggravante que cette dernière détruit les œufs de sa propre race. Quelles atroces luttes pour les satisfactions du ventre, quelles noires combinaisons ! Un animalcule, savamment armé en guerre, sort de l'œuf pour exterminer qui le gênerait dans l'avenir; il est fait expressément pour ce métier de tueur précoce, et il s'acquitte de sa tâche à la perfection. Son œuvre de mort perpétrée, il se transfigure en consommateur pacifique.

Je termine par un insecte qui réserve apparemment aux recherches futures de curieux détails de mœurs. Le 24 août, en fouillant avec la bêche les nids de l'*Halictus sexcinctus,* dans les alluvions de l'Aygues, j'exhume quelques cellules en terre, parfaitement intactes, sans aucune trace d'effraction, et qui néanmoins contiennent chacune deux habitants, l'un dévorant et l'autre dévoré. Le dévoré est la larve de l'Halicte, ayant achevé sa pâtée et parvenue à la pleine croissance. Le dévorant est une larve étrangère, qui mesure en ce moment de 2 à 3 millimètres. Celle-ci est fixée à la face abdominale de sa victime, vers la partie antérieure, dans la région qui deviendra le thorax de l'Halicte. L'éducation de mes trouvailles s'accomplit sans difficulté dans des tubes de verre.

En son état le plus avancé, la larve étrangère mesure de 12 à 15 millimètres. Elle est nue, apode, d'un blanc un peu hyalin et remarquable par les tubercules qu'elle porte sur le dos. Elle est un peu courbée en arc et figure assez bien une larve d'hyménoptère. La tête est hyaline comme le reste du corps. Les trois premiers segments ont chacun, en dessus, deux protubérances pointues, et latéralement un mamelon que termine un bouton arrondi. Ces mamelons sont les indices des pattes futures. Les autres segments ont en dessus quatre protubérances coniques, qui diminuent graduellement de saillie de l'avant à l'arrière. Le dernier segment n'en porte que deux.

Vers la fin d'août, j'obtiens les premières nymphes, dont voici la description sommaire. Deux tubercules coniques, spiniformes, assez longs, sur le prothorax ; deux autres pareils sur le mésothorax. Le métathorax en porte deux aussi, mais beaucoup plus courts. Quatre tubercules spiniformes sur chacun des cinq premiers segments de l'abdomen ; deux tubercules seulement sur le sixième et le septième. La tête, les antennes, les élytres rudimentaires, les ailes et les pattes, rappellent assez bien l'insecte parfait, qui apparaît vers le milieu de septembre et se trouve être le *Myiodites subdipterus.*

Ainsi l'Halicte à six bandes a pour ennemi le Myiodite,

ce bizarre coléoptère qui, avec ses ailes étalées et ses élytres réduits à de petites écailles, a les apparences d'une mouche, ainsi que le rappellent son nom et son prénom. La larve de ce coléoptère dévore la larve de l'Halicte, lorsque celle-ci a consommé sa provision de miel. Il reste à apprendre comment ce ver apode, incapable de progression, se trouve inclus dans la cellule de l'Halicte, côte à côte avec la larve dont il doit se nourrir. Le Myiodite déposerait-il ses œufs, un à un, dans les loges de l'hyménoptère? C'est très peu probable. L'insecte est trop mal outillé pour explorer des constructions souterraines. Je le rencontre fréquemment, en août et septembre, sur les capitules fleuris du panicaut, mais je ne l'ai jamais vu adulte dans les terriers de l'Halicte. D'ailleurs les cellules envahies sont exactement closes suivant les règles de l'Halicte, sans le moindre indice d'une effraction commise par un étranger.

Aussi admettrais-je volontiers que la larve, récemment éclose, possède une forme apte aux pérégrinations, et s'introduit, par sa propre activité, dans la cellule de l'hyménoptère, pour en dévorer l'habitant après s'être transfigurée, comme l'exigent les conditions d'une vie maintenant sédentaire ; j'admettrais, en un mot, chez le Myiodite le dimorphisme larvaire. Sa larve primaire aurait le même rôle que celle de l'Anthrax : agile et déliée, elle pénétrerait dans la loge à la faveur de quelque imperceptible fissure.

Tels sont les premiers jalons avec lesquels je peux aujourd'hui déterminer le plan général d'un champ de recherches inexploré jusqu'ici. Quatre cas de dimorphisme larvaire, dans des ordres entomologiques variés, deux très circonstanciés, le troisième entrevu et le quatrième fort probable, nous montrent que nous sommes ici en présence d'une loi biologique digne d'investigations ultérieures. Cette loi, j'essayerai de la formuler ainsi :

Quand elle se trouve directement en possession de sa nourriture par les soins de sa mère, — et c'est le cas le plus fréquent, — la larve, dont l'unique fonction est de s'alimenter et de s'accroître, naît avec la forme qu'elle doit posséder jusqu'à la nymphose, la *forme de consommation.* Mais il arrive aussi qu'au sortir de l'œuf, le jeune ver ait à lutter, d'une manière ou de l'autre, pour trouver les vivres et les acquérir. Il revêt alors une forme transitoire, la *forme d'acquisition,* qui, vouée à l'abstinence, a pour rôle unique d'entrer en possession du manger. Cela fait, d'acquéreur militant devenu tranquille consommateur, le ver se transforme. Le premier état est celui que j'ai désigné sous le nom de larve primaire ; et le second, sous le nom de larve secondaire. L'hypermétamorphose débute par le dimorphisme.

XII

LES TACHYTES

Le genre d'hyménoptères que j'inscris en tête de ce chapitre n'a pas, que je sache, bien fait parler de lui jusqu'ici. Ses annales se réduisent à des diagnoses systématiques, très pauvre lecture. Les peuples heureux, dit-on, n'ont pas d'histoire. Je le reconnais, mais en admettant aussi qu'on peut en avoir une sans cesser d'être heureux. Avec cette conviction que je ne troublerai pas son bien-être, je vais essayer de substituer l'animal vivant et agissant à l'animal empalé dans une boîte à fond de liège.

On l'a décoré d'un nom savant, tiré du grec : Ταχυτης, *tachytês*, rapidité, promptitude, vitesse. Le parrain de la bête, on le voit, était frotté de grec ; sa dénomination n'est pas moins malheureuse : voulant nous renseigner par un trait caractéristique, elle nous égare. Que vient faire ici la vitesse? Pour quel motif une étiquette qui nous met en l'esprit une exceptionnelle vélocité et nous annonce une race de coureurs hors pair? Pour être d'alertes excavateurs de terriers et d'ardents chasseurs, certes les Tachytes le sont, mais pas mieux qu'une foule d'émules. Ni le Sphex, ni l'Ammophile, ni le Bembex, et tant d'autres, ne s'avoueraient vaincus tant au vol qu'à la course. A l'époque des nids, tout ce petit peuple de chasseurs est d'une étourdissante activité. La qualité de travailleur prompt à l'ouvrage étant commune à tous, nul ne peut s'en prévaloir à l'exclusion des autres.

Si j'avais eu voix délibérative lors de la rédaction des actes de l'état civil, j'aurais proposé pour les Tachytes un nom court, harmonieux, sonore et ne signifiant autre chose que la chose signifiée. Quoi de meilleur, par exemple, que le terme *sphex?* L'oreille est satisfaite et l'esprit n'est pas contaminé d'un préjugé, source d'erreurs pour qui débute. J'estime beaucoup moins Ammophile, qui donne pour ami des sables un animal dont les établissements exigent terrain ferme. Enfin s'il m'avait fallu, à tout prix, amalgamer du latin ou du grec en une appellation barbare pour rappeler la dominante de la bête, j'aurais essayé de dire : amateur passionné du Criquet.

L'amour du Criquet, dans son extension générale, l'orthoptère, amour exclusif, intolérant, transmis de père en fils avec une fidélité que les siècles n'altèrent, voilà, oui vraiment voilà ce qui peint le Tachyte avec plus de précision qu'un terme d'hippodrome. L'Anglais a le roastbeef ; le Teuton, la choucroute ; le Russe, le caviar ; le Napolitain, le macaroni ; le Piémontais, la polenta ; le Carpentrassien, le tian. Le Tachyte a le Criquet. Son mets national est aussi celui du Sphex, avec lequel hardiment je l'associerais. La systématique, qui travaille sur des nécropoles et semble fuir les cités vivantes, tient les deux genres éloignés l'un de l'autre d'après des considérations de nervures alaires et d'articles de palpes. Au risque de passer pour un hérétique, je les rapproche sur les conseils de la carte du menu.

A ma connaissance, ma région en possède cinq espèces, toutes adonnées au régime de l'orthoptère. — Le Tachyte de Panzer (*Tachytes Panzeri*, V. der Lind.) ceinturé de rouge à la base du ventre, doit être assez rare. Je le surprends au travail, de temps à autre, sur les talus durcis des chemins et les bords piétinés des sentiers. Il y creuse, à un pouce au plus de profondeur, des terriers isolés l'un de l'autre. Sa proie est un acridien adulte, de moyenne taille, comme en chasse le Sphex à ceintures blanches. La capture de l'un ne serait pas désavouée par l'autre. Appréhendé par les antennes, suivant le rituel des Sphex, le gibier est véhiculé à pied et déposé à côté du nid, la tête tournée vers l'orifice. Le silo, préparé à l'avance, est provisoirement clôturé d'une dalle et de menus graviers pour éviter, pendant l'absence du chasseur, soit l'invasion d'un passant, soit l'obstruction par des éboulis. Pareille précaution est prise par le Sphex à ceintures blanches. Même régime et mêmes usages.

Le Tachyte déblaie l'entrée de la demeure et pénètre seul. Il revient, sort la tête, saisit la proie par les antennes et l'emmagasine en tirant à reculons. A ses dépens, j'ai renouvelé mes malices d'autrefois sur les Sphex. Tandis que le Tachyte est sous terre, j'éloigne le gibier. L'insecte remonte, ne voit rien à sa porte ; il sort et va reprendre son Criquet, qu'il dispose comme la première fois. Cela fait, il rentre seul. En son absence, je recule encore la proie. Nouvelle sortie de l'hyménoptère, qui remet les choses en place, puis s'obstine à descendre toujours seul si répétée que soit l'épreuve. Il lui serait pourtant bien aisé de couper court à mes vexations : il lui suffirait de descendre tout aussitôt avec son gibier, au lieu de l'abandonner un instant sur le seuil de sa porte. Mais fidèle aux usages de sa race, il pratique comme ses ancêtres ont pratiqué, l'antique coutume lui serait-elle fortuitement nuisible. Tout autant que le Sphex à ailes jaunes, que j'ai tant molesté dans ses manipulations de mise en caveau, c'est un conservateur borne, n'oubliant rien, n'apprenant rien.

Laissons-le travailler en paix. Le Criquet disparaît sous terre, et l'œuf est pondu sur la poitrine du paralysé. C'est tout : une pièce pour chaque cellule, pas plus. L'entrée est enfin bouchée, avec des moellons d'abord, qui empêcheront le ruissellement des remblais dans la chambre ; puis avec de la poussière balayée, sous laquelle disparaît tout vestige de l'habitation souterraine. Maintenant c'est fini : le Tachyte ne viendra plus là. D'autres terriers l'occuperont, disséminés au gré de son humeur vagabonde.

Une cellule approvisionnée sous mes yeux le 22 août dans une allée de l'harmas, contenait huit jours après le cocon parachevé. Je n'ai pas recueilli beaucoup d'exemples d'une évolution aussi rapide. Ce cocon rappelle, pour la forme et la contexture, celui des Bembex. Il est dur et minéralisé, c'est-à-dire que sa trame de soie disparaît dans une épaisse incrustation de sable. Cette œuvre composite me paraît caractéristique du genre, du moins je la retrouve chez les trois espèces dont les cocons me sont connus. Si par le régime les Tachytes tiennent de près aux Sphex, ils s'en éloignent donc par l'industrie des larves. Les premiers sont des ouvriers en mosaïque, incrustant le sable dans un réseau de soie ; les seconds ourdissent la soie pure.

De taille moindre et costumé de noir avec des galons de duvet argenté sur le bord des segments abdominaux, le Tachyte tarsier (*Tachytes tarsina,* Lep.)[1] fréquente en colonies assez populeuses les corniches de grès tendre. Août et septembre sont l'époque de ses travaux. Ses terriers, très rapprochés l'un de l'autre quand se présente un filon d'exploitation facile, permettent ample récolte de cocons une fois que le gîte est trouvé. Dans telle sablonnière du voisinage, à parois verticales, visitées du soleil, il m'est arrivé d'en cueillir le plein creux de la main en une courte séance. Ils ne diffèrent des cocons de la précédente espèce que par des dimensions moindres. Les provisions consistent en jeunes acridiens, de 6 à 12 millimètres de longueur. L'insecte adulte, comme trop dur sans doute pour le faible ver, est banni de l'assortiment en venaison. Toutes les pièces consistent en larves de Criquet, dont les ailes naissantes laissent le dos à nu et font songer aux courtes basques de quelque jaquette étriquée. Petit pour être plus tendre, le gibier est multiple pour suffire aux besoins. Je compte de deux à quatre pièces par cellule. Le moment venu, nous nous informerons des causes de ces différences dans les rations servies.

Le *Tachyte manticide*[2] porte l'écharpe rouge comme

1. D'après M. J. Pérez, à qui je soumets les hyménoptères dont j'ai à parler, ce Tachyte pourrait bien être une espèce nouvelle, si ce n'est le *T. tarsina* de Lepelletier ou bien son équivalent le *T. unicolor* de Panzer. Qui désirerait éclaircir ce point reconnaîtra toujours l'insecte litigieux à ses traits de mœurs. Une fastidieuse diagnose me semble inutile dans le genre d'études que je poursuis.

2. Soumis à l'examen de M. J. Pérez, le Tachyte chasseur de mantes n'a pas été reconnu. Cette espèce pourrait bien être nouvelle pour notre faune. Je me borne à l'appeler Tachyte manticide et laisse aux spécialistes le soin de le décorer d'un nom latin, si réellement l'hyménoptère n'est pas encore catalogué. Je serai bref pour la diagnose. La meilleure, à mon sens, est celle-ci : chasseur de mantes. Avec ce renseignement, impossible de se méprendre sur l'insecte, dans ma région bien entendu. J'ajoute que l'insecte est noir, avec les deux premiers segments abdominaux, les jambes et les tarses d'un rouge

son collègue le Tachyte de Panzer. Je ne le crois pas très répandu. J'ai fait sa connaissance dans les bois de Sérignan, où il habite ou plutôt habitait — car je crains d'avoir dépeuplé, détruit même la bourgade par mes fouilles répétées — où il habitait, dis-je, un de ces monticules de sable fin que le vent amoncelle contre les massifs de romarin. En dehors de cette bourgade, je ne l'ai plus revu. Son histoire, riche de faits, sera donnée avec tous les développements qu'elle mérite. Je me borne pour le moment à mentionner ses provisions, qui consistent en larves de Mantiens, avec prédominance de la Mante religieuse. Mes relevés dénombrent de trois à seize pièces par cellule. Encore des rations très inégales dont il conviendra de rechercher les motifs.

Que dirai-je du Tachyte noir (*Tachytes nigra,* Van der Lind) que je n'aie déjà dit dans l'histoire du Sphex à ailes jaunes ? J'y relate ses démêlés avec le Sphex, dont il me paraît avoir usurpé le terrier ; je le montre traînant dans les ornières des chemins un Grillon paralysé, saisi par les cordages de traction, les antennes ; je parle de ses hésitations, qui font soupçonner un vagabond sans domicile, et enfin de son abandon du gibier, dont il semble à la fois satisfait et embarrassé. Sauf le litige avec le Sphex, événement unique dans mes archives d'observateur, j'ai revu tout le reste à bien des reprises, mais jamais plus. Le Tachyte noir, quoique le plus fréquent de tous dans mon voisinage, est toujours une énigme pour moi. J'ignore sa demeure, sa larve, son cocon, ses actes de famille. Tout ce que je peux affir-

ferrugineux. Revêtu de la même livrée et beaucoup plus petit que la femelle, le mâle est remarquable par ses yeux d'un beau jaune citron, à l'état frais. La longueur est d'une douzaine de millimètres pour la femelle, et de 7 millimètres pour le mâle.

mer, d'après la proie invariable qu'on le surprend à traîner, c'est qu'il doit nourrir ses larves avec le même Grillon non adulte que le Sphex à ailes jaunes choisit pour les siennes.

Est-il braconnier, pillard du bien d'autrui; est-il chasseur en règle? Mes soupçons persistent, bien que je sache quelle réserve il faut mettre dans ses soupçons. J'avais autrefois des doutes sur le Tachyte de Panzer, auquel je reprochais une proie qu'aurait pu réclamer le Sphex à ceintures blanches. Aujourd'hui je n'en ai plus : c'est un honnête travailleur, son gibier est bien le produit de sa chasse. En attendant que la vérité se dévoile et que mes suspicions soient écartées, j'achève le peu que je sais sur son compte en notant que le Tachyte noir passe l'hiver sous la forme adulte et libéré de sa loge. Il hiverne, à la manière de l'Ammophile hérissée. Dans les chauds abris, à petits talus verticaux et dénudés, chéris des hyménoptères, je suis sûr de le rencontrer à tout moment de l'hiver, pour peu que j'exploite la nappe terreuse, criblée de corridors. Je l'y trouve blotti, un par un, dans la tiède étuve de quelque fond de galerie. Si la température est douce et le ciel net, il sort de sa retraite en janvier et février, et vient sur la façade prendre un bain de soleil, s'informer si le printemps s'avance. Quand l'ombre arrive et que la chaleur décline, il rentre dans ses quartiers d'hiver.

Le Tachyte anathème (*Tachytes anathema,* Van der Lind), le géant de sa race, presque aussi grand que le Sphex languedocien, et comme lui décoré de l'écharpe rouge à la base du ventre, est le plus rare parmi tous ses congénères. Je ne l'ai rencontré que quatre ou cinq fois, par individus isolés, et toujours dans des circonstances qui nous renseigneront sur la nature de son gibier avec une probabilité bien voisine de la certitude. L'insecte chasse sous terre comme le font les Scolies. En septembre, je le vois pénétrer dans le sol rendu meuble par une légère et récente pluie; le mouvement de la terre bouleversée me rend sensible sa progression souterraine. C'est la taupe, labourant une prairie à la recherche de son ver blanc. Il sort plus loin, presque à un mètre de distance du point d'entrée. Ce long trajet sous terre lui a coûté quelques minutes à peine.

Est-ce de sa part puissance extraordinaire de fouille? Nullement : le Tachyte anathème est un vigoureux mineur, sans doute, mais après tout non capable de pareil travail en si bref délai. Si le laboureur souterrain est si prompt, c'est que le sillon suivi a été déjà tracé par un autre. La piste est toute préparée. Décrivons-la, car elle est nettement accusée avant l'intervention de l'hyménoptère.

A la surface du sol, sur une longueur d'une paire de pas au plus, court un cordon sinueux, un bourrelet de terre crevassée, de la largeur du doigt à peu près. De ce cordon se détachent, de droite et de gauche, des ramifications beaucoup plus courtes, irrégulièrement distribuées. Il ne faut pas être grand clerc en entomologie pour reconnaître dès le premier coup d'œil, dans ces bourrelets de terre soulevée, la piste d'une Courtilière, la taupe des insectes. C'est elle qui, à la recherche d'une racine à sa convenance, a pratiqué le sinueux tunnel, avec galeries d'investigation greffées de part et d'autre sur la voie principale. Le passage est donc libre ou tout au plus gêné par quelques éboulis dont le Tachyte aura facilement raison. Ainsi s'explique sa rapide visite sous terre.

Mais que va-t-il faire là, toujours là dans les quelques observations que le hasard m'a values ? Une excursion souterraine ne serait pas du goût de l'hyménoptère si elle était sans but. Et ce but est certainement la recherche d'un gibier pour ses larves. La conclusion s'impose : le Tachyte anathème, qui explore les galeries de la Courtilière, donne à ses larves, pour nourriture, cette même Courtilière. Très probablement la pièce choisie est jeune, car l'animal adulte serait trop volumineux. D'ailleurs à cette considération de quantité s'adjoint la considération de qualité. Les chairs jeunes et tendres sont fort appréciées, comme en témoignent le Tachyte tarsier, le Tachyte noir et le Tachyte manticide, qui tous les trois choisissent venaison non encore rendue coriace par l'âge. Il va de soi qu'aussitôt le chasseur issu de terre, je me mettais à fouiller la piste. La Courtilière n'était plus là. Le Tachyte était venu trop tard, et moi aussi.

Eh bien ! Avais-je raison de définir le Tachyte par sa passion du Criquet ! Quelle constance dans les règles gastronomiques de la race ! Et puis quel tact pour varier la venaison sans sortir de l'ordre des Orthoptères ! Qu'ont de commun, dans leur aspect général, l'acridien, le Grillon, la Mante religieuse, la Courtilière ? Mais absolument rien. Nul d'entre nous, s'il est étranger aux délicates associations que dicte l'anatomie, ne s'aviserait de les classer ensemble. Le Tachyte, lui, ne s'y trompe pas. Guidé par son instinct, émule de la science d'un Latreille, il réunit le tout.

Cette taxonomie instinctive devient plus surprenante encore si l'on considère la variété des pièces amassées dans un même terrier. Le Tachyte manticide, par exemple, fait gibier indistinctement de tous les mantiens qui se trouvent dans son voisinage. Je lui en vois emmagasiner trois, les seuls du reste que je connaisse dans ma région. Ce sont : la Mante religieuse (*Mantis religiosa*, Lin.), la Mante décolorée (*Ameles decolor*, Charp.) et l'Empuse appauvrie (*Empusa pauperata*, Latr.) La prédominance en nombre dans les cellules du Tachyte appartient à la Mante religieuse ; au second rang est la Mante décolorée. L'Empuse, relativement rare sur les broussailles des environs, est rare aussi dans les magasins de l'hyménoptère ; sa présence néanmoins s'y répète assez pour démontrer que le chasseur sait apprécier la valeur de cette pièce quand il en fait rencontre. Les trois gibiers sont à l'état de larve, aux ailes rudimentaires. Leurs dimensions, assez variables, oscillent entre 10 et 20 millimètres.

La Mante religieuse est d'un vert gai ; elle a le prothorax allongé et la démarche alerte. L'autre est d'un gris cendré. Son prothorax est court, et sa démarche lourde. La coloration ne guide donc pas le chasseur, non plus que l'allure. Le vert et le gris, le prompt et le lent, ne peuvent mettre sa perspicacité en défaut. Pour lui, malgré des aspects bien différents, les deux pièces sont des Mantes. Et il a raison.

Mais que dire de l'Empuse? Le monde des insectes n'a pas, dans nos pays, de créature plus bizarre. Les enfants, insignes nomenclateurs pour décerner à l'animal un nom qui fasse image, l'appellent ici le *Diablotin*. C'est un spectre, en effet, un diabolique fantôme digne du crayon d'un Callot. Il n'y a pas mieux dans l'extravagante mêlée de la tentation de saint Antoine. Son ventre aplati, découpé sur les bords en festons, se relève en un arc de volute ; sa tête conique a pour cimier deux larges cornes divergentes, pareilles à des dagues ; son fin visage pointu, qui sait regarder de côté, conviendrait à la malice de quelque Méphistophélès ; ses longues pattes ont aux jointures des appendices lamelleux comme en portaient, aux coudes, les brassards des anciens preux. Hautement hissé sur les échasses des quatre pattes postérieures, l'abdomen convoluté, le thorax relevé droit, et les pattes d'avant, traquenard de bataille, repliées contre la poitrine, mollement il se balance, il se dandine sur le bout d'un rameau.

Qui le voit pour la première fois dans sa pose fantastique tressaute de surprise. Le Tachyte n'a pas de ces frayeurs. S'il l'aperçoit, il l'appréhende au col et le poignarde. Ce sera régal pour les siens. Comment fait-il pour reconnaître dans ce spectre le proche parent de la Mante religieuse ? Lorsque de fréquentes expéditions de chasse l'ont familiarisé avec cette dernière et que brusquement, dans ses battues, il fait rencontre du diablotin, comment est-il averti que l'étrange trouvaille est encore une pièce excellente pour son garde-manger ? A cette question, je le crains, ne sera jamais donnée valable réponse. D'autres giboyeurs nous ont déjà proposé l'énigme, d'autres nous la proposeront. J'y reviendrai, non pour la résoudre, mais pour en montrer encore davantage la ténébreuse profondeur. Achevons d'abord l'histoire du Tachyte manticide.

La colonie, sujet de mes observations, est établie dans une dune de sable fin que j'avais entaillée moi-même une paire d'années avant pour exhumer quelques larves de Bembex. Les entrées des demeures du Tachyte s'ouvrent sur le petit talus vertical de la section. Au commencement de juillet, les travaux sont en pleine activité. Ils doivent déjà dater d'une paire de semaines, car je trouve des larves très avancées, ainsi que des cocons récents. Il y a là, fouillant le sable ou revenant d'expédition avec leur butin, une centaine de femelles, dont les terriers, fort rapprochés l'un de l'autre, embrassent à peine la superficie d'un mètre carré. Ce bourg, de faible étendue, et néanmoins de population dense, nous montre le sacrificateur de Mantes sous un aspect moral que ne partage pas le sacrificateur d'acridiens, le Tachyte de Panzer, qui lui ressemble tant pour le costume. Bien que livré à des travaux individuels, le premier recherche la société de ses pareils comme le font certains Sphex; le second s'établit solitaire, à l'exemple de l'Ammophile. Ni la forme, ni le genre d'occupation ne décident de la sociabilité.

Voluptueusement tapis au soleil, sur le sable, au pied du talus, les mâles attendent les femelles, pour les lutiner au passage. Ardents amoureux mais de pauvre prestance. Leurs dimensions linéaires ne sont guère que la moitié de celles de l'autre sexe, ce qui correspond à un volume huit fois moindre. A quelque distance, ils paraissent coiffés d'une sorte de turban à couleur voyante. De près, cette coiffure est reconnue pour les yeux, qui sont volumineux, d'un vif jaune citron et font presque le tour de la tête.

Sur les dix heures du matin, quand la chaleur commence à devenir intolérable pour l'observateur, le va-et-vient est continuel entre les terriers et les touffes de gazon, d'immortelles, de thym et d'armoise, qui, dans un rayon de peu d'étendue, sont les domaines de chasse du Tachyte. Le trajet est si court, que l'hyménoptère apporte son gibier au vol, le plus souvent d'un seul essor. Il le tient par l'avant, précaution fort judicieuse et favorable à la rapide entrée en magasin, car alors les pattes de la Mante s'allongent en arrière suivant l'axe du corps, au lieu de se replier, de se couder en saillies transversales, dont la résistance, dans une étroite galerie, serait difficultueusement surmontée. La longue proie pendille sous le chasseur, toute flasque, inerte, paralysée. Le Tachyte, toujours volant, prend pied sur le seuil de son domicile, et aussitôt, contrairement aux us du Tachyte de Panzer, entre avec sa proie, qui traîne derrière lui. Il n'est pas rare qu'un mâle survienne au moment de l'arrivée de la mère. Des rebuffades l'accueillent. C'est le moment de travailler et non de s'ébaudir. Le rebuté reprend au soleil son poste de guet; la ménagère emmagasine.

Mais ce n'est pas toujours sans encombre. Que je raconte une des mésaventures de l'approvisionnement. Il y a, dans le voisinage des terriers, une plante qui prend les insectes à la glu. C'est le Silène de Porto (*Silene Portensis*), curieux végétal, ami des dunes maritimes et qui, originaire du Portugal, comme son nom semblerait l'indiquer, s'aventure à l'intérieur des terres jusque dans ma région, où il représente peut-être un survivant de la flore littorale de l'antique mer pliocène. La mer a disparu; quelques-uns des végétaux de son rivage sont restés. Ce Silène porte dans la plupart de ses entre-nœuds, tant des ramifications que de la tige principale, un anneau visqueux de la largeur de 1 à 2 centimètres, brusquement délimité en haut et en bas. L'enduit de glu est d'un brun clair. Sa viscosité est telle, que le moindre contact suffit pour retenir l'objet. J'y trouve pris des moucherons, des aphidiens, des fourmis, des semences à aigrettes envolées des capitules des chicoracées. Un Taon, de la grosseur de la mouche bleue de la viande, donne dans le piège sous mes yeux. A peine posé sur le dangereux reposoir, le voilà pris par les tarses postérieurs. Le diptère violemment se démène au vol; il ébranle de la cime à la base la fluette plante. S'il dégage les tarses d'arrière, il reste englué par les tarses d'avant; et c'est à recommencer. Je doutais de la possibilité de sa délivrance, quand, après un bon quart d'heure de lutte, il est parvenu à se dépêtrer.

Mais où le Taon a passé, le moucheron demeure. Demeurent aussi l'aphidien ailé, la fourmi, le moustique et tant d'autres parmi les petits. Que fait la plante de ses captures? A quoi bon ces trophées de cadavres appendus par l'aile ou par la patte? L'oiseleur végétal, aux cimeaux englués, tire-t-il profit de ces agonies? Un darwiniste, reportant son esprit aux plantes carnivores, nous l'affirmerait. Quant à moi, je n'en crois pas un traître mot. Le Silène de Porto se cercle de bandes visqueuses. Pourquoi? Je l'ignore. Des insectes se prennent à ces pièges. De quelle utilité sont-ils pour la plante? Mais d'aucune, et c'est tout. Je laisse à d'autres, plus audacieux, la fantaisie de prendre ces exsudations annulaires pour un liquide digestif, qui réduirait en purée les moucherons capturés et les ferait servir à la nutrition du Silène. Seulement, je les avertis que les englués, au lieu de se résoudre en bouillie, se dessèchent très inutilement au soleil.

Revenons au Tachyte, dupe lui aussi du piège végétal. D'un essor brusque, un chasseur survient avec sa proie longuement pendante. Il rase de trop près les gluaux du Silène. Voilà la Mante retenue par le ventre. Toujours au vol, pendant vingt minutes au moins, l'hyménoptère tire à lui, tire toujours, tire pour vaincre la cause de l'arrêt et dégager le gibier. La méthode de traction, continuation de l'essor, n'aboutit pas, et aucune autre n'est essayée. Enfin l'animal se lasse ; il abandonne le Mante appendue au Silène.

C'était le moment ou jamais de faire intervenir cette petite lueur de raison que Darwin accorde si généreusement à la bête. Ne pas confondre, s'il vous plaît, raison avec intelligence, comme on le fait trop souvent. Je nie l'une, et l'autre est incontestable, dans de très modestes limites. C'était, dis-je, le moment de raisonner un peu, de s'informer de la cause de l'arrêt et d'attaquer la difficulté en ses origines. Pour le Tachyte, la chose était des plus simples. Il lui suffisait de happer la pièce par la peau du ventre directement au-dessus du point englué et de tirer à lui, au lieu de persévérer dans son élan sans dessaisir le col. Si simple que fût le problème mécanique, l'animal s'est trouvé dans l'impuissance de le résoudre, parce qu'il n'a pas su remonter de l'effet à la cause, parce qu'il n'a pas même soupçonné que l'arrêt eût une cause.

Des Fourmis affriandées par du sucre et habituées à la voie d'une passerelle pour se rendre au dépôt, sont invinciblement empêchées quand le pont est coupé d'un léger vide. Il leur suffirait de quelques grains de sable pour combler l'abîme et rétablir le passage. Elles n'y songent pas un instant, elles terrassières vaillantes qui savent élever des monticules de déblais. Nous obtiendrons d'elles un cône énorme de terre, ouvrage instinctif ; nous n'obtiendrons jamais la juxtaposition de trois grains de poussière, ouvrage raisonné. Pas plus que le Tachyte, la Fourmi ne raisonne.

Élevé en domesticité et mis en présence de son écuelle garnie, le Renard, la bête aux mille ruses, se borne à peser de toute sa force sur l'attache qui le maintient à un pas ou deux de la pitance. Il tire comme le fait le Tachyte, se dépense en vains efforts, puis se couche, son petit regard oblique fixé sur l'écuelle. Que ne se retourne-t-il ? Allongeant d'autant son rayon, il atteindrait le mets de la patte postérieure et l'amènerait à lui. L'idée ne lui en vient pas. Encore un dépourvu de raison.

L'ami Bull, mon chien, n'est pas mieux doué, malgré son titre de candidat à l'humanité. Dans nos courses à travers bois, il lui arrive d'être pris par la patte à quelque lacet en fil d'archal tendu aux lapins. A la manière du Tachyte, obstinément il tire, et ne serre le nœud que plus fort. Il faut que je le délivre quand il ne parvient pas lui-même à rompre le fil par la violence de la traction. — Pour sortir, lorsque les deux battants de la porte sont entre-bâillés, il se borne à introduire le museau, à la manière d'un coin, dans le jour trop étroit. Il va de l'avant, il pousse dans le sens de ses désirs. Sa naïve méthode de chien a un résultat immanquable : les deux battants, refoulés, ne font que se fermer davantage. De la patte, il lui serait aisé de ramener l'un d'eux devers lui, ce qui ferait bâiller le passage ; mais ce serait un mouvement de recul, contraire aux naturelles impulsions. Aussi il n'y songe. Encore un qui ne raisonne pas.

Le Tachyte, qui s'opiniâtre à tirailler sa Mante engluée et méconnaît tout autre moyen de l'arracher au piège du Silène, nous montre l'hyménoptère sous un jour peu flatteur. Quel pauvre intellect ! L'animal n'en devient que plus merveilleux quand on considère ses hauts talents d'anatomiste. Bien des fois j'ai insisté sur l'incompréhensible science de l'instinct ; j'y reviens au risque de me répéter. L'idée est comme le clou : on ne l'enfonce que par des chocs multipliés. Frappant et frappant encore, j'espère la faire pénétrer dans les cervelles les plus réfractaires. Cette fois j'attaquerai le problème à rebours, c'est-à-dire que je laisserai d'abord la parole au savoir humain, et que j'interrogerai ensuite le savoir de l'insecte.

La structure externe de la Mante religieuse suffirait, à elle seule, pour nous renseigner sur la disposition des centres nerveux que le Tachyte doit léser afin d'obtenir la paralysie de la victime, destinée à être dévorée vivante mais inoffensive. Un prothorax étroit et fort long sépare la paire de pattes antérieures des deux paires postérieures. Donc en avant un ganglion isolé ; et en arrière, à un centimètre environ de distance, deux ganglions rapprochés l'un de l'autre. L'autopsie confirme en plein ces prévisions. Elle montre trois ganglions thoraciques assez volumineux, disposés entre eux comme le sont les pattes. Le premier, animant les pattes antérieures, est disposé en face de leur base. C'est le plus gros des trois. C'est aussi le plus important car il préside à l'arme de la bête, aux deux bras vigoureux, dentelés en scie et terminés par un harpon. Les deux autres, distants du premier de toute la longueur du prothorax, font face, chacun, à la naissance des pattes correspondantes, et par conséquent sont très rapprochés entre eux. Au delà viennent les ganglions abdominaux, que je passe sous silence, l'insecte opérateur n'ayant pas à s'en préoccuper. Les mouvements du ventre, simples pulsations, n'ont rien de périlleux.

Maintenant raisonnons un peu pour la bête non raisonnable. Le sacrificateur est faible ; la victime est relativement puissante. Trois coups de bistouri doivent abolir tout mouvement offensif. Quel sera le premier? En avant est une vraie machine de guerre, une paire de fortes cisailles à mâchoires dentelées. Que le bras se replie sur l'avant-bras, et l'imprudent, serré entre les deux lames de scie, sera dilacéré ; atteint par le croc terminal, il sera éventré. Cette féroce machine, voilà le gros danger, voilà ce qu'il faut maîtriser tout d'abord, au risque de la vie ; le reste presse moins. Le premier coup de stylet, prudemment dirigé, s'adresse donc aux pattes ravisseuses, qui mettent en danger le vivisecteur lui-même. Et surtout pas d'hésitation. Il faut à l'instant frapper juste, sinon le victimaire périt happé par les cisailles. Les deux autres paires de pattes n'ont rien de périlleux pour l'opérateur, qui pourrait les négliger s'il n'avait à veiller qu'à sa propre sécurité ; mais le chirurgien travaille en vue de l'œuf, auquel est nécessaire la complète immobilité des vivres. Leurs centres d'innervation seront donc aussi poignardés, avec le loisir que maintenant permet la Mante mise hors de combat. Ces pattes, ainsi que leurs foyers nerveux, sont très reculées en arrière du premier point d'attaque. Il y a là un long intervalle neutre, celui du prothorax, où il est fort inutile de plonger le dard. Cet intervalle, il faut le franchir ; il faut, par un recul concordant avec les secrets de l'anatomie interne, atteindre le deuxième ganglion, et puis son voisin, le troisième. En somme, la pratique chirurgicale se formule de la sorte : premier coup de lancette en avant ; recul considérable, d'un centimètre environ ; enfin deux coups de lancette en deux points très rapprochés. Ainsi parle la science de l'homme ; ainsi conseille la raison, guidée par la structure anatomique. Cela dit, assistons à la pratique de la bête.

Rien de difficultueux pour voir le Tachyte opérer en notre présence : il suffit de recourir à la méthode de substitution, qui m'a rendu déjà tant de services, c'est-à-dire d'enlever sa proie au chasseur et de lui donner aussitôt, en échange, une Mante vivante, à peu près de même taille. Cette substitution est impraticable avec la plupart des Tachytes, qui atteignent d'un seul essor le seuil de leur demeure et disparaissent aussitôt sous terre avec leur gibier. De fortune, quelques-uns, de loin en loin, harassés peut-être par leur fardeau, s'abattent à une petite distance du terrier, ou même laissent choir leur proie. Je profite de ces rares occasions pour assister au drame.

L'hyménoptère dépossédé reconnaît aussitôt, à la fière contenance de la Mante substituée, qu'il ne s'agit plus d'enlacer et d'enlever une pièce inoffensive. Son essor, jusque-là muet, devient bourdonnement, peut-être pour en imposer ; son vol est un mouvement oscillatoire très rapide, toujours à l'arrière du gibier. C'est le va-et-vient accéléré d'un pendule, qui oscillerait sans fil de suspension. La Mante cependant se dresse, audacieuse, sur les quatre pattes ambulatoires ; elle relève la moitié antérieure du corps, ouvre, ferme, ouvre encore ses cisailles, et les présente menaçantes à l'ennemi ; par un privilège que ne partage aucun autre insecte, elle tourne la tête de ce côté-ci et de ce côté-là, comme nous le faisons en regardant par-dessus les épaules ;

elle fait face à l'assaillant, prête à la riposte de quelque part que vienne l'attaque. C'est la première fois que j'assiste à pareille audace défensive. Qu'adviendra-t-il de tout cela ?

L'hyménoptère continue d'osciller en arrière pour éviter la redoutable machine à saisir ; puis brusquement, lorsqu'il juge la Mante déroutée par la rapidité de ses manœuvres, il s'abat sur le dos de la bête, saisit le col avec les mandibules, enlace le thorax avec les pattes, et donne à la hâte un premier coup d'aiguillon en avant, à la naissance des pattes ravisseuses. Succès complet ! Les mortelles cisailles retombent, impuissantes. L'opérateur se laisse alors glisser comme le long d'un mât, il recule sur le dos de la Mante, et descend un petit travers de doigt plus bas, s'arrête et paralyse, cette fois sans se presser, les deux paires de pattes postérieures. C'est fini : l'opérée gît immobile ; seuls les tarses frémissent, agités des dernières convulsions. Le sacrificateur un moment se brosse les ailes, se lustre les antennes en les passant dans la bouche, signe habituel du calme revenu après les émotions de la lutte ; il happe le gibier par le col, l'enlace et l'emporte.

Qu'en dites-vous ? l'accord n'est-il pas admirable entre la théorie du savant et la pratique de la bête ? Ce que l'anatomie et la physiologie font prévoir, l'animal ne l'accomplit-il pas à la perfection ? L'instinct, attribut gratuit, inspiration inconsciente, rivalise avec le savoir, acquisition si coûteuse. Ce qui me frappe le plus, c'est le brusque recul après le premier coup de dard. L'Ammophile hérissée, opérant sa chenille, recule elle aussi, mais progressivement, d'un anneau à l'autre. Sa chirurgie compassée pourrait trouver un semblant d'explication dans quelque uniformité mécanique. Avec le Tachyte et la Mante, ce mesquin argument nous échappe. Ici plus de coups de lancette régulièrement distribués ; au contraire, une dissymétrie de méthode opératoire, inconcevable si l'organisation du patient ne lui sert pas de guide. Le Tachyte sait donc où gisent les centres nerveux de sa proie ; où pour mieux dire, il se comporte comme s'il le savait.

Cette science qui s'ignore, lui et sa race ne l'ont pas acquise par des essais perfectionnés d'âge en âge, et par des habitudes transmises d'une génération à l'autre. Il est impossible, cent fois et mille fois je l'affirmerais, il est absolument impossible de s'essayer et de faire un apprentissage dans un art où l'on est perdu si l'on ne réussit du premier coup. Que me parlez-vous d'atavisme, de petits succès grandisssant par héritage, lorsque le novice, dirigeant mal son arme, serait broyé dans le traquenard à double scie et deviendrait la proie de la féroce Mante. Le pacifique Criquet manqué proteste contre l'attaque par quelques ruades ; la Mante carnivore, qui fait régal d'hyménoptères autrement vigoureux que le Tachyte, protesterait en mangeant le maladroit ; le gibier consommerait le chasseur, excellente capture. Le métier de paralyseur de Mantes est des plus périlleux et ne comporte pas de demi-succès ; il faut y exceller dès la première fois sous peine de périr. Non, l'art chirurgical du Tachyte n'est pas un art acquis. D'où lui vient-il donc, sinon de la science universelle en qui tout s'agite et tout vit !

Que se passerait-il si, en échange de sa Mante religieuse, je donnais au Tachyte une jeune Sauterelle? Dans mes éducations à domicile, j'ai déjà reconnu que les larves s'accommodent très bien de pareille nourriture; aussi je m'étonne que la mère, imitant en cela le Tachyte tarsier, ne serve à sa famille des brochettes de Criquets au lieu de la dangereuse proie qu'elle a choisie. Le régime serait au fond le même, et les terribles cisailles ne seraient plus un danger. Avec pareil patient, la méthode opératrice resterait-elle la même; y aurait-il là encore un brusque recul après le premier coup de stylet sous le col; ou bien le vivisecteur modifierait-il son art en le conformant à la nouvelle organisation nerveuse?

Cette seconde alternative n'a pour elle aucune probabilité. Ce serait extravaguer que de s'attendre à voir le paralyseur varier le nombre et la distribution des blessures suivant le genre de la victime. Supérieurement expert dans le travail qui lui est dévolu, l'insecte ne sait rien au delà. La première alternative semble présenter quelques chances et mérite l'expérimentation.

Je présente au Tachyte, privé de sa Mante, une petite Sauterelle, dont je tronque les pattes postérieures pour éviter les bonds. L'acridien mutilé trottine sur le sable. L'hyménoptère vole un instant autour de lui, jette à l'écloppé un coup d'œil dédaigneux et se retire sans rien essayer. Que la proie offerte soit plus petite ou plus grosse, grise ou verte, courte ou allongée, assez semblable à la Mante ou bien très différente, toutes mes tentatives échouent. Le Tachyte reconnaît à l'instant que ce n'est pas là son affaire, son gibier de famille; il part sans même honorer mes Criquets d'un coup de mandibules.

Ce refus opiniâtre n'est pas motivé par des raisons gastronomiques : j'ai dit que la larve élevée par mes soins se nourrit de jeunes Sauterelles aussi volontiers que de jeunes Mantes ; entre les deux mets, elle ne paraît pas faire de différence ; la venaison de mon choix et la venaison du choix de sa mère lui profitent pareillement. Si la mère ne fait cas du Criquet, quel pourrait être alors le motif de son refus ? Je n'en vois qu'un : ce gibier, qui n'est pas le sien, lui inspire peut-être des craintes comme tout ce qui est inconnu ; la féroce Mante ne l'émeut pas, le pacifique Criquet l'épouvante. Et puis, surmonterait-elle ses appréhensions, elle ignore comment maîtriser l'acridien, comment surtout l'opérer. A chacun son métier, à chacun sa pratique du dard. Que les conditions changent un peu, et ces savants paralyseurs ne savent plus rien faire.

A chacun aussi son art du cocon, art fort variable, où la larve déploie toutes les ressources de ses instincts. Les Tachytes, les Bembex, les Stizes, les Palares et d'autres fouisseurs, édifient des cocons composites, durs comme des noyaux, formés d'une incrustation de sable dans un réseau de soie. Nous connaissons déjà l'ouvrage des Bembex. Je rappellerai que leur larve tisse d'abord, en soie blanche et pure, un sac conique horizontal, largement ouvert, maintenu en place par un lacis de fils qui le fixent aux parois de la loge. J'ai comparé ce sac, à cause de sa forme, à une nasse de pêcheur. Sans quitter ce hamac et allongeant le col par l'orifice, l'ouvrière cueille au dehors un petit monceau de sable, qu'elle emmagasine à l'intérieur du chantier. Choisissant alors les grains un par un, elle les incruste tout autour d'elle dans le tissu du sac et les cimente avec le liquide, aussitôt durci, de ses filières. Quand ce travail est fini, il reste à clore l'habitacle, jusqu'ici béant pour permettre de renouveler la provision de sable à mesure que s'épuise le monceau de l'intérieur. A cet effet, une calotte de soie est tissée sur l'embouchure, et finalement incrustée avec les matériaux que la larve a conservés disponibles.

Le Tachyte construit de tout autre manière, bien que son ouvrage, une fois terminé, ne diffère pas de celui du Bembex. La larve s'entoure d'abord, par le milieu du corps à peu près, d'une ceinture de soie que de nombreux fils, très irrégulièrement distribués, maintiennent en place et relient aux parois de la cellule. Du sable est amassé, à la portée de l'ouvrière, sur cet échafaudage général. Alors commence le travail de maçonnerie à petit appareil; les moellons sont les grains de sable, le ciment est la sécrétion de la filière. La première assise est déposée sur le bord antérieur de l'anneau de suspension. Le circuit achevé, une autre assise de grains agglutinés par le liquide à soie, est élevée sur le bord durci de ce qui vient d'être fait. Ainsi procède l'œuvre par couches annulaires, édifiées bout à bout, jusqu'à ce que le cocon, ayant acquis la moitié de sa longueur réglementaire, s'arrondisse en calotte et finalement se ferme. Avec son mode de construction, la larve du Tachyte me rappelle le maçon construisant une cheminée ronde, une étroite tourelle dont il occupe le centre. Tournant autour de lui et disposant les matériaux placés sous sa main, il s'enveloppe peu à peu de son étui de maçonnerie. Pareillement s'enveloppe l'ouvrière en mosaïque. Pour construire la seconde moitié du cocon, la larve se retourne et bâtit de la même façon à l'autre bord de l'anneau initial. En trente-six heures environ, la solide coque est achevée.

Je trouve quelque intérêt à voir le Bembex et le Tachyte, deux travailleurs d'un même corps de métier, employer des méthodes si différentes pour arriver au même résultat. Le premier tisse d'abord une nasse de soie pure, à l'intérieur de laquelle les grains de sable sont ensuite incrustés ; le second, architecte plus hardi, fait économie de l'enceinte de soie, se borne à une ceinture de suspension et bâtit assise par assise. Les matériaux de construction sont les mêmes : le sable et la soie ; le milieu où travaillent les deux ouvriers est le même : une loge dans le sable aréneux ; et cependant chacun des constructeurs a son art particulier, son devis, sa pratique.

Pas plus que le milieu habité et les matériaux employés, le genre de nourriture n'a d'influence sur le talent de la larve. La preuve nous en est fournie par le Stize ruficorne, autre constructeur de cocons en grains de sable cimentés par de la soie. Le robuste hyménoptère creuse ses terriers dans le grès tendre. Comme le Tachyte manticide, il chasse les divers Mantiens de la région, avec prédominance de la Mante religieuse ; seulement sa forte taille les réclame plus développés sans avoir atteint néanmoins les dimensions et la forme de l'adulte. Il en met de trois à cinq par cellule.

Pour la solidité et le volume, son cocon rivalise avec celui des plus gros Bembex ; mais il en diffère, à première vue, par un caractère singulier dont je ne connais pas d'autre exemple. Sur le flanc de la coque, de partout régulièrement nivelée, fait hernie un grossier bourrelet, petite motte de sable agglutiné. A cette protubérance se reconnaît tout de suite, parmi tous les cocons de même nature, l'ouvrage du Stize ruficorne.

L'origine nous en sera expliquée par la méthode que la larve suit dans la construction de son coffre-fort. Au début, un sac conique de soie blanche et pure est tissé ; on dirait la nasse initiale des Bembex ; seulement ce sac a deux ouvertures, l'une très ample en avant, l'autre très étroite sur le côté. Par l'ouverture antérieure, le Stize s'approvisionne de sable à mesure qu'il le dépense en incrustations à l'intérieur. Ainsi se fortifie le cocon, et puis s'édifie la calotte qui le ferme. Jusque-là, c'est exactement le travail du Bembex. Voilà l'ouvrière enclose, travaillant à perfectionner l'intérieur de la paroi. Pour ces retouches finales, un peu de sable lui est encore nécessaire. Elle le puise dehors au moyen de l'ouverture qu'elle a eu soin de ménager sur le côté de son édifice, lucarne étroite, juste suffisante au passage de son col délié. Les provisions rentrées, cet orifice accessoire, dont il n'est fait usage qu'aux derniers moments, se clôt avec une bouchée de mortier, refoulée de dedans en dehors. Ainsi se forme l'irrégulier mamelon qui fait saillie sur le flanc de la coque.

Pour aujourd'hui, je ne m'étendrai pas davantage sur le Stize ruficorne ; sa biographie développée serait hors de propos dans ce chapitre. Je me borne à mentionner sa méthode de constructeur en coffres-forts pour la mettre en parallèle avec celle des Bembex et surtout celle du Tachyte, consommateur, comme lui, de Mantes religieuses. De ce parallèle, il me semble résulter que les conditions d'existence où l'on voit aujourd'hui l'origine des instincts, genre de nourriture, milieux où se passe la vie larvaire, matériaux disponibles pour une enceinte défensive, et autres motifs que le transformisme est dans l'usage d'invoquer, n'influent réellement en rien sur l'industrie de la larve. Mes trois architectes en cocons de sable agglutiné, alors même que toutes les conditions sont les mêmes, jusqu'à la nature des vivres, adoptent des moyens différents pour exécuter œuvre identique. Ce sont des ingénieurs non sortis de la même école, non élevés dans les mêmes principes, bien que l'enseignement des choses soit pour tous à peu près pareil. Le chantier, le travail, les vivres n'ont pas déterminé l'instinct. C'est l'instinct qui leur est antérieur, imposant la loi au lieu de la subir.

XIII

CÉROCOMES, MYLABRES ET ZONITIS

Tout n'est pas dit sur les Méloïdes, ces singuliers parasites dont quelques-uns, Sitaris et Méloës, s'attachent, ainsi que des poux minuscules, à la toison de divers apiaires pour se faire transporter dans la cellule où ils doivent détruire l'œuf et se nourrir après de la pâtée de miel. Une trouvaille des plus inattendues, faite à quelques cents pas de ma porte, vient de m'avertir encore une fois combien il est périlleux de généraliser. Admettre, comme semblait nous autoriser à le faire l'ensemble des documents recueillis jusqu'à ce jour, que tous les Méloïdes de nos pays usurpent les provisions en miel amassées par les apiaires, était certes une généralisation des mieux assises et des plus naturelles. Sans hésiter, beaucoup l'ont admise et pour ma part, j'étais du nombre. Sur quoi donc pouvons-nous étayer notre conviction lorsque nous nous imaginons formuler une loi? Nous croyons nous élever au général et nous sombrons dans l'erreur. Voici que la loi des Méloïdes doit être rayée du code, sort commun à bien d'autres. Ce chapitre va nous le démontrer.

Le 16 juillet 1883, je fouillais, avec mon fils Émile, l'amas sablonneux où quelques jours avant j'avais assisté aux travaux et à la chirurgie du Tachyte manticide. Mon but était de recueillir quelques cocons du fouisseur. Ces cocons arrivaient abondants sous ma houlette de poche, lorsque Émile me présenta un objet inconnu. Distrait par mes préoccupations de récolte, je mis la trouvaille dans la boîte sans autre examen qu'un rapide coup d'œil. Nous partîmes. A mi-chemin du retour, l'ardeur pour la fouille calmée, l'idée de l'objet problématique, si négligemment jeté dans la boîte parmi les cocons, me traversa l'esprit... Tiens, tiens! me disais-je; si c'était cela? Pourquoi pas. Et mais, oui, c'est cela, justement cela. — Puis brusquement à Émile, assez surpris du monologue : Mon ami, tu viens de faire trouvaille superbe. C'est une pseudo-chrysalide de Méloïde. C'est un document inestimable; un nouveau filon dans les archives extraordinaires de ces animaux. Voyons de près la chose et tout de suite.

L'objet fut extrait de la boîte, épousseté du souffle et attentivement examiné. J'avais réellement sous les yeux la pseudo-chrysalide de quelque Méloïde. Sa forme m'était inconnue. N'importe : vieil habitué, je ne pouvais méconnaître sa provenance. Tout m'affirmait que j'étais sur la voie d'un émule des Sitaris et des Méloës pour la singularité des transformations ; et circonstance de plus de prix encore, l'emplacement au milieu des terriers du sacrificateur de Mantes, m'annonçait des mœurs toutes différentes.

— Il fait bien chaud, mon pauvre Émile; nous sommes harassés l'un et l'autre. C'est égal, revenons à la dune, et fouillons, cherchons encore. Il me faut la larve qui précède la pseudo-chrysalide; il me faut, s'il se peut, l'insecte qui en provient.

Le succès répondit largement à notre zèle. Des

pseudo-chrysalides furent trouvées, assez nombreuses. Plus nombreuses encore furent exhumées des larves occupées à consommer les Mantes, provisions du Tachyte. Est-ce bien de ces larves que proviennent les pseudo-chrysalides? Les probabilités sont grandes pour l'affirmative, cependant il y a matière à doute. L'éducation à domicile dissipera la nuée du probable et la remplacera par la clarté du certain. — Et c'est tout : aucun vestige d'insecte parfait qui puisse me renseigner sur la nature du parasite. L'avenir, espérons-le, comblera cette lacune. Tel fut le résultat de la première tranchée ouverte dans l'amas de sable. Des fouilles ultérieures enrichirent un peu ma récolte sans apporter des documents nouveaux.

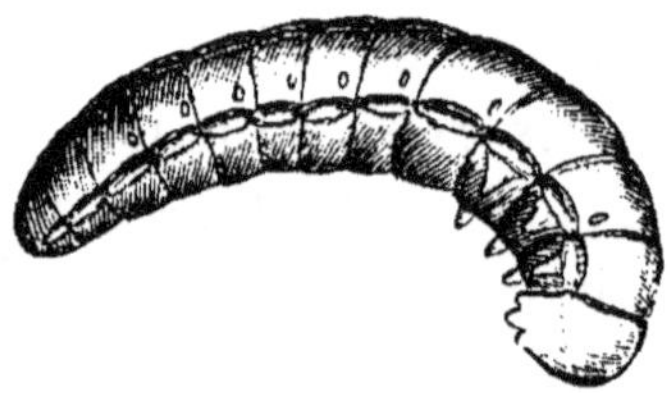

Fig. 7. — Pseudo-chrysalide du *Cerocoma Schæfferi.*

Procédons maintenant à l'examen de ma double trouvaille. Et d'abord la pseudo-chrysalide, qui m'a donné l'éveil. — C'est un corps inerte, rigide, d'un jaune de cire, lisse, luisant, recourbé en hameçon du côté de la tête, qui est infléchie. A une très forte loupe, la surface apparaît semée de très petits points un peu saillants et plus luisants que le fond. On y compte treize anneaux, la tête comprise. La face dorsale est convexe; la face ventrale, aplatie. Une arête obtuse de séparation limite les deux faces. Les trois segments thoraciques portent, chacun, une paire de petits mamelons coniques, d'un roux foncé, indices des futures pattes. Les stigmates sont très nets et apparaissent comme des points d'un roux plus foncé que celui du reste des téguments. Il y en a un, le plus grand de tous, sur le second segment du thorax, presque sur la ligne de séparation avec le premier segment. Il y en a ensuite huit, un sur chaque segment de l'abdomen moins le dernier. En tout neuf paires de stigmates. La dernière paire, ou celle du huitième segment abdominal, est la moindre de toutes.

L'extrémité anale ne présente rien de particulier. Le masque céphalique comprend huit tubercules conoïdes d'un roux foncé, rappelant les tubercules des pattes. Six sont disposés sur deux rangées latérales, les autres sont entre les deux rangées. Pour chaque rangée de trois mamelons, celui du milieu est le plus fort; il correspond sans doute aux mandibules. La longueur de cet organisme est fort variable et oscille entre 8 et 15 millimètres. Sa largeur est de 3 à 4 millimètres.

La configuration générale mise à part, c'est, on le voit, l'aspect si caractéristique des pseudo-chrysalides des Sitaris, Méloës, Zonitis. Mêmes téguments rigides, cornés, d'un roux de jujube ou de cire vierge; même masque céphalique, où les futures pièces de la bouche se traduisent par de légers tubercules; mêmes boutons thoraciques, qui sont le vestige des pattes; même distribution des stigmates. Aussi ma conviction était des plus fermes : le parasite des chasseurs de Mantes ne pouvait être qu'un Méloïde.

Enregistrons aussi le signalement de la larve étrangère, trouvée dévorant le monceau de Mantes dans les terriers du Tachyte. — Elle est nue, aveugle, blanche, molle, fortement recourbée. Par son aspect général, elle fait songer à quelque larve de Curculionide. Avec plus de précision encore, je pourrais la comparer à la larve secondaire du *Meloë cicatricosus,* dont j'ai donné autrefois la figure dans les *Annales des Sciences naturelles.* Réduisons considérablement cette figure et nous aurons à très peu près le portrait du parasite du Tachyte.

Tête robuste, faiblement teintée de roux. Mandibules fortes, recourbées en croc pointu, noires au bout et d'un roux ardent à la base. Antennes très courtes, insérées tout près de l'origine des mandibules. J'y relève trois

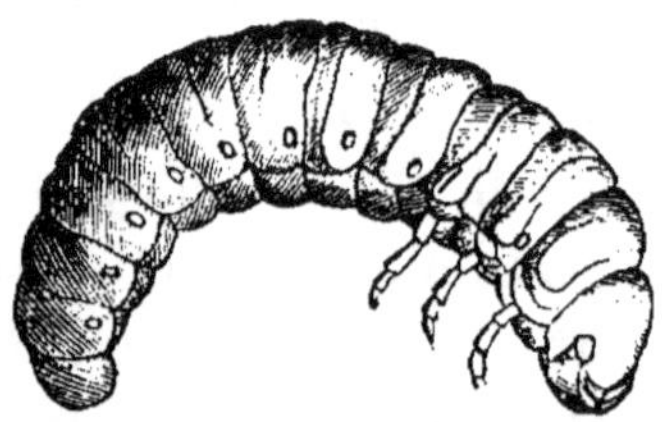

Fig. 8. — Larve secondaire du *Cerocoma Schæfferi.*

articles : le premier gros et globuleux ; les deux autres cylindriques, le dernier brusquement tronqué. Douze segments, outre la tête, séparés par des étranglements assez nets. Premier segment thoracique un peu plus long que les autres, avec plaque dorsale très légèrement teintée de roux, ainsi que le crâne. A partir du dixième segment, le corps s'atténue un peu en arrière. Un faible bourrelet festonné sépare la face dorsale de la face ventrale.

Pattes courtes, blanches, hyalines, terminées par un ongle faible. Un stigmate sur le mésothorax, vers la ligne de jointure avec le prothorax ; un stigmate sur chaque flanc des huit premiers segments abdominaux ; en tout neuf paires de stigmates distribués comme ceux de la pseudo-chrysalide. Ces stigmates sont petits, teintés de roux, assez difficiles à voir. Variable de taille comme la pseudo-chrysalide qui paraît en provenir, cette larve mesure en moyenne une douzaine de millimètres de longueur sur trois millimètres de largeur.

Les six petites pattes, toutes faibles qu'elles sont, rendent des services qu'on ne soupçonnerait pas d'abord. Elles enlacent la Mante dévorée et la maintiennent sous les mandibules, tandis que le ver, couché sur le flanc, prend sa réfection à son aise. Elles servent aussi à la progression. Sur une surface résistante, le bois de ma table, la larve se déplace fort bien ; elle trottine traînant le ventre, et le corps droit d'un bout à l'autre. Sur le sable fin et mobile, le déplacement devient difficultueux. Le ver alors se courbe en arc ; il s'agite sur le dos, sur le flanc ; il rampe un peu, il fouille et pioche de la mandibule. Mais qu'un appui moins croulant lui vienne en aide, et des pérégrinations un peu longues ne sont pas au-dessus de ses moyens.

J'élevais mes pensionnaires dans une boîte subdivisée en compartiments par des cloisons de papier. Chaque loge, représentant à peu près la capacité d'une cellule de Tachyte, recevait sa couche de sable, son monceau de Mantes et sa larve. Or plus d'un désordre est survenu dans ce réfectoire , où je me figurais tenir les convives isolés l'un de l'autre, chacun à sa table spéciale. Telle larve qui avait fini sa ration la veille était retrouvée le lendemain dans une autre salle, où elle partageait le repas de sa voisine. Elle avait donc franchi la cloison, peu élevée d'ailleurs, ou bien forcé quelque entre-bâillement. Cela suffit, je crois, pour établir que le ver n'est pas rigoureusement casanier comme le sont les larves des Sitaris et des Méloës, consommant la pâtée de l'Anthophore.

Je me figure que, dans les terriers des Tachytes, son monceau de Mantes rongé, il déménage d'une cellule à l'autre jusqu'à ce que son appétit soit satisfait. Ses excursions souterraines ne doivent pas être d'ample rayon, mais elles lui suffisent pour visiter quelques cellules rapprochées. J'ai dit combien étaient variables les provisions en Mantes du Tachyte. Les moindres sont, à coup sûr, la part des mâles, nains chétifs par rapport à leurs compagnes ; les plus copieuses sont la part des femelles. Le ver parasite à qui le sort fait échoir la maigre ration masculine, n'a peut-être pas assez de ce lot ; il lui faut un supplément qu'il peut acquérir en changeant de domicile. Si la chance le sert, il mangera suivant la mesure de sa faim et atteindra tout le développement que sa race comporte ; s'il erre sans rien trouver, il jeûnera et restera petit. Ainsi s'expliqueraient les différences que je constate soit entre les vers soit entre les pseudo-chrysalides, différences qui vont du simple au double et au delà pour les dimensions linéaires. Rares ou abondants suivant les loges rencontrées, les vivres décideraient de la grosseur du parasite.

Pendant la période active, la larve éprouve quelques mues ; j'ai du moins assisté à l'une d'elles. Dépouillé de son épiderme, l'animal reparaît tel qu'il était avant, sans aucune modification dans les formes. Tout aussitôt, il reprend son repas, interrompu pendant le rejet de la vieille défroque ; il enlace des pattes une nouvelle Mante du tas et se met à la ronger. Simple ou bien multiple, cette mue n'a rien de commun avec les rénovations de l'hypermétamorphose, qui changent si profondément l'aspect de l'animal.

Une dizaine de jours d'éducation dans la boîte à compartiments suffit pour me prouver combien j'avais vu juste en considérant la larve parasite alimentée de Mantes comme l'origine de la pseudo-chrysalide, objet de mes vives préoccupations. L'animal, à qui je servais un supplément de vivres tant qu'il en acceptait, cesse enfin de manger. Il s'immobilise, rentre un peu la tête et s'infléchit en crochet. Puis la peau se fend, en travers sur le crâne, en long sur le thorax. La dépouille chiffonnée recule vers l'arrière, et la pseudo-chrysalide apparaît, totalement à nu. Elle est d'abord blanche, comme l'était la larve ; mais assez rapidement et par degrés, elle tourne au roux de cire vierge, plus ardent à l'extrémité des divers tubercules qui indiquent les futures pattes et les pièces de la bouche. Ce dépouillement, qui laisse à découvert le corps pseudo-chrysalidaire, rappelle le mode de transformation des Méloës, et s'éloigne de celui des Sitaris et des Zonitis, dont la pseudo-chrysalide reste enveloppée de partout par la peau de la larve secondaire, sorte de sac tantôt lâche, tantôt étroit, et toujours sans rupture.

Le nuage du début est dissipé. Voici bien un méloïde, un véritable méloïde, anomalie des plus singulières parmi les parasites de sa tribu. Au lieu de se nourrir du miel d'un apiaire, il s'alimente avec la brochette de Mantiens d'un Tachyte. Les naturalistes de l'Amérique du Nord nous ont appris récemment que le miel n'est pas toujours le régime des vésicants : quelques méloïdes des États-Unis dévorent les paquets d'œufs des

Sauterelles. C'est de leur part acquisition légitime et non usurpation des vivres d'autrui. Nul, que je sache, ne soupçonnait encore le vrai parasitisme d'un Méloïde carnivore. Il n'est pas moins fort remarquable de retrouver, des deux côtés de l'Atlantique, ce goût du Criquet chez les vésicants : l'un dévore ses œufs ; l'autre, un représentant de son ordre, la Mante religieuse et ses congénères.

Qui m'expliquera cette prédilection pour l'Orthoptère dans une tribu dont le chef de file, le Méloë, n'accepte que la pâtée de miel? Pourquoi des animaux que toutes nos classifications rapprochent, ont-ils des goûts si opposés? S'ils proviennent d'une origine commune, comment à la consommation du miel a-t-il succédé la consommation de la chair? Comment l'agneau s'est-il fait loup? C'est le gros problème que nous proposait naguère, sous une forme inverse, la Sapyge ponctuée, parente mellivore de la Scolie carnivore. Je soumets la question à qui de droit.

L'année suivante, au commencement de juin, quelques-unes de mes pseudo-chrysalides se fendent en travers derrière la tête, et en long sur toute la ligne médiane du dos, sauf les deux ou trois derniers segments. Il en sort la troisième larve qui d'après un simple examen à la loupe, me paraît, dans ses traits généraux, identique avec la seconde, celle qui mange les provisions du Tachyte. Elle est nue, d'un jaune pâle, rappelant la couleur du beurre. Elle est active et s'agite en des mouvements pénibles. Ordinairement elle est couchée sur le flanc, mais elle peut aussi se tenir dans la station normale. L'animal cherche alors à se servir de ses pattes, sans y trouver des appuis suffisants pour progresser. Peu de jours après, elle retombe dans un complet repos.

Treize anneaux, y compris la tête; celle-ci large, avec le crâne quadrilatère, arrondi sur les côtés. Antennes courtes, de trois articles noueux. Mandibules robustes, courbes, avec deux ou trois denticules au bout, d'un roux assez vif. Palpes labiaux assez volumineux, courts et de trois articles comme les antennes. Les pièces de la bouche, labre, mandibules et palpes sont mobiles et s'agitent un peu, comme pour chercher de la nourriture. Un petit point brun vers la base des antennes, sur l'emplacement des yeux futurs. Prothorax plus large que les anneaux suivants. Ceux-ci de même largeur et nettement séparés l'un de l'autre par un sillon et un faible bourrelet latéral. Pattes courtes, hyalines, sans ongle terminal. Ce sont des moignons à trois articles. Stigmates pâles, au nombre de huit, placés comme dans la pseudo-chrysalide, c'est-à-dire le premier et le plus grand sur la ligne de séparation des deux premiers segments du thorax, les sept autres sur les sept premiers segments abdominaux. La larve secondaire et la pseudo-chrysalide possèdent en outre un stigmate très petit sur l'avant-dernier segment de l'abdomen. Ce stigmate a disparu chez la troisième larve, du moins je ne parviens pas à le voir en m'aidant d'une bonne loupe.

En somme, mêmes fortes mandibules que pour la seconde larve, mêmes débiles pattes, même physionomie de ver de Charançon. Les mouvements reparaissent, moins accusés cependant que sous la première forme. Le passage par l'état de pseudo-chrysalide n'a pas amené de modification qui vaille vraiment la peine d'être signalée. L'animal est après cette singulière étape ce qu'il était avant. Ainsi se comportent du reste les Méloës et les Sitaris.

Quelle signification peut donc avoir cette étape pseudo-chrysalidaire, qui, franchie, ramène juste au point de départ ? Le méloïde semble tourner dans un cercle : il défait ce qu'il vient de faire, il recule après avoir avancé. L'idée me vient parfois de considérer la pseudo-chrysalide comme une sorte d'œuf d'organisation supérieure, à partir duquel l'insecte suit l'ordinaire loi des morphoses entomologiques, et passe par les états successifs de larve, de nymphe et d'insecte parfait. La première éclosion, celle de l'œuf normal, fait passer le méloïde par le dimorphisme larvaire des Anthrax et des Leucospis. La larve primaire parvient aux vivres, la larve secondaire les consomme. La seconde éclosion, celle de la pseudo-chrysalide, rentre dans le courant habituel et fait évoluer l'insecte suivant les trois formes réglementaires : larve, nymphe, adulte.

La troisième larve est de courte durée, une paire de semaines environ. Elle se dépouille alors par une déchirure longitudinale sur le dos, comme l'a fait la larve secondaire, et laisse à découvert la nymphe, où se reconnaît le coléoptère, de genre et d'espèce presque déterminables d'après les antennes.

Cette évolution de la seconde année a tourné à mal. Les quelques nymphes que j'ai obtenues vers le milieu de juin se sont desséchées sans parvenir à la forme parfaite. Des pseudo-chrysalides me restaient sans aucun indice d'une prochaine transformation. J'ai attribué ce retard à un défaut de chaleur. Je les tenais, en effet, à l'ombre, sur une étagère de mon cabinet ; et dans les conditions naturelles, elles sont exposées au soleil le plus ardent, sous une couche de sable de quelques pouces d'épaisseur. Pour imiter ces conditions, sans ensevelir mes élèves, dont je désirais suivre aisément les progrès, j'ai installé les pseudo-chrysalides restantes sur une couche de sable frais au fond d'un récipient. L'insolation directe était impraticable : elle eût été fatale dans une période où la vie est souterraine. Pour l'éviter, j'ai ficelé sur l'embouchure du récipient quelques doubles de drap noir, qui devait représenter l'écran naturel de sable ; et l'appareil ainsi préparé a été exposé, pendant quelques semaines, au soleil le plus vif, sur ma fenêtre. Sous le couvert du tissu, si favorable, par sa teinte, à l'absorption de la chaleur, la température devenait pendant le jour celle d'une étuve ; et cependant les pseudo-chrysalides ont persisté à se maintenir stationnaires. Juillet touchait à sa fin, et rien n'indiquait l'approche d'une éclosion. Convaincu que mes essais de chauffage n'aboutiraient pas, j'ai remis les pseudo-chrysalides à l'ombre, sur l'étagère, dans des tubes de verre. Là elles ont passé une seconde année, toujours dans le même état.

Juin est revenu et avec lui l'apparition de la troisième larve, puis de la nymphe. Pour la seconde fois, ce point d'évolution n'a pu être dépassé : l'unique nymphe obtenue s'est desséchée comme celles de l'année précédente. Ce double échec, provenant sans doute de l'atmosphère trop aride de mes récipients, nous cachera-t-il le genre et l'espèce du Méloïde consommateur de Mantes? Heureusement, non. Par la déduction et la comparaison, il est aisé de résoudre l'énigme.

Les seuls Méloïdes de ma région qui, inconnus encore dans leurs mœurs, peuvent convenir par leur taille soit à la larve soit à la pseudo-chrysalide en litige, sont le Mylabre à douze points et le Cérocome de Schæffer. Je trouve le premier en juillet sur les fleurs de la scabieuse maritime ; je trouve le second en fin mai et juin sur les capitules de l'immortelle des îles d'Hyères. Cette dernière date convient mieux pour expliquer la présence de la larve parasite et sa pseudo-chrysalide dans les terriers du Tachyte dès le mois de juillet. De plus, le Cérocome est très abondant aux alentours des amas sablonneux hantés par le Tachyte, tandis que le Mylabre ne s'y rencontre pas. Ce n'est pas tout : les quelques nymphes que j'ai obtenues ont des antennes bizarres, terminées par une touffe irrégulière et volumineuse dont l'équivalent ne se trouve que dans les antennes du Cérocome mâle. Ainsi, le Mylabre doit être écarté ; les antennes doivent être, chez la nymphe, régulièrement moniliformes comme elles le sont chez l'insecte parfait. Reste le Cérocome.

Les doutes, s'il en reste, peuvent être dissipés. De fortune, un de mes amis, M. le docteur Beauregard, qui nous prépare un travail magistral sur les vésicants, avait en sa possession des pseudo-chrysalides du Cérocome de Schreber. Venu à Sérignan en vue de savantes recherches, il avait fouillé en ma compagnie les sables du Tachyte et emporté à Paris quelques pseudo-chrysalides nourries de Mantes pour en suivre l'évolution. Ses essais avaient échoué comme les miens ; mais en comparant les pseudo-chrysalides sérignanaises avec celles du Cérocome de Schreber, provenant d'Aramon, dans le voisinage d'Avignon, il a pu constater entre les deux organismes la plus étroite similitude. Tout l'affirme donc : ma trouvaille ne peut se rapporter qu'au Cérocome de Schæffer. Quant à l'autre, il doit être exclu ; son extrême rareté dans mon voisinage le dit assez.

Il est fâcheux que le régime du Méloïde d'Aramon ne soit pas connu. Me laissant guider par l'analogie, je ferais volontiers du Cérocome de Schreber un parasite du Tachyte tarsier, qui enfouit ses amas de jeunes Criquets dans les hauts talus sablonneux. Les deux Cérocomes auraient ainsi régime similaire. Mais je laisse à M. Beauregard le soin d'élucider cet important trait de mœurs.

L'énigme est déchiffrée : le Méloïde consommateur de Mantes religieuses est le Cérocome de Schæffer, que je rencontre en abondance, au printemps, sur les fleurs de l'immortelle. Chaque fois, une particularité peu commune attire mon attention : c'est la grande différence de taille qu'il peut y avoir d'un individu à l'autre quoique de même sexe. Je vois des avortons, tant femelles que mâles, n'ayant guère en longueur que le tiers de leurs compagnons les mieux développés. Le Mylabre à douze points et le Mylabre à quatre points présentent, sous ce rapport, des différences tout aussi prononcées.

La cause qui, d'un même insecte, n'importe le sexe, fait un nain ou un géant, ne peut être que la quantité de nourriture, plus faible ou plus forte. Si la larve, comme je le soupçonne, est obligée de trouver elle-même l'entrepôt à gibier du Tachyte, et d'en visiter un second, un troisième, lorsque le premier est trop frugalement garni, on conçoit que le hasard des rencontres ne les favorise pas tous de la même manière, et fasse échoir l'abondance à l'une, la pénurie à l'autre. Qui ne mange pas à sa faim reste petit, qui se rassasie devient gros. Ces différences de taille, à elles seules, trahissent le parasitisme. Si les soins d'une mère avaient amassé des vivres, ou bien si la famille avait l'industrie de se les procurer directement au lieu de dévaliser autrui, la ration serait à peu près égale pour toutes, et les inégalités de volume se réduiraient à celles qu'il y a souvent entre les deux sexes.

Elles annoncent de plus un parasitisme précaire, chanceux, où le Méloïde n'est pas certain de trouver sa réfection, ce que trouve si adroitement le Sitaris, qui se fait voiturer par l'Anthophore, en naissant à l'entrée même des galeries de l'Abeille et ne quittant sa retraite que pour se glisser dans la toison de son amphitryon. Vagabond obligé de trouver lui-même la table à sa convenance, le Cérocome est exposé à maigre chère.

Pour compléter l'histoire du Cérocome de Schæffer, un paragraphe manque : celui des origines, la ponte, l'œuf, la larve primaire. Tout en surveillant l'évolution du parasite mangeur de Mantes, je pris mes précautions pour connaître la première année son point de départ. Si j'éliminais ce qui m'était connu et si je cherchais parmi les Méloïdes de mon voisinage les espèces qui pour la taille correspondaient aux pseudo-chrysalides exhumées des terriers du Tachyte, je ne trouvais, je viens de le dire, que le Cérocome de Schæffer et le Mylabre à douze points. J'entrepris de les élever pour obtenir leur ponte.

Comme terme de comparaison, le Mylabre à quatre points, de taille plus avantageuse, fut adjoint aux deux premiers. Un quatrième, le Zonitis mutique, que je n'avais pas à consulter en cette affaire où je le savais étranger, sa pseudo-chrysalide m'étant connue, vint compléter mon école de pondeuses. Je me proposais, si possible, d'obtenir sa larve primaire. Enfin j'avais autrefois élevé des Cantharides dans le but d'assister à leur ponte. En somme, cinq espèces de vésicants, élevés en volière, ont laissé quelques lignes de notes dans mes registres.

La méthode d'éducation est des plus simples. Chaque espèce est mise sous une ample cloche en toile métallique reposant sur un bassin rempli de terreau. Au milieu de l'enceinte est un flacon plein d'eau, où trempe et se maintient fraîche la nourriture. Pour la Cantharide, c'est un faisceau de ramuscules de frêne ; pour le Mylabre à quatre points, un bouquet de liseron des champs (*Convolvulus arvensis*) ou de psoralier (*Psoralea bituminosa*), dont l'insecte broute uniquement les corolles. Au Mylabre à douze points, je sers les fleurs de la scabieuse (*Scabiosa maritima*) ; au Zonitis, les capitules épanouis du panicaut (*Eryngium campestre*) ; au Cérocome de Schæffer, les capitules de l'immortelle des îles d'Hyères (*Helichrysum stœchas*). Ces trois derniers rongent surtout les anthères, plus rarement les pétales, jamais le feuillage.

Pauvre intellect et pauvres mœurs, qui ne dédommagent guère des soins minutieux de l'éducation. Brouter, faire l'amour, creuser un trou dans la terre et négligeamment y ensevelir ses œufs, c'est toute la vie du Méloïde adulte. La bête obtuse n'acquiert un peu d'intérêt qu'au moment où le mâle lutine sa compagne. Chaque espèce a son rituel pour déclarer sa flamme ; et il n'est pas indigne de l'observateur d'assister aux manifestations, quelquefois si étranges, de l'Eros universel, qui régente le monde et fait tressaillir jusqu'à la dernière des brutes. C'est le but final de l'insecte, qui se transfigure pour cette solennité, et meurt après, n'ayant plus rien à faire.

Il y aurait un curieux livre à faire : l'Amour chez les bêtes. Jadis, le sujet m'avait tenté. Depuis un quart de siècle, mes notes dorment, poudreuses, dans un recoin de mes archives. J'en extrais ce qui suit sur les Cantharides. Je ne suis pas le premier, je le sais, à décrire les préludes amoureux du Méloïde du frêne ; mais le narrateur changeant, la narration peut encore avoir sa valeur ; elle confirme ce qui a été déjà dit, elle met en lumière quelques points restés inaperçus peut-être.

Une Cantharide femelle ronge paisiblement sa feuille. Un amoureux survient, s'en approche par derrière, brusquement lui monte sur le dos et l'enlace de ses deux paires de pattes postérieures. Alors de son abdomen, qu'il allonge autant que possible, il fouette vivement celui de la femelle, à droite et à gauche tour à tour. Ce sont des coups de battoir distribués avec une frénétique prestesse. De ses antennes et de ses pattes antérieures, toujours libres, il flagelle en furieux la nuque de la patiente. Tandis que les tapes pleuvent dru comme grêle, à l'arrière et à l'avant, la tête et le corselet de l'énamouré sont dans une trépidation oscillatoire désordonnée. On dirait l'animal pris d'une attaque d'épilepsie.

Cependant la belle se fait petite, entr'ouvre un peu les élytres, cache la tête et replie en dessous l'abdomen comme pour se soustraire à l'orage érotique qui lui éclate sur le dos. Mais l'accès se calme. Le mâle étend en croix les pattes antérieures, animées d'un tremblement nerveux ; et dans cette posture d'extase, semble prendre le ciel à témoin de l'ardeur de ses désirs. Les antennes et le ventre sont immobiles, tendus en ligne droite ; la tête et le corselet seuls continuent à osciller vivement de haut en bas. Ce temps de repos dure peu. Si court qu'il soit, la femelle, dont les chaudes protestations du prétendant ne troublent pas l'appétit, se remet à brouter imperturbablement sa feuille.

Un autre accès éclate. Les coups pleuvent de nouveau sur la nuque de l'enlacée, qui se hâte de fléchir la tête sous la poitrine. Mais lui n'entend pas que la belle se dérobe. De ses pattes antérieures, à l'aide d'une échancrure spéciale placée à la jointure de la jambe et du tarse, il lui saisit l'une et l'autre antenne. Le tarse se replie et l'antenne est prise comme dans une pince. Le soupirant tire à lui, et l'indifférente est forcée de relever la tête. Dans cette posture, le mâle rappelle à l'esprit un cavalier fièrement cambré sur sa monture et tenant les rênes des deux mains. Ainsi maître de sa haquenée, tantôt il se tient immobile, tantôt il se démène avec frénésie. Puis, de son long abdomen, il fouette en arrière, sur un flanc et sur l'autre ; en avant il fustige, il cogne, il tape dur, à coups d'antennes, à coups de poings, à coups de tête. La convoitée sera bien insensible si elle ne se rend pas à une déclaration aussi chaleureuse.

Elle continue néanmoins à se faire prier. Le passionné reprend son immobilité d'extase, les bras en croix et frémissants. A de courts intervalles recommencent aussi, tour à tour, les orages amoureux, avec tapes consciencieusement assénées, et les repos pendant lesquels le mâle étend les pattes antérieures en croix ou bien maîtrise la femelle par la bride des antennes. Enfin la battue se laisse toucher par le charme des horions.

Elle cède. L'accouplement a lieu et dure une vingtaine d'heures. Le beau rôle du mâle est fini. Traîné à reculons, à l'arrière de la femelle, le malheureux s'efforce de dissoudre le couple. Sa compagne le charrie de feuille en feuille, où bon lui semble, pour choisir le morceau de verdure à son goût. Parfois, il prend lui aussi son parti vaillamment et se met à brouter comme la femelle. Fortunées bêtes qui, pour ne pas perdre un instant de votre vie de quatre à cinq semaines, menez de front les appétits de l'amour et de l'estomac, votre devise est : courte et bonne.

Le Cérocome, d'un vert doré comme la Cantharide, semble avoir adopté en partie les rites amoureux de sa rivale en costume. Le mâle, toujours le sexe élégant chez l'insecte, a des atours spéciaux. Les cornes ou antennes, somptueusement compliquées, lui forment comme deux houpes d'une chevelure touffue. C'est ce que rappelle le nom de Cérocome : l'animal coiffé de ses cornes. Quand un soleil vif donne dans la volière, des couples ne tardent pas à se former sur le bouquet d'immortelles. Hissé sur la femelle, qu'il enlace et maintient de ses deux paires de pattes postérieures, le mâle balance tout d'une pièce, de haut en bas, la tête et le corselet. Ce mouvement oscillatoire n'a pas l'ardente précipitation de celui de la Cantharide ; il est plus calme et comme rythmé. L'abdomen d'ailleurs reste immobile, inexpert dans ces coups de battoir que distribue, avec tant de vigueur, le ventre de l'amoureux hôte du frêne.

Tandis que la moitié antérieure du corps oscille, les pattes d'avant exécutent sur chaque flanc de l'enlacée des passes magnétiques, sorte de moulinet si rapide, qu'à peine peut-on le suivre du regard. La femelle paraît insensible à ce moulinet flagellatoire. Tout innocemment, elle se frise les antennes. Le soupirant rebuté l'abandonne et passe à une autre. Ses passes en vertigineux moulinet, ses protestations sont partout refusées. Le moment n'est pas encore venu, où plutôt le lieu n'est pas propice. La captivité paraît peser aux futures mères. Pour écouter leurs poursuivants, il leur faut l'espace libre, le joyeux et prompt essor de touffe en touffe, sur la pente ensoleillée, toute dorée d'immortelles. Hors de l'idylle à moulinets, forme adoucie des coups de poings de la Cantharide, le Cérocome s'est refusé à se livrer, sous mes yeux, à l'acte final des noces.

Entre mâles fréquemment se pratiquent les mêmes oscillations du corps, les mêmes flagellations latérales. Tandis que celui de dessus se démène et fait un vif moulinet, celui de dessous reste coi. Parfois survient un troisième étourdi et même un quatrième, qui monte sur la pile de ses prédécesseurs. Le plus élevé oscille et rame vivement des pattes antérieures ; les autres se tiennent immobiles. Ainsi se trompent un moment les chagrins des refusés.

Les Zonitis, gent grossière pâturant les capitules du féroce panicaut, dédaignent les tendres préambules. Quelques vibrations rapides des antennes de la part des mâles, et c'est tout. La déclaration ne pourrait être plus sommaire. Le couple, placé bout à bout, persiste près d'une heure.

Les Mylabres, eux aussi, doivent être fort expéditifs en préliminaires, à tel point que mes volières, tenues bien peuplées pendant deux saisons, m'ont fourni de nombreuses pontes, sans m'offrir une seule fois l'occasion de surprendre les mâles faisant un brin de cour. Parlons alors de la ponte.

Elle a lieu au mois d'août pour nos deux espèces de Mylabres. Dans le terreau servant de plancher au dôme de toile métallique, la mère creuse un puits d'une paire de centimètres de profondeur et d'un diamètre égal à celui de son corps. C'est le gîte aux œufs. La ponte dure une demi-heure à peine. Je l'ai vue durer trente-six heures chez les Sitaris. Cette promptitude du Mylabre dénote une famille incomparablement moins nombreuse. Puis la cachette est close. La mère balaie les déblais avec les pattes antérieures, les rassemble avec le râteau des mandibules et les repousse dans le puits, où elle descend alors pour piétiner la couche pulvérulente et la tasser avec les pattes postérieures, que je vois dans une rapide trépidation. Cette couche bien foulée, elle se remet à râtisser de nouveaux matériaux pour achever de combler la fosse, assise par assise soigneusement piétinée.

Tandis qu'elle se livre à ce travail de remblai, j'éloigne une mère de son puits. Délicatement, de la pointe d'un pinceau, je l'écarte d'une paire de pouces. L'insecte ne revient pas à sa ponte, ne la recherche même pas. Il grimpe à la toile métallique et va, parmi ses compagnons, pâturer le liseron ou la scabieuse, sans plus se préoccuper de ses œufs, dont le gîte n'est qu'à demi comblé. Une seconde mère, écartée d'un pouce seulement, ne sait plus revenir à son œuvre, ou plutôt n'y songe plus. Une troisième, tout aussi légèrement détournée, est ramenée par moi au puits tandis que l'oublieuse grimpe au treillis. Je la reconduis au gîte, la tête à l'embouchure. La mère est immobile, comme profondément perplexe. Elle balance la tête, elle se passe les tarses antérieurs entre les mandibules, puis s'éloigne et grimpe au haut du dôme sans avoir rien entrepris. Je dois moi-même, dans les trois cas, achever de combler la fosse. Que sont donc et cette maternité dont l'attouchement d'un pinceau fait oublier les devoirs, et cette mémoire perdue à un pouce de distance des lieux? De ces défaillances de l'adulte rapprochons les hautes machinations de la larve primaire, qui sait où sont les vivres, et pour son coup d'essai s'introduit chez qui doit la nourrir. En quoi le temps et l'expérience peuvent-ils être facteurs de l'instinct? L'animalcule naissant nous émerveille de sa clairvoyance ; la bête adulte nous étonne de sa stupidité.

Pour les deux Mylabres, la ponte se compose d'une quarantaine d'œufs, nombre bien modique comparé à celui du Méloë et du Sitaris. Cette famille restreinte était déjà prévue d'après le peu de temps que la pondeuse séjourne dans le gîte sous terre. Les œufs du Mylabre à douze points sont blancs, cylindriques, arrondis aux deux bouts et mesurent 1 millimètre et demi de longueur sur un demi-millimètre de largeur. Ceux du Mylabre à quatre points sont d'un jaune paille, en ovoïde allongé, légèrement plus renflé à un bout qu'à l'autre. Longueur, 2 millimètres; largeur, un peu moins de 1 millimètre.

De toutes les pontes recueillies, une seule est parvenue à l'éclosion. Les autres étaient probablement stériles, soupçon corroboré par le défaut d'accouplement en volière. Pondus en fin juillet, les œufs du Mylabre à douze points ont commencé d'éclore le 5 septembre. La larve primaire de ce Méloïde n'étant pas, que je sache, encore connue, je vais la décrire et en donner un croquis. Ce sera le point de départ d'un chapitre qui nous réserve peut-être des aperçus nouveaux dans l'histoire de l'hypermétamorphose.

Cette larve mesure près de 2 millimètres de longueur. Issue d'un œuf volumineux, elle est mieux avantagée en vigueur que celle des Sitaris et des Méloës. Tête forte, à contour arrondi, légèrement plus

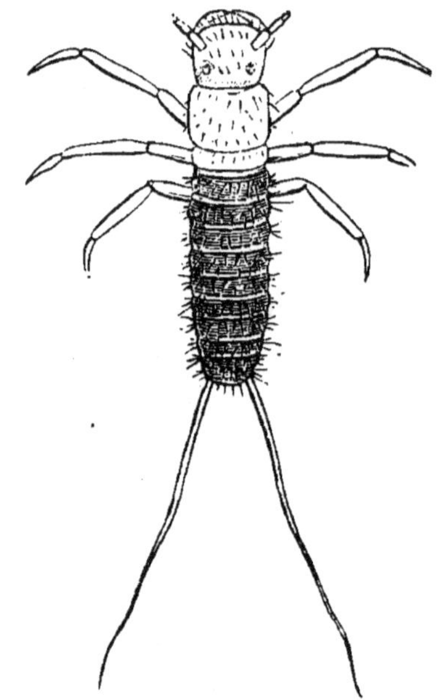

Fig. 9. — Larve primaire du *Mylabris 12-punctata.*

large que le prothorax, d'un roux assez vif. Mandibules puissantes, acérées, courbées, se croisant à l'extrémité, de la même couleur que la tête et rembrunies au bout. Yeux noirs, saillants, globuleux, très distincts. Antennes assez longues, de trois articles, le dernier plus effilé et pointu. Palpes bien prononcées.

Le premier anneau thoracique, d'un diamètre peu inférieur à celui de la tête, est beaucoup plus long que les suivants. Il forme une sorte de cuirasse équivalant en longueur à près de trois segments abdominaux. Il est tronqué en ligne droite en avant, arrondi sur les côtés et en arrière. Sa couleur est d'un roux vif. Le second anneau ne représente guère que le tiers du premier. Il est roux aussi, mais un peu rembruni. Le troisième est d'un brun foncé, tournant au verdâtre. Cette teinte se répète pour tout l'abdomen de sorte que, sous le rapport de la coloration, l'animalcule est divisé en deux régions ; l'antérieure, d'un roux assez vif, comprend la tête et les deux premiers segments thoraciques ; la seconde, d'un brun verdâtre, comprend le troisième anneau thoracique et les neuf segments abdominaux.

Trois paires de pattes d'un roux clair, fortes et longues eu égard à l'exiguïté de la bête. Elles se terminent par un ongle simple, long et acéré.

Abdomen à neuf segments, tous d'un brun olivâtre. Les intervalles membraneux qui les relient sont blancs, de sorte qu'à partir du second anneau thoracique, l'animalcule est alternativement annelé de blanc et de brun olivâtre. Tous les anneaux bruns sont hérissés de cils courts et clair-semés. Le segment anal, plus rétréci que les autres, porte au bout deux longs cirrhes, très fins, un peu flexueux et dont la longueur équivaut presque à celle de l'abdomen.

Complétée par un croquis, cette description nous montre une robuste bestiole, apte à fortement happer de la mandibule, explorer le pays de ses gros yeux et circuler avec six harpons solides pour appui. Ce n'est plus ici le débile pou des Méloës, qui s'embusque sur une fleur de chicoracée pour s'insinuer dans la toison d'un apiaire en récolte; ce n'est plus l'atome noir du Sitaris dont l'amas grouille au point même de l'éclosion, aux portes de l'Anthophore. Je vois le jeune Mylabre arpenter âprement le tube de verre où il vient de naître. Que cherche-t-il? Que lui faut-il? Je lui présente un apiaire, un Halicte, pour voir s'il s'établira sur l'insecte, ce que ne manqueraient pas de faire les Sitaris et les Méloës. Mon offre est dédaignée. Ce n'est pas un véhicule ailé que demandent mes prisonniers.

La larve primaire du Mylabre n'imite donc pas celles du Sitaris et du Méloë; elle ne s'établit pas dans la toison de son amphitryon pour se faire transporter dans la loge bourrée de vivres. Le soin lui revient de rechercher et de trouver elle-même l'amas de nourriture. Le petit nombre d'œufs composant une ponte conduit, à son tour, au même résultat. Rappelons-nous que la larve primaire du Méloë, par exemple, s'établit sur tout insecte qui vient un moment visiter la fleur où l'animalcule est aux aguets. Que ce visiteur soit velu ou glabre, fabricant de miel, préparateur de conserves animales ou sans métier déterminé, qu'il soit araignée, papillon, apiaire, diptère ou porteur d'élytres, peu importe : dès qu'il aperçoit l'arrivant, le petit pou jaune se campe sur son dos et part avec lui. Et maintenant, à la bonne fortune! Combien ne doit-il pas en périr de ces fourvoyés, qui ne seront jamais conduits dans un magasin à miel, leur nourriture exclusive! Aussi, pour remédier à cette énorme déperdition, la mère produit famille innombrable. La ponte des Méloës est prodigieuse. Prodigieuse est aussi celle des Sitaris, exposée à des mésaventures semblables.

Si avec ses trente à quarante œufs, le Mylabre avait

à subir les mêmes hasards, pas une larve peut-être n'atteindrait le but désiré. Pour une famille si limitée, la méthode doit être plus sûre. La jeune larve ne doit pas se faire véhiculer jusqu'à la bourriche de gibier, ou le pot à miel plus probablement, au risque de ne jamais y parvenir; elle doit s'y rendre elle-même. Me laissant guider par la logique des choses, je compléterai donc ainsi l'histoire du Mylabre à douze points.

La mère dépose ses œufs sous terre à proximité des lieux hantés par les nourriciers. Les jeunes larves récemment écloses quittent leur retraite en septembre, et vont, dans un étroit voisinage, à la recherche des terriers approvisionnés. Les robustes pattes de l'animalcule permettent ces investigations sous terre. Les mandibules, tout aussi robustes, ont nécessairement leur rôle. Le parasite, pénétrant dans le silo à provisions, se trouve en présence soit de l'œuf soit de la jeune larve de l'hyménoptère. Ce sont là des concurrents dont il importe de se débarrasser au plus vite. Alors jouent les crocs mandibulaires, qui déchirent l'œuf ou le vermisseau sans défense. Après ce brigandage, comparable à celui de la larve primaire du Sitaris éventrant et buvant l'œuf de l'Anthophore, le Méloïde, unique possesseur des victuailles, dépouille son costume de bataille et devient le ver pansu, consommateur du bien si brutalement acquis. Ce ne sont là, de ma part, que des soupçons, rien de plus. L'observation directe les confirmera, je le crois, tant leur connexion est étroite avec les faits connus.

Deux Zonitis, hôtes l'un et l'autre des capitules du panicaut pendant les chaleurs de l'été, font partie des Méloïdes de ma région. Ce sont le *Zonitis mutica* et le

Zonitis præusta. J'ai parlé du premier dans mon précédent volume, j'ai fait connaître sa pseudo-chrysalide trouvée dans les cellules de deux Osmies, savoir : l'Osmie tridentée, qui empile ses loges dans une tige sèche de ronce, et l'Osmie tricorne ou bien l'Osmie de Latreille, qui exploitent toutes les deux les nids du Chalicodome des hangars. Le second Zonitis apporte aujourd'hui sa contribution de documents à une histoire très incomplète encore. J'ai obtenu le *Zonitis præusta* d'abord des sachets en coton de l'*Anthidium scapulare*, qui nidifie dans la ronce comme l'Osmie tridentée ; en second lieu, des outres du *Megachile sericans*, construites avec des rondelles de feuilles du vulgaire acacia; en troisième lieu, des loges que l'*Anthidium bellicosum* édifie avec des cloisons de résine dans la spire d'un escargot mort. Ce dernier Anthidie est aussi la victime du Zonitis mutique. Deux exploiteurs congénères pour le même exploité.

Dans la dernière quinzaine de juillet, j'assiste à la sortie du Zonitis brûlé hors de la pseudo-chrysalide. Celle-ci est cylindrique, un peu courbe, arrondie aux deux bouts. Elle est étroitement enveloppée de la dépouille de la seconde larve, dépouille consistant en un sac diaphane, sans aucune issue, où court, de chaque côté, un cordon trachéen blanc qui relie les divers orifices stigmatiques. Je reconnais aisément les sept stigmates abdominaux, qui sont arrondis et vont en diminuant un peu d'ampleur d'avant en arrière. Je constate aussi le stigmate thoracique. Enfin je reconnais les pattes, toutes petites, avec ongle faible, incapables de soutenir l'animal. Des pièces de la bouche, je ne vois bien que les mandibules, qui sont courtes, faibles et brunes. En somme, la seconde larve était molle, blanche, ventrue, aveugle, à pattes rudimentaires. Des résultats semblables m'avaient été fournis par la défroque de la seconde larve du *Zonitis mutica,* consistant, comme l'autre, en un sac sans ouverture étroitement appliqué sur la pseudo-chrysalide.

Poursuivons l'examen des reliques du Zonitis brûlé. La pseudo-chrysalide est d'un roux jujube. A l'éclosion, elle se conserve entière, sauf en avant par où l'insecte adulte est sorti. En l'état, elle forme un sac cylindrique, à parois fermes, élastiques. La segmentation est bien visible. La loupe constate la fine ponctuation étoilée déjà remarquée chez le Zonitis mutique. Les orifices stigmatiques sont à péritrême saillant et d'un roux foncé. Ils sont tous, même le dernier, nettement accusés. Les indices des pattes sont des boutons un peu foncés, à peine saillants. Le masque céphalique se réduit à quelques reliefs difficilement appréciables.

Au fond de cet étui pseudo-chrysalidaire, je trouve un petit tampon blanc qui, mis dans l'eau, ramolli, puis développé patiemment avec la pointe d'un pinceau, me fournit une matière blanche, pulvérulente, qui est de l'acide urique, produit habituel du travail de la nymphose, et une membrane chiffonnée, où je reconnais la dépouille de la nymphe. Il resterait la troisième larve, dont je ne vois aucun vestige. Mais en brisant peu à peu, avec la pointe d'une aiguille, l'enveloppe pseudo-chrysalidaire quelque temps maintenue dans l'eau, je la vois se dédoubler en deux couches, l'une extérieure, cassante, d'aspect corné, d'un roux jujube ; l'autre intérieure, consistant en une pellicule transparente et flexible. Cette couche interne représente, à ne pas en douter, la troisième larve, dont la peau reste adhérente à l'enveloppe pseudo-chrysalidaire. Elle est assez épaisse et résistante, mais je ne parviens à l'isoler que par lambeaux, tant elle adhère étroitement à l'étui corné et friable.

En possession d'assez nombreuses pseudo-chrysalides, j'en ai sacrifié quelques-unes afin de me rendre compte de leur contenu à l'approche des transformations finales. Eh bien, je n'y ai jamais rien trouvé d'isolable ; jamais je n'ai pu en extraire une larve sous sa troisième forme, larve si facile à obtenir des outres ambrées du Sitaris, et qui, chez les Méloës et les Cérocomes, sort d'elle-même de l'enveloppe pseudo-chrysalidaire fendue. Lorsque, pour la première fois, la coque rigide renferme un corps sans adhérence avec le reste, ce corps est une nymphe et rien autre. La paroi qui l'enclôt est d'un blanc mat à l'intérieur. J'attribue cette coloration à la dépouille de la troisième larve, dépouille insolublement appliquée contre la coque pseudo-chrysalidaire.

Il y a donc chez les Zonitis une particularité que ne présentent pas les autres Méloïdes, savoir : une série d'intimes emboîtements. La pseudo-chrysalide est renfermée dans la peau de la seconde larve, peau qui forme une outre sans ouverture, très étroitement appliquée contre son contenu. Plus étroitement encore, la dépouille de la troisième larve est appliquée à l'intérieur de l'étui pseudo-chrysalidaire. Seule, la nymphe n'est pas adhérente à son enveloppe. Chez les Cérocomes et les Méloës, chaque forme de l'hypermétamorphose s'isole de la dépouille précédente par une énucléation complète ; le contenu se dégage du contenant fendu et n'a plus de rapport avec lui. Chez les Sitaris, les dépouilles successives n'éprouvent pas de rupture et restent emboîtées l'une dans l'autre, mais à distance, si bien que la troisième larve peut se mouvoir et se retourner au besoin dans son enceinte multiple. Chez les Zonitis, l'emboîtement est pareil, avec cette différence que, d'une défroque à la suivante, il n'y a pas d'intervalle vide jusqu'à ce que la nymphe apparaisse. La troisième larve ne peut se mouvoir. Elle n'est pas libre ; c'est ce que témoigne sa dépouille si exactement appliquée contre l'enveloppe pseudo-chrysalidaire. Cette forme passerait donc inaperçue si elle ne s'affirmait par la membrane qui double à l'intérieur le sac pseudo-chrysalidaire.

Pour compléter l'histoire des Zonitis, il manque la larve primaire, que je ne connais pas encore, mes éducations sous cloche en toile métallique ne m'ayant pas donné de ponte.

XIV

CHANGEMENT DE RÉGIME

Lorsqu'il formulait son célèbre aphorisme : Dis-moi ce que tu manges et je te dirai qui tu es, Brillat-Savarin ne se doutait certes pas de l'éclatante confirmation apportée à son dire par le monde entomologique. Le gastrosophe ne parlait que des caprices culinaires de l'homme rendu difficile par les douceurs de la vie; mais il aurait pu, dans un ordre d'idées plus sévère, amplement généraliser sa formule et l'appliquer aux mets si variables suivant la latitude, le climat, les mœurs; il aurait dû surtout tenir compte de l'âpre réalité du vulgaire, et peut-être qu'alors son idéal de valeur morale se fût trouvée plus souvent devant une écuelle de pois chiches que devant une terrine de foie gras. N'importe : son aphorisme, simple boutade de gourmet, devient une vérité magistrale, si nous oublions le luxe de la table pour nous informer de ce que mange le petit monde grouillant autour de nous.

A chacun sa pâtée. La Piéride du chou a pour nourriture du jeune âge la feuille sinapisée des crucifères; le Ver-à-soie dédaigne toute verdure autre que celle du mûrier. Il faut au Sphinx de l'euphorbe le caustique laitage des tithymales; à la Calandre, le grain de blé; au Bruche, la semence des légumineuses; au Balanin, la noisette, la châtaigne, le gland ; au Brachycère, les bulbilles de l'ail. Chacun a son mets, chacun a sa plante; et chaque plante a ses convives attitrés. Les relations sont tellement précises que, dans bien des cas, on pourrait déterminer l'insecte d'après le végétal qui le nourrit, ou bien le végétal d'après l'insecte.

Si vous connaissez le lis, appelez Criocère le petit scarabée vermillon qui l'habite et peuple son feuillage de larves tenues au frais sous une casaque d'ordures. Si vous connaissez le Criocère, appelez lis la plante qu'il ravage. Ce ne sera peut-être pas le lis commun ou lis blanc, mais bien un autre représentant du même genre, lis Martagon, lis bulbifère, lis de Chalcédoine, lis lancifolié, lis tigré, lis doré, venu des Alpes ou des Pyrénées, apporté de la Chine ou du Japon. Sur la foi du Criocère, fin connaisseur des liliacées exotiques aussi bien que des liliacées indigènes, appelez lis la plante que vous ne connaissez pas, et croyez-en sur parole ce singulier maître en botanique. Que la fleur soit rouge, jaune, mordorée, semée de points carmins, caractères si disparates avec la blancheur immaculée de la fleur qui nous est familière, n'hésitez pas, adoptez le nom que vous dicte le scarabée. Où l'homme est exposé à se tromper, lui ne se trompe pas.

Cette botanique de l'insecte, cause de si rudes tribulations, a de tout temps frappé l'homme des champs, fort médiocre observateur du reste. Celui-là qui le premier vit son carré de choux ravagé par des chenilles, fit connaissance avec la Piéride. La science compléta l'œuvre, désireuse de venir en aide à l'utile ou de rechercher le vrai pour le seul amour du vrai ; et aujourd'hui les relations de l'insecte avec la plante forment un recueil d'archives aussi importantes sous l'aspect philosophique que sous le rapport des applications agricoles. Ce qui nous est bien moins connu, parce que cela nous touche de moins près, c'est la zoologie de l'insecte, c'est-à-dire le choix qu'il fait pour nourrir sa larve, de telle et telle espèces animales à l'exclusion des autres. Le sujet est tellement vaste, qu'un volume ne suffirait pas à le traiter ; d'ailleurs les documents font défaut pour l'immense majorité des cas. Il est réservé à un avenir encore bien éloigné de mettre ce point de biologie à la hauteur où se trouve déjà la question végétale. Ici seront suffisantes quelques observations, éparses soit dans mes écrits soit dans mes notes.

Que mange, à l'état de larve bien entendu, l'hyménoptère voué au régime de la proie ? Et d'abord des séries naturelles se montrent qui adoptent pour gibier les diverses espèces d'un même ordre, d'un même groupe. Ainsi les Ammophiles chassent exclusivement les chenilles des papillons crépusculaires. Ce goût est partagé par les Eumènes, genre si différent. Les Sphex et les Tachytes ont pour eux l'orthoptère ; les Cerceris, quelques rares exceptions à part, sont fidèles au Charançon ; les Philanthes ainsi que les Palares ne capturent que des hyménoptères ; les Pompiles sont des vénateurs spécialistes de l'Araignée ; l'Astate se délecte du fumet des Punaises ; les Bembex veulent le diptère et rien autre ; les Scolies ont le monopole des larves de lamellicorne ; les Pélopées affectionnent les jeunes Epeires ; les Stizes diffèrent d'opinion : des deux de mon voisinage, l'un, le Stize ruficorne, garnit de Mantes son buffet, et l'autre, le Stize tridenté, le garnit de Cicadelles ; enfin les Crabronites prélèvent tribut sur la plèbe des muscides.

On voit déjà quelle magnifique classification on pourrait faire avec le menu de ces giboyeurs fidèlement relevé. Des groupes naturels se dessinent, caractérisés par les seules victuailles. J'aime à penser que la systématique de l'avenir tiendra compte de ces lois gastronomiques, au grand soulagement de l'entomologiste novice, trop souvent empêtré dans les embûches des pièces de la bouche, des antennes et des nervures alaires. Je réclame une classification où les aptitudes de l'insecte, son régime, son industrie, ses mœurs, aient le pas sur la forme d'un article antennaire. Cela viendra. Mais quand?

Si des généralités nous descendons aux détails, nous voyons que l'espèce même peut, dans bien des cas, se déterminer d'après la nature des vivres. Depuis que je fouille les chauds talus pour m'informer de leur population, ce que j'ai visité de terriers appartenant au Philanthe apivore semblerait hyperbolique s'il m'était possible de préciser le nombre. Cela se compterait apparemment par milliers. Eh bien, dans cette multitude de magasins à vivres, tantôt récents et tantôt vieux, mis au jour avec intention ou rencontrés fortuitement, il ne m'est pas arrivé une fois, une seule, de trouver d'autres restes que ceux de l'Abeille domestique, ailes incorruptibles encore rassemblées par paires, crâne et thorax enveloppés d'un byssus violet, linceul que le temps jette sur ces reliques. Aujourd'hui comme en mes débuts, qui datent de si loin, au nord comme au midi du pays que j'explore, en région montueuse comme dans la plaine, le Philanthe suit un invariable régime : il lui faut l'Abeille domestique, toujours l'Abeille, jamais rien autre, si rapprochés de qualités que soient divers autres gibiers anologues. Si donc, fouillant des pentes ensoleillées, vous trouvez sous terre un petit paquet d'Abeilles disloquées, que cela vous suffise pour affirmer en ces lieux une colonie du Philanthe apivore. Lui seul a la recette des conserves d'Abeilles. Le Criocère tout à l'heure nous enseignait le genre lis ; voici que maintenant le cadavre moisi de l'Abeille nous fait connaître le Philanthe et son gîte.

De même, l'Ephippigère femelle caractérise le Sphex languedocien ; ses débris, cymbales et long sabre, sont l'enseigne véridique du cocon où elles adhèrent. Le Grillon noir, aux cuisses galonnées de carmin, est l'étiquette infaillible du Sphex à ailes jaunes ; la larve de l'Orycte nasicorne nous dit la Scolie des jardins aussi sûrement que la meilleure description ; la larve de Cétoine proclame la Scolie à deux bandes ; et celle de l'Anoxie, la Scolie interrompue.

Après ces exclusifs, dédaignant de varier le service de table, citons les éclectiques qui, dans un groupe le plus souvent bien déterminé, savent faire choix de venaisons diverses, appropriées à leur taille. Le Cerceris tuberculé affectionne surtout le Cléone ophthalmique, l'un des plus gros de nos Charançons ; mais au besoin il accepte les autres Cléones ainsi que les genres voisins, pourvu que la pièce soit de taille avantageuse. Le Cerceris des sables étend plus loin ses domaines de chasse : tout curculionide de dimensions moyennes est pour lui de bonne prise. Le Cerceris bupresticide adopte tous les Buprestes indistinctement, pourvu qu'ils n'excèdent pas ses forces. Le Philanthe couronné (*Philanthus coronatus,* Fab.) empile dans ses silos des Halictes choisis parmi les plus gros. Bien moindre que son congénère, le Philante ravisseur (*Philanthus raptor,* Lep.) s'approvisionne avec des Halictes choisis parmi les plus petits. Tout acridien adulte, d'une paire de centimètres de longueur, convient au Sphex à ceintures blanches. A la seule condition d'être jeunes et tendres, les divers Mantiens du voisinage sont admis au buffet du Stize ruficorne et du Tachyte manticide. Les plus gros de nos Bembex (*Bembex rostrata,* Fab., et *Bembex bidentata,* V. L.) sont de passionnés consommateurs de Taons. A ces pièces de résistance ils associent des hors-d'œuvre prélevés indifféremment sur le reste de la gent diptère. L'Ammophile des sables (*Ammophila sabulosa,* V. L.), et l'Ammophile hérissée (*Ammophila hirsuta,* Kirb.) enfouissent dans chaque terrier une seule chenille, mais corpulente, toujours de la tribu des crépusculaires et de coloration fort variable, ce qui dénote des espèces distinctes. L'Ammophile soyeuse (*Ammophila holosericea,* V. L.) a service mieux assorti. Il lui faut, par convive, trois ou quatre pièces où figurent, également appréciées, les noctuelles et les arpenteuses. Le Solenius à ailes brunes (*Solenius fuscipennis*, Lep.), qui élit domicile dans le bois mort et tendre des vieux saules, a une prédilection marquée pour l'Abeille de Virgile, l'*Eristalis tenax;* il lui adjoint volontiers, tantôt comme accessoire, tantôt comme venaison dominante, l'*Helophilus pendulus,* si différent de costume. Sur la foi de débris indéterminables, il faut inscrire sans doute bien d'autres diptères dans son carnet de chasse. Le Crabron bouche d'or (*Crabro chrysostomus,* Lep.), autre exploiteur des vieux saules, porte ses préférences sur les Syrphes, sans distinction d'espèces. Le Solenius vagabond (*Solenius vagus,* Lep.), hôte des tiges sèches de la ronce ainsi que de l'yèble, a pour tributaires de son garde-manger les genres *Syritta, Sphærophoria, Sarcophaga, Syrphus, Melanophora, Paragus*, et bien d'autres apparemment. L'espèce qui revient le plus souvent dans mes notes est le *Syritta pipiens*.

Sans poursuivre plus loin ce fastidieux relevé, on voit nettement apparaître le résultat général. Chaque giboyeur a ses goûts caractéristiques, si bien que, la carte du repas connue, on peut dire le genre du convive et bien souvent l'espèce. Ainsi se trouve établie la haute vérité de l'aphorisme : Dis-moi ce que tu manges et je te dirai qui tu es.

Aux uns, il faut une proie toujours la même. Les fils du Sphex languedocien consomment religieusement l'Ephippigère, ce mets de famille si cher à leurs ancêtres et non moins cher à leurs descendants ; aucune innovation dans les vieux usages ne saurait les tenter. A d'autres convient mieux la variété pour des motifs soit de saveur soit de facilité d'approvisionnement, mais alors le choix des pièces est maintenu dans des limites infranchissables. Un groupe naturel, un genre, une famille, plus rarement un ordre presque entier, voilà le domaine de chasse hors duquel il est formellement interdit de braconner. La loi est catégorique, et tous se font scrupule sévère de la transgresser.

Au lieu de sa Mante religieuse, offrez au Tachyte manticide un Criquet équivalent. Dédaigneux, il refusera la pièce, de haut goût cependant, paraît-il, puisque le Tachyte de Panzer la préfère à tout autre gibier. Offrez-lui une jeune Empuse, qui diffère tant de la Mante par sa forme et sa coloration : il l'acceptera sans hésiter et l'opérera sous vos yeux. Malgré sa fantastique tournure, le diablotin est à l'instant reconnu par le Tachyte comme mantien et par conséquent gibier de sa compétence.

En échange de son Cléone, donnez au Cerceris tuberculé un Bupreste, régal de l'un de ses congénères. Il ne fera nul cas de la somptueuse victuaille. Accepter cela, lui, mangeur de curculionides ! Ah! jamais de la vie ! Présentez-lui un Cléone d'espèce différente, ou tout autre gros Charançon, qu'il n'a très probablement jamais vu, car il n'entre pas dans l'inventaire des vivres des terriers. Cette fois, plus de dédain : la pièce est enlacée, poignardée suivant les règles et sur-le-champ descendue en magasin.

Essayez de persuader à l'Ammophile hérissée que les Araignées ont un goût de noisette, ainsi que l'affirmait Lalande ; et vous verrez avec quelle froideur vos insinuations seront reçues. Tâchez seulement de la convaincre qu'une chenille de papillon diurne vaut autant qu'une chenille de papillon crépusculaire. Vous n'y parviendrez pas. Mais si vous substituez à sa chenille souterraine, que je suppose grise, une autre chenille souterraine bariolée de noir, de jaune, de rouille ou de n'importe quelle teinte, ce changement de coloration ne l'empêchera pas de reconnaître dans la pièce substituée une victime à sa convenance, un équivalent de son ver gris.

Ainsi des autres, autant que j'ai pu en expérimenter. Chacun refuse obstinément ce qui est étranger à ses réserves de chasse, chacun accepte ce qui en fait partie, à la condition bien entendu, que le gibier de remplacement soit à peu près conforme pour le volume et le degré d'évolution à celui dont on vient de priver le propriétaire. Ainsi le Tachyte tarsier, gourmet appréciateur de chairs tendres, ne consentirait pas à remplacer sa pincée de jeunes larves d'acridiens par l'unique et gros Criquet, provision du Tachyte de Panzer ; ce dernier, à son tour, n'échangerait jamais son acridien adulte pour le menu frétin de l'autre. Le genre et l'espèce sont les mêmes, l'âge ne l'est pas ; et cela suffit pour décider de l'acceptation ou du refus.

Lorsque ses déprédations s'étendent sur un groupe de quelque étendue, comment fait l'insecte pour reconnaître les genres, les espèces composant son lot et les distinguer des autres avec une sûreté de coup d'œil que l'inventaire des terriers ne trouve jamais en défaut? Est-ce l'aspect général qui le guide? Non, car dans tel clapier de Bembex nous trouverons des Sphérophories, minces lanières, et des Bombyles, pelotes de velours ; non, car dans les silos de l'Ammophile soyeuse prennent place, à côté l'une de l'autre, la chenille de conformation habituelle, et la chenille arpenteuse, compas vivant qui marche en s'ouvrant et se fermant tour à tour ; non, car dans les entrepôts du Stize ruficorne et du Tachyte manticide, à côté de la Mante s'empile l'Empuse, sa caricature méconnaissable.

Est-ce la coloration ? En aucune manière. Les exemples surabondent. Quelle variété de teintes, de reflets métalliques, distribués d'une foule de manières, dans les Buprestes que chasse le Cerceris célébré par L. Dufour ! La palette d'un peintre, broyant la pépite d'or, le bronze, le rubis, l'émeraude, l'améthyste, difficilement rivaliserait avec cette somptuosité de couleurs. Et néanmoins le Cerceris ne s'y laisse méprendre : tout ce peuple, si différemment costumé, est pour lui, comme pour l'entomologiste, le peuple des Buprestes. L'inventaire du garde-manger d'un Crabronien comprendra des diptères vêtus de bure grise ou roussâtre ; d'autres ceinturés de jaune, marquetés de blanc, décorés de lignes carminées ; d'autres d'un bleu d'acier, d'un noir d'ébène, d'un vert cuivreux ; et sous cette variété de costumes dissemblables se retrouvera l'invariable diptère.

Précisons par un exemple. Le Cerceris de Ferrero (*Cerceris Ferreri*, V. L.) est un consommateur de charançons. Les Phytonomes et les Sitones, d'un grisâtre indécis, les Otiorhynches, noirs ou d'un brun de poix, habituellement garnissent ses terriers. Or, il m'est parfois arrivé d'exhumer de ses demeures une série de vrais bijoux qui, par leur vif éclat métallique, faisaient le contraste le plus frappant avec le sombre Otiorhynche. C'était le Rhynchite (*Rhynchites betuleti*) qui roule en cigares les feuilles de la vigne. Également somptueux, les uns étaient d'un bleu d'azur, les autres d'un cuivreux doré, car le rouleur de cigares a double coloration. Comment avait fait le Cerceris pour reconnaître, dans ces bijoux, le curculionide, le proche allié du trivial Phytonome ? Il était probablement inexpert devant pareille rencontre ; sa race ne pouvait lui avoir transmis que des propensions bien indécises, car elle ne paraît pas faire un fréquent usage de Rhynchites, ainsi que semblent le prouver mes rares trouvailles dans l'ensemble de mes nombreuses exhumations. Pour la première fois, peut-être, traversant un vignoble, il voyait reluire sur une feuille le riche scarabée ; ce n'était pas pour lui un mets de consommation courante, consacré par les antiques usages de la famille. C'était du nouveau, de l'exceptionnel, de l'extraordinaire. Eh bien, cet extraordinaire est reconnu sûrement Charançon et emmagasiné comme tel. La rutilante cuirasse du Rhynchite ira prendre place à côté de la casaque grise du Phytonome. Non, ce n'est pas la couleur qui dirige le choix.

Ce n'est pas davantage la forme. Le Cerceris des sables chasse tout curculionide de dimensions moyennes. Je mettrais trop à l'épreuve la patience du lecteur si je m'avisais de donner ici le recensement complet des pièces reconnues dans son garde-manger. Je n'en signalerai que deux que m'ont révélées mes dernières recherches autour de mon village. L'hyménoptère va capturer, sur les chênes-verts des montagnes voisines, le Brachydère pubescent (*Brachyderes pubescens*) et le Balanin des glands (*Balaninus glandium*). Qu'ont de commun pour la forme les deux coléoptères? J'entends par forme non les détails de structure que le classificateur scrute du verre de sa loupe, non les traits délicats qu'invoquerait un Latreille pour dresser une taxonomie, mais le croquis d'ensemble, la tournure générale qui s'impose au regard, même non exercé, et fait rapprocher entre eux certains animaux par l'homme étranger à la science, par l'enfant surtout, observateur plus perspicace.

Sous ce rapport, qu'ont de commun le Brachydère et le Balanin, aux yeux du citadin, du paysan, de l'enfant, du Cerceris? Rien, absolument rien. Le premier a la silhouette presque cylindrique ; le second, ramassé dans sa courte épaisseur, est conique en avant, elliptique ou plutôt cordiforme en arrière. Le premier est noir, semé de nébulosités d'un gris de souris ; le second est d'un roux ochracé. Le tête du premier se termine par une sorte de mufle ; la tête du second s'effile en un rostre courbe, délié comme un crin, aussi long que le reste du corps. Le Brachydère a le groin massif, coupé court ; le Balanin semble fumer un calumet d'une longueur insensée.

Qui s'aviserait de rapprocher deux créatures aussi disparates, de les appeler du même nom ? En dehors des personnes du métier, nul ne l'oserait. Plus perspicace, le Cerceris reconnaît, dans l'une comme dans l'autre, le Charançon, la proie à système nerveux concentré, se prêtant à la chirurgie de son unique coup de lancette. Après avoir fait copieux butin aux dépens de la bête au grossier mufle, dont il bourre parfois ses souterrains à l'exclusion de toute autre pièce, suivant les éventualités de la chasse, le voici brusquement en présence de la bête à trompe extravagante. Habitué à la première, méconnaît-il la seconde ? Point : du premier coup d'œil, il la reconnaît pour sienne ; et la loge déjà munie de quelques Brachydères reçoit pour complément des Balanins. Si ces deux espèces manquent, si les terriers sont loin des chênes-verts, le Cerceris s'attaque aux curculionides les plus variés de genre, d'espèce, de forme, de coloration. Les Sitones, les Cnéorhines, les Géonèmes, les Otiorhynches, les Strophosomes et bien d'autres sont indifféremment ses tributaires.

Vainement je me creuse la cervelle pour soupçonner seulement à quels signes le déprédateur se fie pour se guider, sans sortir d'un même groupe, au milieu d'une venaison aussi variée ; à quels traits surtout il reconnaît comme Charançon l'étrange Balanin des glands, le seul parmi ses victimes qui soit porteur d'un long tube de calumet. Je laisse au transformisme, à l'atavisme et autres élucubrations transcendantes en *isme,* l'honneur et aussi le péril d'expliquer ce que, humblement, je reconnais trop au-dessus de ma portée. De ce que le fils de l'oiseleur à la pipée aura été nourri de brochettes de rouges-gorges, de linottes et de pinsons, nous empresserons-nous de conclure que cette éducation par l'estomac lui permettra plus tard, sans autre initiation que celle du rôti, de se reconnaître au milieu des groupes ornithologiques et de ne pas les confondre l'un avec l'autre lorsqu'à son tour il placera ses gluaux? La digestion d'un salmis d'oisillons, si répétée qu'elle soit chez lui et sa parenté ascendante, suffira-t-elle pour en faire un oiseleur consommé? Le Cerceris a mangé du Charançon; ses ancêtres en ont tous mangé, et religieusement. Si vous voyez là le motif qui fait de l'hyménoptère un connaisseur de curculionides, dont la perspicacité n'a de rivale que celle d'un entomologiste de profession, pourquoi vous refuseriez-vous aux mêmes conséquences pour la famille de l'oiseleur?

J'ai hâte de quitter ces problèmes insolubles pour attaquer la question des vivres sous un autre point de vue. Chaque hyménoptère giboyeur est cantonné dans un genre de venaison, habituellement très limité. Il a son gibier attitré, hors duquel tout lui est suspect, odieux. Les embûches de l'expérimentateur qui lui soutire sa proie pour lui en jeter une autre en échange, les émotions du propriétaire détroussé et retrouvant aussitôt son bien mais sous une autre forme, ne peuvent lui donner le change. Obstinément il refuse ce qui est étranger à son lot, à l'instant il accepte ce qui en fait partie. D'où provient cette répugnance invincible pour des vivres non usités dans la famille? Ici l'expérimentation peut être invoquée. Invoquons-la : son dire est le seul digne de confiance.

La première idée qui se présente, et la seule, je pense, qui puisse se présenter, c'est que la larve, le nourrisson carnivore a ses préférences, ou pour mieux dire ses goûts exclusifs. Telle proie lui convient, telle autre ne lui convient pas ; et la mère la sert conformément à ses appétits, immuables pour chaque espèce. Ici le mets de famille est le Taon ; ailleurs, c'est le Charançon ; ailleurs encore, c'est le Grillon, c'est le Criquet, c'est la Mante religieuse. Bonnes en soi d'une façon générale, ces diverses victuailles peuvent être pernicieuses pour un consommateur qui n'en a pas l'habitude. La larve qui raffole du Criquet peut trouver la chenille nourriture abominable, et celle qui se délecte avec la chenille peut avoir en horreur le Criquet. Il nous serait difficile de discerner en quoi diffèrent, comme matières sapides et nourrissantes, la chair du Grillon et celle de l'Éphippigère ; cela ne veut pas dire que les deux Sphex adonnés à ce régime n'aient sur ce point des opinions bien arrêtées, et ne soient pénétrés, chacun, d'une haute estime pour son mets traditionnel et d'une profonde aversion pour l'autre. Les goûts ne se discutent pas.

D'ailleurs l'hygiène pourrait bien être ici intéressée. Rien ne dit que l'Araignée, régal du Pompile, ne soit poison ou du moins aliment malsain pour le Bembex, amateur de Taons ; que la juteuse chenille de l'Ammophile ne rebute l'estomac du Sphex, nourri du sec acridien. L'estime de la mère pour tel gibier, son mépris pour tel autre, auraient alors comme mobile les satisfactions et les répugnances de ses nourrissons ; l'approvisionneuse réglerait le menu sur les exigences gastronomiques des approvisionnés.

Cet exclusivisme de la larve carnivore paraît d'autant

plus probable, que la larve à régime végétal ne veut se prêter, en aucune façon, à un changement de nourriture. Si pressée qu'elle soit par la faim, la chenille du Sphinx de l'euphorbe, broutant les tithymales, se laissera périr d'inanition devant une feuille de chou, mets sans pareil pour la Piéride. Son estomac, brûlé par de fortes épices, trouvera fade et immangeable la crucifère, relevée cependant d'essence sulfurée. La Piéride, de son côté, se gardera bien de toucher aux tithymales : il y aurait pour elle péril de mort. La chenille de l'Atropos veut les narcotiques solanées, principalement la pomme de terre ; et ne veut que cela. Tout ce qui n'est pas assaisonné de solanine lui est odieux. Et ce ne sont pas seulement les larves à nourriture fortement pimentée d'alcaloïdes et de principes vireux qui se refusent à toute innovation alimentaire ; les autres, jusqu'à celles dont le régime est le moins sapide, sont d'une intransigeance invincible. Chacune a sa plante ou son groupe de plantes, hors duquel il n'y a plus rien d'acceptable.

J'ai gardé souvenir d'une gelée tardive qui venait, pendant la nuit, de griller les bourgeons du mûrier au moment des premières feuilles. Le lendemain, ce fut grand émoi chez mes voisins les métayers : les vers-à-soie étaient éclos et la nourriture brusquement manquait. Il fallait attendre que le soleil réparât le désastre ; mais comment faire pour entretenir quelques jours les nouveau-nés affamés? On me savait connaisseur de plantes ; mes récoltes à travers champs m'avaient valu le renom d'herboriste pour remèdes. Avec la fleur du coquelicot, je préparais un élixir qui éclaircit la vue ; avec la bourrache, j'obtenais un sirop souverain contre la coqueluche ; je distillais la camomille, je retirais l'essence du thé des montagnes. Bref, la botanique m'avait donné la réputation d'un préparateur d'orviétan. C'est toujours quelque chose.

Les ménagères, qui d'ici, qui de là, vinrent me trouver ; et la larme à l'œil, m'exposèrent l'affaire. Que donner à leurs vers en attendant que le mûrier repousse? Affaire bien grave, bien digne de commisération. L'une comptait sur sa chambrée pour acheter un rouleau de toile destiné à sa fille sur le point de se marier ; une autre me confiait ses projets d'un porc, qu'elle devait engraisser pour l'hiver suivant ; toutes déploraient la poignée d'écus qui, déposés au fond de la cachette de l'armoire, dans un bas dépareillé, auraient donné soulagement aux jours difficiles. Et gonflées de chagrin, elles entr'ouvraient sous mes yeux un morceau de flanelle où grouillait la vermine : « *Régardas, Moussu : venoun d'espéli, et ren per lour douna ! Ah ! pécaïré !* »

Pauvres gens ! quel rude métier que le vôtre, honorable entre tous, et de tous le plus incertain ! Vous vous exterminez au travail, et lorsque vous touchez presque au but, quelques heures d'une nuit froide, brutalement survenue, mettent à néant la récolte. Venir en aide à ces affligées me parut bien difficile. J'essayai cependant, prenant pour guide la botanique, qui me conseillait, comme succédané du mûrier, les végétaux des familles voisines, l'orme, le micocoulier, l'ortie, la pariétaire. Leur feuillage naissant, coupé menu, fut présenté aux vers. D'autres essais , bien moins logiques, furent tentés suivant l'inspiration de chacun. Rien n'aboutit. Les nouveau-nés se laissèrent, jusqu'au dernier, mourir de faim. Mon renom de préparateur d'orviétan dut quelque peu souffrir de cet échec. Était-ce bien ma faute ?

Non, mais celle du ver-à-soie, trop fidèle à sa feuille de mûrier.

Ce fut donc avec la presque certitude de ne pas réussir, que je fis mes débuts d'éducateur de larves carnassières avec une proie non conforme à l'habituel régime. Par acquit de conscience, sans grand zèle, j'essayai ce qui me paraissait devoir piteusement échouer. La saison touchait à sa fin. Seuls, les Bembex, fréquents dans les sables des collines voisines, pouvaient m'offrir encore, sans recherches trop prolongées, quelques sujets d'expérimentation. Le Bembex tarsier me fournit ce que je désirais : des larves assez jeunes pour avoir encore devant elles une longue période d'alimentation, assez développées néanmoins pour supporter les épreuves d'un déménagement.

Ces larves sont exhumées avec tous les égards que réclame leur délicat épiderme ; sont exhumées aussi les pièces de gibier intactes, récemment apportées par la mère, et consistant en divers diptères parmi lesquels figurent des Anthrax. Une vieille boîte à sardines, meublée d'une couche de sable fin et divisée en chambres par des cloisons de papier, reçoit mes élèves, isolés l'un de l'autre. De ces mangeurs de mouches, je me propose de faire des mangeurs de sauterelles ; à leur régime de Bembex, je veux substituer le régime d'un Sphex ou d'un Tachyte. Pour m'épargner des courses fastidieuses en vue de l'approvisionnement du réfectoire, j'adopte ce que la bonne fortune me présente sur le seuil même de ma porte. Un locustien vert, à sabre court, recourbé en faucille, le *Phaneroptera falcata*, ravage les corolles de mes pétunias. C'est le moment de me dédommager des dépits qu'il me cause. Je le choisis jeune, d'un centimètre à deux de longueur; et je l'immobilise, sans plus de façon, par l'écrasement de la tête. En cet état, il est servi aux Bembex, à la place de leurs diptères.

Si le lecteur a partagé mes convictions d'insuccès, convictions basées sur des motifs très logiques, il partagera maintenant ma profonde surprise. L'impossible devient le possible ; l'insensé, le raisonnable ; le prévu, le contraire du réel. Le mets servi pour la première fois à la table des Bembex, depuis qu'il y a des Bembex au monde, est accepté sans répugnance aucune et consommé avec toutes les marques de la satisfaction. Donnons ici le journal circonstancié de l'un de mes convives, journal dont celui des autres ne serait que la répétition à quelques variantes près.

2 août 1883. — La larve du Bembex, telle que je l'extrais de son terrier, est à peu près à la moitié de son développement. Autour d'elle je ne trouve que de maigres résidus de repas, consistant surtout en ailes d'Anthrax, mi-partie diaphanes et mi-partie enfumées. La mère aurait complété par de nouveaux apports l'approvisionnement, fait au jour le jour. Je donne au nourrisson, consommateur d'Anthrax, un jeune Phanéroptère. Le locustien est attaqué sans hésitation. Ce changement si profond dans la nature des vivres ne paraît en rien inquiéter la larve, qui mord à pleines mandibules dans le riche morceau et ne le lâche qu'après l'avoir épuisé. Sur le soir, la pièce vidée est remplacée par une autre, toute fraîche, de même espèce, mais plus volumineuse et mesurant deux centimètres.

3 août. — Le lendemain, je trouve le Phanéroptère dévoré. Il n'en reste que les téguments arides, non démembrés. Tout le contenu a disparu; le gibier a été

vidé par une large ouverture pratiquée dans le ventre. Un mangeur attitré de sauterelles n'aurait pas mieux opéré. A la carcasse sans valeur, je substitue deux petits locustiens. Tout d'abord la larve n'y touche pas, amplement repue qu'elle est par le repas si copieux de la veille. Dans l'après-midi cependant l'une des pièces est résolument attaquée.

4 août. — Je renouvelle les vivres, bien que ceux de la veille ne soient pas achevés. C'est du reste ce que je fais chaque jour, afin que mon élève ait constamment sous la dent des vivres frais. Un gibier faisandé lui troublerait l'estomac. Mes locustiens ne sont pas des victimes à la fois vivantes et inertes, opérées suivant la méthode délicate des paralyseurs ; ce sont des cadavres obtenus par le brutal écrasement de la tête. Avec la température qui règne, l'altération des chairs est rapide, ce qui m'impose des renouvellements fréquents dans le réfectoire de la boîte à sardines. Deux pièces sont servies. L'une est attaquée bientôt après, et la larve s'y maintient assidûment.

5 août. — Le famélique appétit du début se calme. Mon service pourrait bien être trop généreux, et il serait prudent de faire succéder un peu de diète à cette gargantuélique bombance. La mère certainement est plus parcimonieuse. Si toute sa famille mangeait comme mon invité, elle ne pourrait y suffire. Donc, par raison d'hygiène, jeûne et vigile aujourd'hui.

6 août. — Le service est repris avec deux Phanéroptères. L'un est consommé en entier, l'autre est entamé.

7 août. — La ration d'aujourd'hui est dégustée puis délaissée. La larve semble inquiète. De sa bouche

pointue, elle explore les parois de la chambre. A ce signe se reconnaît l'approche du travail du cocon.

8 août. — Dans la nuit, la larve a filé sa nasse de soie. Elle l'incruste maintenant de grains de sable. Suivent, avec le temps, les phases normales de la métamorphose. Nourrie de locustiens, inconnus à sa race, la larve parcourt ses étapes sans plus d'encombre que ses sœurs nourries de diptères.

Même succès avec de jeunes Mantes pour nourriture. L'une des larves ainsi servies me laisserait même croire qu'elle préférait le mets nouveau au mets traditionnel de sa race. Deux Eristales et une Mante religieuse de trois centimètres composaient sa carte du jour. Dès les premières bouchées, les Éristales sont dédaignés, et la Mante, déjà dégustée et trouvée, paraît-il, excellente, fait oublier complètement le diptère. Était-ce préférence de gourmet, motivée par des chairs plus juteuses ? Je n'ai pas qualité pour l'affirmer. Toujours est-il que le Bembex n'est pas tellement fanatique du diptère, qu'il ne l'abandonne pour un autre gibier.

Eh bien, est-il assez probant cet échec prévu devenu succès superbe ? Sans le témoignage de l'expérience, à quoi pouvons-nous donc nous fier ? Sous les ruines de tant de systèmes qui paraissaient très solidement échafaudés, j'hésiterais à reconnaître que deux et deux font quatre si les faits n'étaient là. Mon argumentation avait pour elle la vraisemblance la plus entraînante, elle n'avait pas pour elle la vérité. Comme on peut toujours après coup trouver des raisons pour étayer une opinion dont on ne voulait pas d'abord, maintenant je raisonnerais ainsi :

La plante est la grande usine où s'élaborent, avec

les matériaux du minéral, les principes organiques, matériaux de la vie. Certains produits sont communs à toute la série végétale, mais d'autres, bien plus nombreux, se préparent dans des laboratoires déterminés. Chaque genre, chaque espèce a sa marque de fabrique. Qui travaille les essences, qui les alcaloïdes, qui les fécules, les corps gras, les résines, les sucres, les acides. De là résultent des énergies spéciales, dont tout animal herbivore ne peut s'accommoder. Certes il faut un estomac fait exprès pour digérer l'aconit, le colchique, la ciguë, la jusquiame ; qui ne l'a pas ne pourrait supporter semblable régime. Et puis, les Mithridates alimentés de poison ne sont réfractaires qu'à un seul toxique. La chenille de l'Atropos, qui se délecte avec la solanine de la pomme de terre, serait tuée par l'âcre principe des tithymales, aliment du Sphinx de l'euphorbe. Les larves herbivores sont donc forcément exclusives dans leurs goûts, parce que les végétaux ont des propriétés fort différentes d'un genre à l'autre.

A cette variété des produits de la plante, l'animal, consommateur bien plus que producteur, oppose l'uniformité des siens. Albumine de l'œuf de l'autruche ou de l'œuf du pinson, caséine du lait de la vache ou du lait de l'ânesse, chair musculaire du loup ou du mouton, du chat-huant ou du mulot, de la grenouille ou du lombric, c'est toujours de l'albumine, de la caséine, de la fibrine, mangeables sinon mangées. Ici pas d'assaisonnements atroces, pas de spéciales âcretés, pas d'alcaloïdes mortels pour tout estomac autre que celui du consommateur attitré ; aussi le comestible animal n'est-il pas limité pour un même convive. Que ne mange pas l'homme, depuis le régal des terres arctiques, potage au sang de phoque et morceau de lard de baleine enveloppé d'une feuille de saule pour légume, jusqu'au ver-à-soie frit du Chinois et au criquet desséché de l'Arabe? Que ne mangerait-il pas s'il n'avait à surmonter des répugnances dictées par des habitudes bien plus que par des besoins réels? La proie étant uniforme dans ses principes nutritifs, la larve carnassière doit donc s'accommoder de tout gibier, surtout si le nouveau mets ne s'écarte pas trop des usages consacrés. Ainsi raisonnerais-je, avec non moins de probabilité, si j'avais à recommencer. Mais comme tous nos arguments ne valent pas un fait, faudrait-il finalement en venir à l'expérimentation.

C'est ce que je fis l'année suivante sur une plus grande échelle et sur des sujets plus variés. Je recule devant le narré suivi de mes essais et de mon éducation personnelle dans cet art nouveau, où l'insuccès du jour m'enseignait la voie pour la réussite du lendemain. Ce serait d'une fastidieuse longueur. Qu'il me suffise de formuler brièvement mes résultats et les conditions à remplir pour bien conduire le délicat réfectoire.

Et tout d'abord, il ne faut pas songer à détacher l'œuf de sa proie naturelle pour le déposer sur une autre. Cet œuf adhère assez fortement, par son bout céphalique, à la pièce de gibier. L'enlever de sa place serait le compromettre infailliblement. Je laisse donc la larve éclore et acquérir assez de force pour supporter le déménagement sans péril. D'ailleurs mes fouilles me procurent le plus souvent mes sujets sous forme de larves. J'adopte pour élèves les larves ayant du quart à la moitié de leur développement. Les autres sont trop jeunes et de maniement périlleux, ou trop vieilles et d'alimentation artificielle bornée à une courte période.

En second lieu, j'évite les pièces de gibier volumineuses, dont une seule suffirait pour toute l'étape de la croissance. J'ai déjà dit et je répète ici combien est délicate la consommation d'une pièce qui doit se conserver fraîche une paire de semaines et n'achever de mourir que lorsqu'elle est presque entièrement dévorée. La mort ici ne laisse pas de cadavre ; quand la vie s'éteint tout à fait, le corps a disparu, ne laissant qu'un chiffon d'épiderme. Les larves à grosse et unique proie ont un art de manger spécial, art périlleux où un coup de dent maladroit devient fatal. Mordue avant l'heure en tel ou tel point, la victime tombe en pourriture, ce qui promptement amène la mort du consommateur par intoxication. Détournée de son filon d'attaque, la larve ne sait pas toujours retrouver à propos les morceaux licites, et elle périt de la décomposition de son gibier mal dépecé. Que sera-ce si l'expérimentateur lui donne un gibier dont elle n'a pas l'habitude ? Ne sachant pas le manger suivant les règles, elle le tuera ; et les vivres seront pourriture toxique du jour au lendemain. J'ai raconté comment il m'a été impossible d'élever la Scolie à deux bandes avec des larves d'Orycte, immobilisées par des liens, ou bien avec des Éphippigères, paralysées par le Sphex languedocien. Dans les deux cas, le mets nouveau était accepté sans hésitation, preuve qu'il convenait au nourrisson ; mais en un jour ou deux survenait la pourriture et la Scolie périssait sur le morceau fétide. La méthode pour conserver l'Éphippigère, si bien connue du Sphex, était inconnue à mon pensionnaire, et cela suffisait pour lui convertir en poison un délicieux manger.

Ainsi ont misérablement échoué mes autres tentatives d'alimentation avec l'unique service d'une proie volumineuse substituée à la ration normale. Un seul succès est inscrit dans mes notes, mais tellement difficultueux, que je ne me chargerais pas de l'obtenir une seconde fois. Je suis parvenu à nourrir la larve de l'Ammophile hérissée avec un Grillon noir adulte, accepté d'ailleurs aussi volontiers que le gibier naturel, la chenille.

Pour éviter la pourriture des vivres de trop longue durée, non consommés suivant la méthode indispensable à leur conservation, j'emploie du gibier menu, dont chaque pièce peut être achevée par la larve en une seule séance, au plus dans une journée. Peu importe alors que la proie soit déchiquetée, démembrée au hasard ; la décomposition n'a pas le temps de gagner ses chairs encore pantelantes. Ainsi procèdent les larves à brutale déglutition, qui happent à l'aventure sans distinction entre les morceaux, les larves des Bembex, par exemple, qui finissent le diptère mordu avant d'en attaquer un autre dans le tas ; celles des Cerceris, qui vident leurs charançons méthodiquement l'un après l'autre. Dès les premiers coups de mandibules, la pièce entamée peut être mortellement atteinte. En cela, nul inconvénient : une séance de courte durée suffit pour utiliser le cadavre, soustrait à l'altération putride par sa prompte consommation. Tout à côté, les autres pièces, bien vivantes dans leur immobilité, attendent l'une après l'autre leur tour et fournissent une réserve de vivres toujours frais.

Je suis trop ignare charcutier pour imiter l'hyménoptère et recourir moi-même à la paralysie ; et puis le liquide caustique instillé sur les centres nerveux, l'ammoniaque en particulier, laisserait des traces odorantes ou sapides capables de rebuter mes pensionnaires. Me voilà dans la nécessité de tuer à fond mes bêtes afin de les immobiliser. Des provisions suffisantes faites à l'avance, en une seule fois, deviennent alors impraticables : tandis qu'une pièce de la ration serait consommée, les autres se gâteraient. Une seule ressource me reste, fort assujettissante : c'est de renouveler chaque jour l'approvisionnement. Toutes ces conditions remplies, le succès de l'alimentation artificielle n'est pas sans quelques difficultés ; néanmoins, avec un peu de soin et surtout beaucoup de patience, il est à peu près assuré.

C'est ainsi que j'ai élevé le Bembex tarsier, mangeur d'Anthrax et autres diptères, avec de jeunes locustiens ou mantiens ; l'Ammophile soyeuse, dont le menu consiste surtout en chenilles arpenteuses, avec de petites araignées ; le Pélopée tourneur, consommateur d'araignées, avec de tendres acridiens ; le Cerceris des sables, amateur passionné de charançons, avec des Halictes ; le Philanthe apivore, exclusivement nourri d'abeilles domestiques, avec des Éristales et autres diptères. Sans parvenir au but final, pour les motifs que je viens d'exposer, j'ai vu la Scolie à deux bandes se repaître avec satisfaction du ver de l'Orycte substitué à celui de la Cétoine, et s'accommoder de l'Éphippigère retirée du terrier du Sphex ; j'ai assisté au repas de trois Ammophiles hérissées, acceptant de fort bon appétit le Grillon qui remplaçait leur chenille. L'une d'elles, je viens de le dire, servie par des circonstances impossibles à démêler, a su même conserver sa ration fraîche, ce qui lui a permis de se développer en plein et de filer son cocon.

Ces exemples, les seuls sur lesquels mes expérimentations se soient portées jusqu'ici, me semblent assez probants pour me permettre de conclure que la larve carnassière n'a pas des goûts exclusifs. La ration si monotone, si limitée en qualité, qui lui est servie par la mère, pourrait être remplacée par d'autres également de son goût. La variété ne lui déplaît pas ; elle lui profite aussi bien que l'uniformité ; elle serait même plus avantageuse à sa race, ainsi qu'on le verra tantôt.

XV

UNE PIQURE AU TRANSFORMISME

Élever un consommateur de chenilles avec une brochette d'araignées, c'est très innocent, incapable de compromettre la sécurité de la chose publique ; c'est aussi très puéril, je me hâte de le confesser, et digne de l'écolier qui, dans les mystères de son bureau, cherche, comme il peut, à faire diversion aux charmes du thème. Aussi n'aurais-je pas entrepris ces recherches et encore moins en aurais-je parlé, non sans complaisance, si je n'avais entrevu dans les résultats de mon réfectoire une certaine portée philosophique. Le transformisme me paraissait en cause.

Certes, c'est grandiose entreprise, adéquate aux immenses ambitions de l'homme, que de vouloir couler l'univers dans le moule d'une formule et de soumettre toute réalité à la norme de la raison. Le géomètre procède ainsi. Il définit le cône, conception idéale ; puis il le coupe par un plan. La section conique est soumise à l'algèbre, appareil d'obstétrique accouchant l'équation ; et voici que, sollicités dans un sens puis dans l'autre, les flancs de la formule mettent au jour l'ellipse, l'hyperbole, la parabole, leurs foyers, leurs rayons vecteurs, leurs tangentes, leurs normales, leurs axes conjugués, leurs asymptotes et le reste. C'est magnifique, à tel point que l'enthousiasme vous gagne, même quand on a vingt ans, âge peu fait pour les sévérités mathématiques. C'est superbe. On croit assister à une création.

En fait, on n'assiste qu'à des points de vue divers de la même idée, points de vue mis tour à tour en lumière par les phases de la formule transformée. Tout ce que l'algèbre nous déroule était contenu dans la définition du cône, mais contenu en germe, sous des formes latentes que la magie du calcul convertit en formes explicites. La valeur brute que notre esprit lui avait confiée, l'équation nous la rend, sans perte ni gain, en monnaies de toute effigie. Et c'est précisément là ce qui fait du calcul la rigueur inflexible, la lumineuse certitude devant laquelle forcément s'incline toute intelligence cultivée. L'algèbre est l'oracle de la vérité absolue parce qu'elle ne dévoile rien autre que ce que l'esprit y avait recélé, sous un amalgame de symboles. Nous lui donnons à laminer 2 et 2 ; l'outil fonctionne et nous montre 4. Voilà tout.

Mais à ce calcul, tout-puissant tant qu'il ne sort pas du domaine de l'idéal, soumettons une très modeste réalité, la chute d'un grain de sable, le mouvement pendulaire d'un corps. L'outil ne fonctionne plus, ou ne fonctionne qu'en supprimant à peu près tout le réel. Il lui faut un point matériel idéal, un fil rigide idéal, un point de suspension idéal; et alors le mouvement pendulaire se traduit par une formule. Mais le problème défie tous les artifices de l'analyse si le corps oscillant est un corps réel, avec son volume et ses frottements ; si le fil de suspension est un fil réel, avec son poids et sa flexibilité ; si le point d'appui est un point réel, avec sa résistance et ses déformations. Ainsi des autres questions, si humbles qu'elles soient. L'exacte réalité échappe à la formule.

Oui, il serait beau de mettre le monde en équation, de se donner pour principe une cellule gonflée de glaire, et de transformations en transformations, retrouver la vie sous ses mille aspects comme le géomètre retrouve l'ellipse et les autres courbes en discutant son cône sectionné ; oui, ce serait superbe, et de nature à nous grandir d'une coudée. Hélas ! combien ne faut-il pas rabattre de nos prétentions ! La réalité est pour nous insaisissable s'il s'agit seulement de suivre un grain de poussière dans sa chute, et nous nous ferions forts de remonter le courant de la vie et de parvenir à ses origines ! Le problème est autrement ardu que celui que l'algèbre se refuse à résoudre. Il y a ici de formidables inconnues, plus indéchiffrables que les résistances, les déformations, les frottements de la machine pendulaire. Écartons-les pour bien asseoir la théorie.

Soit, mais alors ma confiance est ébranlée en cette histoire naturelle qui répudie la nature et donne à des vues idéales le pas sur la réalité des faits. Alors, sans chercher l'occasion, ce qui n'est pas mon affaire, je la saisis quand elle se présente ; je fais le tour du transformisme, et ce qui m'est affirmé majestueuse coupole d'un monument capable de défier les âges, ne m'apparaissant que vessie, irrévérencieux j'y plonge mon épingle.

Voici la nouvelle piqûre. L'aptitude à un régime varié est un élément de prospérité pour l'animal, un facteur de premier ordre pour l'extension et la prédominance de sa race dans l'âpre lutte de la vie. L'espèce la plus misérable serait celle dont l'existence dépendrait d'une bouchée tellement exclusive que rien autre ne pût la remplacer. Que deviendrait l'hirondelle s'il lui fallait pour vivre un moucheron déterminé, un seul, toujours le même? Ce moucheron disparu, et l'existence du moustique n'est pas longue, l'oiseau succomberait affamé. Heureusement pour elle et pour la joie de nos demeures, l'hirondelle les gobe tous indistinctement, ainsi qu'une foule d'autres insectes aux danses aériennes. Que deviendrait l'alouette si son gésier ne pouvait digérer qu'une semence, invariablement la même? La saison de cette semence finie, saison toujours courte, l'hôte des sillons périrait.

L'une des hautes prérogatives zoologiques de l'homme, n'est-ce pas son estomac complaisant, apte à l'alimentation la plus variée? Il est ainsi affranchi du climat, de la saison, de la latitude. Et le chien, comment se fait-il que, de tous nos animaux domestiques, il soit le seul à pouvoir nous accompagner partout, jusque dans les expéditions les plus rudes? Encore un omnivore et de la sorte un cosmopolite.

La découverte d'un plat nouveau, disait Brillat-Savarin, importe plus à l'humanité que la découverte d'une nouvelle planète. L'aphorisme est plus vrai qu'il n'en a l'air sous sa forme humoristique. Certes celui-là qui le premier s'avisa d'écraser le froment, de pétrir la farine et de mettre cuire la pâte entre deux pierres chaudes, fut plus méritoire que le découvreur du deux centième astéroïde. L'invention de la pomme de terre vaut bien l'invention de Neptune, si glorieuse qu'elle soit. Tout ce qui accroît nos ressources alimentaires est trouvaille de premier mérite. Et ce qui est vrai de l'homme ne peut être faux de l'animal. Le monde est à l'estomac affranchi des spécialités. Pareille vérité se démontre par le seul énoncé.

Et maintenant revenons à nos bêtes. Si j'en crois les évolutionnistes, les divers hyménoptères giboyeurs descendent d'un petit nombre de types, eux-mêmes dérivés, par des filiations incommensurables, de quelques amibes, de quelques monères, et finalement du premier grumeau protoplasmique fortuitement condensé. Ne remontons pas si haut, ne nous plongeons pas dans les nuages où trop facilement trouvent à s'embusquer l'illusion et l'erreur. Adoptons un sujet à limites précises, c'est le seul moyen de s'entendre.

Les Sphégiens descendent d'un type unique, luimême déjà dérivé très avancé, et, comme ses successeurs, nourrissant sa famille de proie. L'étroite analogie des formes, de la coloration et surtout des mœurs, semblent rattacher les Tachytes à la même origine. C'est largement assez ; tenons-nous-en là ? Or que chassait, je vous prie, ce prototype des Sphégiens ? Avait-il régime varié ou régime uniforme ? Ne pouvant décider, examinons les deux cas.

Le régime était varié. J'en félicite hautement ce premier né des Sphex. Il était dans les meilleures conditions pour laisser descendance prospère. S'accommodant de toute proie non disproportionnée avec ses forces, il évitait la disette d'un gibier déterminé en tel moment et tel lieu ; il trouvait toujours de quoi doter magnifiquement les siens, assez indifférents d'ailleurs à la nature des vivres pourvu que cela fût de la chair entomologique fraîche, ainsi qu'en témoignent aujourd'hui les goûts de leurs arrière-cousins. Ce patriarche de la gent sphégienne avait en lui les meilleures chances d'assurer aux siens la victoire dans cet implacable combat pour l'existence, qui élimine le faible, l'inepte, et ne laisse survivre que le fort, l'industrieux ; il possédait une aptitude de haute valeur que l'atavisme ne pouvait manquer de transmettre, et que la descendance, très intéressée à conserver ce magnifique patrimoine, devait invétérer et même accentuer davantage d'une génération à la suivante, d'un rameau dérivé à un autre rameau dérivé.

Au lieu de cette race d'omnivores sans scrupule, prélevant butin sur tout gibier à leur très grand avantage, que voyons-nous aujourd'hui ? Chaque sphégien est sottement limité à un régime invariable ; il ne chasse qu'un genre de proie, bien que la larve les accepte tous. L'un ne veut que l'Éphippigère, et encore la lui faut-il femelle ; l'autre ne veut que le Grillon. Celui-ci adopte l'acridien et pas plus ; celui-là la Mante et l'Empuse. Tel est voué au ver gris, tel autre à la chenille arpenteuse.

Idiots ! quelle méprise a été la vôtre de laisser tomber en désuétude le sage éclectisme professé par votre ancêtre, dont les reliques reposent aujourd'hui dans la vase durcie de quelque terrain lacustre ! Comme tout irait mieux pour vous et pour votre famille ! L'abondance est assurée ; les pénibles recherches, parfois infructueuses, sont évitées ; le garde-manger regorge sans être soumis aux éventualités de l'heure, du lieu, du climat. Si l'Éphippigère manque, on se rabat sur le Grillon ; si le Grillon est absent, on fait capture de la Sauterelle. Mais non, oh ! mes beaux Sphex, vous n'avez pas été aussi idiots que cela. Si vous êtes de nos jours cantonnés chacun dans un mets de famille, c'est que votre ancêtre des schistes lacustres ne vous a pas enseigné la variété.

Vous aurait-il enseigné l'uniformité ? — Admettons que l'antique Sphex, novice dans l'art gastronomique, ait préparé ses conserves avec une seule sorte de proie, n'importe laquelle. Ce sont alors ses descendants qui, subdivisés en groupes et constitués enfin en autant d'espèces distinctes par le lent travail des siècles, se sont avisés qu'en dehors du comestible des ancêtres il y avait une foule d'autres aliments. La tradition étant abandonnée, leur choix n'avait plus de guide. Parmi le gibier insecte, ils ont donc essayé un peu de tout, à l'aventure ; et chaque fois la larve, dont les goûts sont seuls à consulter ici, était satisfaite du service, comme elle l'est aujourd'hui dans le réfectoire approvisionné par mes soins.

Chaque essai était l'invention d'un plat nouveau, événement grave d'après les maîtres, ressource inestimable pour la famille, ainsi affranchie des menaces de disette et rendue apte à prospérer sur de grandes étendues, d'où l'exclurait l'absence ou la rareté d'une venaison uniforme. Et après avoir fait usage d'une foule de mets différents pour en arriver à la variété culinaire adoptée aujourd'hui par l'ensemble du peuple sphégien, ne voilà-t-il pas que chaque espèce se limite à un seul gibier, hors duquel toute pièce est obstinément refusée, non à table bien entendu, mais sur les lieux de chasse ! Avoir découvert, par vos essais d'âge en âge, la variété de l'alimentation ; l'avoir pratiquée, au grand avantage de votre race, et finir par l'uniformité, cause de décadence ; avoir connu l'excellent et le répudier pour le médiocre, oh ! mes Sphex, ce serait stupide si le transformisme avait raison.

Pour ne pas vous faire injure et respecter aussi le sens commun, j'estime donc que si, de nos jours, vous bornez vos chasses à un seul genre de venaison, c'est que jamais vous n'en avez connu d'autre. J'estime que votre ancêtre commun, votre précurseur, à goûts simples ou bien à goûts multiples, est une pure chimère, car s'il y avait entre vous parenté, ayant essayé de tout pour arriver au mets actuel de chaque espèce, ayant mangé de tout, et l'estomac s'en trouvant bien, vous seriez maintenant, du premier au dernier, des consommateurs sans préjugés, des progressistes omnivores. J'estime enfin que le transformisme est impuissant à rendre compte de votre régime. Ainsi conclut le réfectoire installé dans la vieille boîte à sardines.

XVI

LA RATION SUIVANT LE SEXE

Considérée sous le rapport de la qualité, la nourriture vient de mettre à nu notre profonde ignorance des origines de l'instinct. Le succès est aux bruyants, aux affirmatifs imperturbables ; tout est admis à la condition de faire un peu de bruit. Dépouillons ce travers et reconnaissons qu'en réalité nous ne savons rien de rien, s'il faut creuser à fond les choses. Scientifiquement, la nature est une énigme sans solution définitive pour la curiosité de l'homme. A l'hypothèse succède l'hypothèse, les décombres des théories s'amoncellent, et la vérité fuit toujours. Savoir ignorer pourrait bien être le dernier mot de la sagesse.

Sous le rapport de la quantité, la nourriture nous soumet d'autres problèmes, non moins ténébreux. Pour qui se livre assidûment à l'étude des mœurs des hyménoptères déprédateurs, un fait bien remarquable ne tarde pas à captiver l'attention, alors que l'esprit, loin de se satisfaire de larges généralités, dont s'accommode trop aisément notre paresse, veut pénétrer, autant que possible, dans le secret des détails, si curieux, si importants parfois, à mesure qu'ils nous sont mieux connus. Ce fait, ma préoccupation depuis longues années, c'est la quantité variable des vivres amassés dans le terrier pour la nourriture de la larve.

Chaque espèce est d'une scrupuleuse fidélité au régime des ancêtres. Voici que depuis plus d'un quart de siècle, j'explore ma région dans tous les sens, et je n'ai jamais vu varier le service. Aujourd'hui, comme il y a trente ans, il faut à chaque giboyeur la proie que je lui ai vu d'abord chasser. Mais si la nature des vivres est constante, il n'en est plus de même de la quantité. Sous ce rapport, la différence est si grande, qu'il faudrait être observateur bien superficiel pour la méconnaître dès les premières fouilles des terriers. En mes débuts, cette différence du simple au double, au triple et au delà, m'a rendu fort perplexe et m'a conduit à des interprétations que je répudie aujourd'hui.

Voici, parmi ceux qui me sont le plus familiers, quelques exemples de ces variations dans le nombre de pièces servies à la larve, pièces à très peu près identiques pour le volume, bien entendu. — Dans le buffet du Sphex à ailes jaunes, l'approvisionnement terminé et la demeure close, on trouve tantôt deux ou trois Grillons, et tantôt on en trouve quatre. Le Stize ruficorne, établi dans quelque veine de grès tendre de la mollasse, met dans telle loge trois mantes religieuses, et dans telle autre, il en met cinq. Les coffrets de glaise et de pierrailles de l'Eumène d'Amédée contiennent, les plus richement dotés, une dizaine de petites chenilles, et les plus maigrement servis, cinq. Le Cerceris des sables compose la ration ici de huit charançons et là de douze et même davantage. Mes notes abondent en relevés de ce genre. Les citer tous est inutile pour le but que je me propose. Il sera préférable de donner l'inventaire circonstancié du Philanthe apivore et du Tachyte manticide, spécialement étudiés au point de vue de la quantité des victuailles.

Le sacrificateur d'abeilles domestiques est fréquent dans mon voisinage ; c'est lui qui peut me fournir, aux moindres frais, la plus grande somme de renseignements. En septembre, je vois le hardi flibustier voler de touffe en touffe sur les bruyères roses où l'abeille butine. Le bandit brusquement survient, plane, fait son choix et se précipite. C'est fait : la pauvre ouvrière, la langue étirée par l'agonie, est transportée au vol dans les souterrains du repaire, souvent très éloigné des lieux de capture. Des ruissellements de déblais terreux, sur les pentes dénudées et les berges des sentiers, aussitôt trahissent les demeures du ravisseur ; et comme le Philanthe travaille toujours en colonies assez populeuses, il m'est loisible, une fois les cités relevées, de faire à coup sûr de fructueuses fouilles pendant le chômage de l'hiver.

C'est pénible travail de sape, car les galeries plongent à une grande profondeur. Favier manœuvre le pic et la pelle ; je brise les mottes abattues et j'ouvre les cellules, dont le contenu, cocon et reste de vivres, est aussitôt transvasé soigneusement dans un petit cornet de papier. Quelquefois le paquet d'abeilles est intact, la larve ne s'étant pas développée ; le plus souvent les vivres ont été consommés, mais il est toujours possible de savoir à combien de pièces s'élevait l'approvisionnement. Les têtes, les abdomens, les thorax, vidés de leurs matières charnues et réduits à la coriace enveloppe, sont assez aisément dénombrables. Si la larve les a trop mâchonnés, il reste au moins les ailes, organes arides que le Philanthe dédaigne absolument. L'humidité, la pourriture, le temps les respectent aussi, à tel point que l'inventaire est aussi facile pour une cellule vieille de plusieurs années que pour une cellule récente. L'essentiel est de ne rien oublier de ces minutieuses reliques pendant la mise en cornet, au milieu des mille incidents de la fouille. Le reste sera travail de cabinet, sous la loupe, amas par amas de résidus ; les ailes seront dégagées de leur gangue de débris et comptées quatre par quatre. Le résultat sera le relevé des vivres. Je ne recommanderai pas cet exercice à qui ne serait doué d'une bonne dose de patience, à qui surtout ne serait convaincu tout d'abord que les résultats de haut intérêt ne sont pas incompatibles avec les très petits moyens.

Mon inspection porte sur un total de cent trente-six cellules, qui se répartissent ainsi :

2	cellules avec	1	abeille
52	—	2	—
36	—	3	—
36	—	4	—
9	—	5	—
1	—	6	—
136			

Le Tachyte manticide consomme son tas de mantes, l'enveloppe cornée comprise, sans laisser d'autres restes que de maigres miettes, très insuffisantes pour remonter au nombre des pièces servies. Le repas terminé, tout inventaire de l'approvisionnement est impossible. J'ai donc recours aux cellules contenant encore l'œuf ou la très jeune larve ; j'ai recours surtout aux loges dont les vivres ont été envahis par un petit diptère parasite, un Tachinaire, qui vide le gibier sans le démembrer et laisse intact l'ensemble tégumentaire. Vingt-cinq charniers, soumis au dénombrement, me donnent le résultat que voici :

8	cellules avec	3	pièces.
5	—	4	—
4	—	6	—
3	—	7	—
2	—	8	—
1	—	9	—
1	—	12	—
1	—	16	—
25			

La venaison dominante est la Mante religieuse, verte ; vient après la Mante décolorée, grisâtre. Quelques Empuses complètent le total. Les pièces varient de dimensions dans des limites assez éloignées : j'en mesure de 8 à 12 millimètres de longueur, en moyenne 10 millimètres ; j'en mesure de 15 à 25 millimètres, en moyenne 20 millimètres. Je vois assez bien que leur nombre augmente à mesure qu'elles sont de moindre taille, comme si le Tachyte cherchait à compenser l'exiguïté du gibier par l'accumulation ; il ne m'est pas moins impossible de démêler la moindre équivalence en combinant les deux facteurs, celui du nombre et celui des dimensions. S'il évalue en réalité les vivres, le chasseur ne le fait que très grossièrement ; sa comptabilité de ménage n'est pas tenue bien en règle ; chaque pièce, grosse ou petite, pourrait bien à ses yeux valoir toujours un.

L'éveil donné, je m'informe si les hyménoptères collecteurs de miel ont double service comme les déprédateurs. J'évalue la pâtée mielleuse, je jauge les godets destinés à la contenir. Dans bien des cas, le résultat est pareil au premier : l'abondance des provisions varie d'une cellule à l'autre. Certaines Osmies, *Osmia cornuta* et *Osmia tricornis,* nourrissent leurs larves avec un monceau de poussière pollinique arrosé au centre d'un maigre dégorgement de miel. Tel de ces amas est triple et quadruple par rapport à tel autre, dans le même groupe de cellules. Si je détache de son galet le nid de l'Abeille maçonne, le Chalicodome des murailles, je vois des loges de grande capacité et d'approvisionnement somptueux ; tout à côté, j'en vois d'autres, de contenance moindre, à vivres parcimonieusement mesurés. Le fait se généralise, et il convient de se demander pourquoi ces différences si marquées dans la proportion des vivres, pourquoi ces inégales rations.

Le soupçon m'est enfin venu que c'était ici, avant tout, affaire de sexe. Chez beaucoup d'hyménoptères, en effet, le mâle et la femelle diffèrent, non seulement par certains détails de structure interne ou externe, point de vue qui est hors de cause dans la question actuelle, mais aussi pour la taille et le volume, éminemment subordonnés à la quantité de nourriture.

Considérons, en particulier, le Philanthe apivore. Relativement à la femelle, le mâle est un avorton. Je ne lui trouve guère que du tiers à la moitié de l'autre sexe, autant que la vue seule peut en juger. Pour préciser le rapport des quantités matérielles, il me faudrait des balances délicates, capables de peser le milligramme. Mon grossier outillage de villageois, où se pèsent, à un kilogramme près, les pommes de terre, ne me permet pas cette rigueur. Aussi faut-il m'en tenir au seul témoignage de la vue, témoignage d'ailleurs très suffisant ici. Par rapport à sa compagne, le Tachyte manticide mâle est pareillement un pygmée. On est tout surpris de le voir lutiner sa géante sur le seuil des terriers.

On constate des différences tout aussi prononcées de taille, et par conséquent de volume, de masse, de poids, dans les deux sexes de beaucoup d'Osmies. Les différences sont moins accusées, mais toujours dans le même sens, chez les Cerceris, les Stizes, les Sphex, les Chalicodomes et tant d'autres. Il est donc de règle que le mâle est moindre que la femelle. Il y a sans doute des exceptions, mais peu nombreuses, et je suis loin de les méconnaître. Je mentionnerai quelques Anthidies, où le mâle est mieux doué pour la grosseur. Néanmoins, dans la grande majorité des cas, la femelle a l'avantage.

Et cela doit être. C'est la mère, la mère seule qui, péniblement, creuse sous terre des galeries et des cellules, pétrit le stuc pour enduire les loges, maçonne la demeure de ciment et de graviers, taraude le bois et subdivise le canal en étages, découpe des rondelles de feuilles qui seront assemblées en pots à miel, malaxe la résine cueillie en larmes sur les blessures des pins pour édifier des voûtes dans la rampe vide d'un escargot, chasse la proie, la paralyse et la traîne au logis, cueille la poussière pollinique, élabore le miel dans son jabot, emmagasine et mixtionne la pâtée. Ce rude labeur, si impérieux, si actif, dans lequel se dépense toute la vie de l'insecte, exige, c'est évident, une puissance corporelle bien inutile au mâle, l'amoureux désœuvré. Aussi, d'une façon générale, chez l'insecte pratiquant une industrie, la femelle est le sexe fort.

Cette prééminence suppose-t-elle des vivres plus copieux pendant l'état larvaire, alors que l'insecte acquiert un développement matériel qu'il ne doit pas dépasser dans son évolution future ? La réflexion seule répond : oui, la somme de la croissance a son équivalent dans la somme des vivres. Que le Philanthe mâle, lui si fluet, ait assez d'une ration de deux abeilles, la femelle, de masse double et même triple, en consommera bien de trois à six. S'il faut trois Mantes au Tachyte mâle, la réfection de sa compagne exigera brochette approchant de la dizaine. Avec sa corpulence relative, l'Osmie femelle aura besoin d'un monceau de pâtée de deux à trois fois plus gros que celui de son frère, le mâle. Tout cela saute aux yeux, l'animal ne pouvant de peu faire beaucoup.

Malgré cette évidence, j'ai tenu à m'informer si la réalité était conforme aux prévisions de la logique la plus élémentaire. Il n'est pas sans exemple que les déductions les plus judicieuses se soient trouvées en désaccord avec les faits. Ces dernières années, j'ai donc mis à profit les loisirs de l'hiver pour récolter, en des points reconnus favorables à l'époque des travaux, quelques poignées de cocons de divers hyménoptères fouisseurs, notamment du Philanthe apivore qui vient de nous fournir l'inventaire des vivres. Autour de ces cocons et rejetés contre la paroi de la cellule, se trouvaient les résidus des victuailles, ailes, corselets, têtes, élytres, dont le recensement me permettait de retrouver combien de pièces avaient été servies à la larve, maintenant incluse dans son habitacle de soie. J'avais ainsi, cocon par cocon de giboyeur, l'exact relevé des provisions. D'autre part, j'évaluais les quantités de miel, ou plutôt je soumettais au jaugeage les récipients, les cellules, dont la capacité est proportionnelle à la masse des vivres emmagasinés. Ces préparatifs faits, les cellules, les cocons, les vivres enregistrés, toute ma comptabilité bien en ordre, il suffisait d'attendre l'époque de l'éclosion pour constater le sexe.

Eh bien, la logique et l'expérimentation ont été on ne peut mieux d'accord. Les cocons de Philanthe avec deux abeilles me donnaient des mâles, toujours des mâles; avec une ration plus forte, ils me donnaient des femelles. Des cocons du Tachyte avec trois ou quatre mantes, j'obtenais des mâles; des cocons avec ration double et triple, j'obtenais des femelles. Nourri de quatre ou cinq Balanins, le Cerceris des sables était un mâle; nourri de huit à dix, c'était une femelle. Bref, aux provisions abondantes, aux cellules spacieuses correspondent les femelles; aux provisions réduites, aux cellules étroites, correspondent les mâles. Voilà une loi sur laquelle je peux désormais compter.

Au point où nous en sommes arrivés, une question surgit, question d'intérêt majeur, touchant à ce que l'embryogénie a de plus nébuleux. Comment se fait-il que la larve du Philanthe, en particulier, reçoive de sa mère de trois à cinq abeilles quand elle doit devenir une femelle, et n'en reçoive plus que deux quand elle doit devenir un mâle? Ici les pièces sont identiques de volume, de saveur, de propriétés nutritives. La valeur alimentaire est exactement proportionnelle au nombre des pièces, condition précieuse qui nous débarrasse des incertitudes où pourrait nous laisser un service en venaison d'espèces différentes et de taille variée. Comment se fait-il enfin qu'une foule d'hyménoptères, tant collecteurs de miel que vénateurs, amassent dans leurs cellules des vivres en quantité plus grande ou plus petite, suivant que les nourrissons doivent devenir des femelles ou des mâles?

Les provisions sont faites avant la ponte, et ces provisions sont mesurées sur les besoins du sexe d'un œuf encore dans les flancs de la mère. Si le dépôt de l'œuf précédait l'approvisionnement, ce qui parfois a lieu, chez les Odynères par exemple, on pourrait se figurer que la pondeuse s'informe du sexe, le reconnaît et amasse des vivres en conséquence. Mais qu'il soit destiné à devenir un mâle ou une femelle, l'œuf est toujours le même; les différences — et il y en a, je n'en fais aucun doute, — sont du domaine de l'infiniment subtil, du mystérieux, impénétrable même pour l'embryogéniste le mieux exercé. Que peut voir un pauvre insecte, d'ailleurs dans l'obscurité absolue de son terrier, là où la science optiquement armée n'est encore parvenue à rien voir? Et puis serait-il plus perspicace que nous en ces ténèbres génésiques, sa perspicacité visuelle n'aurait rien sur quoi s'exercer. Je viens de le dire : l'œuf n'est pondu que lorsque les provisions le concernant sont faites. Le repas est préparé avant que soit au monde celui qui doit le consommer. Le service est calculé en abondance sur les besoins de l'être à venir; la salle est construite ample ou étroite pour loger une géante ou un nain, encore en germe dans les tubes de l'ovaire. La mère sait donc par avance le sexe de son œuf.

Etrange conclusion, qui bouleverse nos idées courantes! La force des choses nous y mène tout droit. Et cependant, elle nous paraît si absurde qu'avant de l'admettre, on cherche à se tirer d'affaire par une autre absurdité. On se demande si la quantité de nourriture ne déciderait pas du sort de l'œuf, d'abord non sexué.

Avec plus de nourriture et plus de large, cet œuf deviendrait une femelle; avec moins de nourriture et moins de large, il deviendrait un mâle. La mère, au gré de ses instincts, amasserait ici plus et là moins; elle construirait tantôt grand et tantôt petit logis; et l'avenir de l'œuf serait décidé d'après les conditions du vivre et du couvert.

Essayons tout, expérimentons tout, jusqu'à l'absurde: la grossière absurdité du moment s'est parfois trouvée la vérité du lendemain. D'ailleurs l'histoire si connue de l'Abeille domestique doit nous rendre circonspects avant de rejeter la paradoxale supposition. N'est-ce pas en augmentant l'ampleur de la cellule, en modifiant la qualité et la quantité de la nourriture, que la population d'une ruche transforme une larve d'ouvrière en une larve de femelle ou de reine. Il est vrai que c'est toujours le même sexe puisque les ouvrières ne sont que des femelles à développement incomplet. Le changement n'est pas moins merveilleux, à tel point qu'il est presque permis de s'informer si la transformation ne pourrait aller plus loin, et d'un mâle, pauvre avorton, faire une femelle puissante, à l'aide d'un copieux régime. Consultons alors l'expérimentation.

J'ai à ma disposition de longs bouts de roseau dans le canal desquels une Osmie, l'Osmie tricorne, a étagé ses loges, délimitées par des cloisons de terre. Je raconterai plus loin comment j'ai obtenu ces nids en aussi grand nombre que je pouvais le désirer. Le roseau étant fendu suivant sa longueur, les loges apparaissent, avec leurs provisions, l'œuf sur la pâtée ou bien la larve naissante. Des observations, multipliées à satiété, m'ont appris, pour cet apiaire, où sont les mâles et où sont les femelles. Les mâles occupent le bout antérieur du roseau, le bout du côté de l'orifice ; les femelles sont au fond, du côté du nœud qui sert d'obturateur naturel au canal. Du reste, la quantité des provisions, à elle seule, indique le sexe : pour les femelles, elle est de deux à trois fois plus considérable que pour les mâles.

Dans les cellules maigrement servies, je double, je triple la ration au moyen de vivres puisés dans d'autres loges ; dans les cellules largement pourvues, je réduis la pâtée à la moitié, au tiers. Des témoins sont laissés, c'est-à-dire que des loges sont respectées, avec leurs provisions telles quelles, dans la région abondamment pourvue comme dans la région parcimonieusement rationnée. Les deux moitiés du roseau sont alors remises en place et rigoureusement assemblées avec quelques liens de fil de fer. Le moment favorable venu, nous constaterons si les modifications en plus et en moins apportées aux vivres ont décidé du sexe.

Voici le résultat. Les cellules à provisions originellement parcimonieuses, mais doublées et triplées par mon artifice, contiennent des mâles, ainsi que l'annonçait l'amas primitif des vivres. Le surplus que j'ai ajouté n'a pas totalement disparu, de beaucoup s'en faut ; la larve en a eu trop pour son évolution de mâle, et ne pouvant consommer en entier ses opulentes provisions, elle a filé son cocon au milieu de la poussière pollinique restante. Ces mâles, si copieusement servis, sont de belle prestance mais non exagérée ; on reconnaît qu'un supplément de nourriture leur a quelque peu profité.

Les loges à vivres copieux, réduits à la moitié, au tiers par mon intervention, contiennent des cocons aussi petits que les cocons mâles, décolorés, translucides et sans consistance, tandis que les coques normales sont d'un brun foncé, opaques, résistantes sous le doigt. Ce sont là, on le reconnaît de suite, ouvrages de tisseurs affamés, anémiques, qui, leur appétit non satisfait et le dernier grain de pollen mangé, ont dépensé de leur mieux, avant de mourir, leur pauvre gouttelette soyeuse. Ceux de ces cocons qui correspondent aux provisions les plus réduites ne contiennent qu'une larve morte et desséchée; d'autres, pour lesquels la diminution des vivres a été moins forte, contiennent des femelles sous forme adulte, mais de minime taille, comparable à celle des mâles, ou même inférieure. Quant aux témoins laissés, ils confirment que j'avais bien des mâles du côté de l'orifice du roseau, et des femelles du côté du nœud fermant le canal.

Cela suffit-il pour écarter la très improbable supposition que la détermination du sexe est sous la dépendance de la quantité de nourriture? A la rigueur, une porte est encore ouverte au doute. On peut dire que l'expérimentation, avec ses artifices, ne parvient pas à réaliser les délicates conditions naturelles. Pour couper court à toute objection, je ne saurais mieux faire que de recourir à des faits où n'intervient pas la main de l'expérimentateur. Les parasites vont nous les fournir; ils vont nous démontrer à quel point la quantité et même la qualité de la nourriture sont étrangères soit aux caractères spécifiques soit aux caractères sexuels. Le sujet de recherches devient ainsi double, de simple qu'il était quand je dévalisais l'un pour enrichir l'autre dans mes roseaux fendus. Laissons-nous entraîner quelques instants par ce double courant.

Une Ammophile, l'Ammophile soyeuse, qui se nourrit de chenilles arpenteuses, vient d'être élevée dans mon réfectoire avec des araignées. Repue au point réglementaire, elle file son cocon. Que sortira-t-il de là? Si le lecteur s'attend à quelques modifications apportées par un régime dont l'espèce livrée à elle-même n'avait jamais fait usage, qu'il se détrompe et bien vite. L'Ammophile nourrie d'araignées est exactement l'Ammophile nourrie de chenilles, comme l'homme alimenté de riz est l'homme alimenté de froment. En vain je promène ma loupe sur le produit de mon art, je ne peux le distinguer du produit naturel; et je défierai l'entomologiste le plus méticuleux de saisir entre les deux une différence. Ainsi de mes autres pensionnaires à régime changé.

Je vois venir l'objection. Les différences peuvent être inappréciables, car mes essais ne portent que sur un premier échelon. Qu'adviendrait-il si l'échelle se prolongeait, si la descendance de l'Ammophile nourrie d'araignées était, génération par génération, soumise à la même nourriture? Ces différences, d'abord insaisissables, pourraient s'accentuer jusqu'à devenir des caractères spécifiques distincts; les mœurs, les instincts pourraient changer aussi; et finalement le chasseur de chenilles du début deviendrait un chasseur d'araignées, ayant ses formes à lui. Une espèce serait créée, car parmi les facteurs en jeu dans la transformation des êtres, le premier rang, sans conteste, revient au genre de nourriture, au genre de la chose avec laquelle l'animal se construit. Tout cela est bien autrement grave que les petits riens invoqués par Darwin.

Créer une espèce, théoriquement c'est superbe, si bien que l'on se prend à regretter que l'expérimentateur ne soit pas maître de continuer l'épreuve. Mais une fois l'Ammophile envolée du laboratoire pour s'abreuver aux fleurs du voisinage, allez donc la retrouver et l'engager à vous confier sa ponte, que vous élèveriez en réfectoire pour fortifier, d'une génération à l'autre, le goût de l'araignée. Y songer serait folie. Notre impuissance donnera-t-elle gain de cause aux effets transformistes du régime ? Pas le moins du monde. Une expérience, comme nous ne pourrions en désirer de plus décisive, se poursuit continuellement, dans des proportions immenses, hors de tous nos artifices. Les parasites nous la soumettent.

A ce qu'on dit, ils auraient acquis l'habitude de vivre aux dépens d'autrui pour se créer des loisirs et se faire la vie plus douce. Les malheureux se sont bien trompés. Leur existence est des plus rudes. Si quelques-uns sont convenablement établis, la disette, l'atroce famine attendent la plupart des autres. Il y en a — voyez certains Méloïdes — qui sont exposés à tant de chances de destruction que, pour conserver un, ils sont obligés de procréer mille. Chez eux, la franche lippée est rare. Les uns s'égarent chez des amphitryons dont les vivres ne leur conviennent pas ; d'autres ne trouvent que ration très insuffisante pour leurs besoins ; d'autres — et ils sont bien nombreux — ne trouvent rien du tout. Que de mésaventures, que de déceptions chez ces besogneux, inhabiles au travail ! Citons quelques-unes de leurs misères, glanées au hasard.

Le Dioxys à ceinture (*Dioxys cincta*) affectionne les amples magasins à miel du Chalicodome des galets. Il trouve là nourriture copieuse, si copieuse qu'il ne peut la consommer en entier. J'ai déjà fait le procès à ce gaspillage. Or, dans les loges abandonnées de la Maçonne, nidifie assez souvent une petite Osmie (*Osmia cyanoxantha*, Pérez) ; et celle-ci, victime de sa funeste demeure, héberge aussi le Dioxys. C'est ici, de la part du parasite, erreur manifeste. Le nid du Chalicodome, l'hémisphère de mortier sur le galet, voilà ce qu'il recherche pour y confier sa ponte. Mais ce nid est maintenant occupé par une étrangère, par l'Osmie, circonstance que le Dioxys ignore, lui qui vient furtivement déposer son œuf en l'absence de la mère. Le dôme lui est familier. L'aurait-il bâti lui-même, il ne le connaîtrait pas mieux. C'est bien là qu'il est né, c'est bien là ce qu'il faut à sa famille. Rien d'ailleurs ne peut éveiller sa méfiance : le dehors de la demeure n'a en rien changé d'aspect ; le tampon de graviers et de mastic vert qui tranchera violemment plus tard sur la façade blanchâtre, n'est pas encore maçonné. Il entre, voit un amas de miel. Ce ne peut être pour lui que la pâtée du Chalicodome. Nous nous y laisserions prendre nous-mêmes, l'Osmie n'étant pas là. Il fait sa ponte dans la fallacieuse cellule.

Sa méprise, très concevable, n'infirme en rien ses hauts talents de parasite, mais elle est d'une sérieuse gravité pour la future larve. L'Osmie, en effet, vu sa petite taille, n'amasse que des provisions très exiguës : un petit pain de pollen et de miel, gros à peine comme un pois médiocre. Pareille ration est insuffisante pour le Dioxys. Je le qualifiais de gaspilleur de vivres lorsque sa larve est établie, suivant l'usage, chez l'Abeille maçonne. Ce qualificatif maintenant n'est pas de mise, mais pas du tout. Fourvoyée par mégarde à la table de l'Osmie, la larve n'a pas de quoi faire la dégoûtée ; elle n'abandonne pas à la moisissure une partie des vivres ; elle consomme tout sans en avoir assez.

De ce famélique réfectoire, il ne peut sortir qu'un avorton. Et en effet, le Dioxys, soumis à l'épreuve d'une telle frugalité, ne périt point, car le parasite doit avoir la vie dure pour faire face aux mauvaises chances qui l'attendent, mais il atteint à peine la moitié de ses dimensions ordinaires, le huitième de son volume normal. A le voir si réduit, on est surpris de sa vitalité tenace, qui lui permet d'atteindre la forme adulte malgré l'extrême déficit de l'alimentation. C'est cependant toujours le Dioxys ; rien n'est changé dans sa forme, rien n'est changé dans sa coloration. De plus, les deux sexes sont représentés; cette famille de nains a des mâles et des femelles. La disette et la pâtée farineuse chez l'Osmie, pas plus que l'abondance et le miel coulant chez le Chalicodome, n'ont influé sur l'espèce et sur le sexe.

Mêmes remarques au sujet de la Sapyge ponctuée (*Sapyga punctata*) qui, parasite de l'Osmie tridentée, hôte de la ronce, et de l'Osmie dorée, hôte des vieux escargots, s'égare chez l'Osmie minime (*Osmia parvula*), et n'y atteint pas, faute de vivres suffisants, la moitié de sa taille normale.

Un Leucospis inocule ses œufs à travers la muraille en ciment de nos trois Chalicodomes. Je lui connais deux noms. Venu du Chalicodome des galets ou des murailles, dont l'opulente larve le sature de nourriture, il mérite par sa grosseur le nom le *Leucospis gigas,* que lui donne Fabricius ; venu du Chalicodome des hangars, il ne mérite plus que le nom de *Leucospis grandis,* que lui octroie Klug. Avec une ration moindre, le géant baisse d'un degré et n'est plus que le grand. Venu du Chalicodome des arbustes, il baisse encore, et si quelque nomenclateur s'avisait de le qualifier, il n'aurait plus droit qu'au titre de médiocre. De la dimension 2, il est descendu à la dimension 1 sans cesser d'être le même insecte malgré le changement de régime, et de donner à la fois les deux sexes chez les trois nourriciers malgré la variation en quantité de vivres.

J'obtiens l'Anthrax sinué de divers apiaires. Issu des cocons de l'Osmie tricorne, et surtout des cocons femelles, il atteint le plus grand développement que je lui connaisse. Issu des cocons de l'Osmie bleue (*Osmia cyanea,* Kirby), parfois a-t-il à peine le tiers de la longueur que lui vaut l'autre Osmie. Et toujours les deux sexes, cela va sans dire ; et toujours identiquement la même espèce.

Deux Anthidies manipulateurs de résine, l'*Anthidium septem-dentatum,* Latr. et l'*Anthidium bellicosum,* Lep., établissent leur domicile dans les vieilles coquilles d'escargot. Le second héberge le Zonitis brûlé (*Zonitis præusta*). Amplement nourri, le méloïde acquiert alors son volume normal, le volume sous lequel il apparaît habituellement dans les collections. Pareille prospérité l'attend quand il usurpe les provisions du *Megachile sericans.* Mais l'imprudent se laisse parfois entraîner à la maigre table du plus petit de nos Anthidies, l'*Anthidium scapulare,* Latr., qui nidifie dans les tiges sèches de la ronce. Le chiche brouet en fait un lamentable avorton, soit de l'un, soit de l'autre sexe, sans rien lui enlever des traits de sa race. C'est toujours le Zonitis brûlé, avec le signe distinctif de l'espèce : la tache de roussi au bout de l'élytre.

Et les autres méloïdes, Cantharides, Cérocomes, Mylabres, à quelle inégalité de taille ne sont-ils pas assujettis, quel que soit le sexe? Il y en a — et ils sont nombreux — dont les dimensions descendent à la moitié, au tiers, au quart des dimensions réglementaires. Parmi ces nains, ces mal venus, ces atrophiés, il y a des femelles tout autant que des mâles; et l'exiguïté ne refroidit en rien leurs ardeurs amoureuses. Ces besogneux ont la vie dure, répétons-le. D'où sortent-ils, ces petits, si ce n'est des réfectoires trop incomplètement servis pour leurs besoins. Leurs mœurs parasitaires les exposent à de rudes vicissitudes. N'importe : dans la disette aussi bien que dans l'abondance, les deux sexes apparaissent et les traits spécifiques se maintiennent constants.

Il est inutile de s'attarder davantage sur ce sujet. La démonstration est faite. Les parasites nous disent que la nourriture changée en qualité et en quantité n'amène pas de transformation spécifique. Nourri de la larve de l'Osmie tricorne ou de la larve de l'Osmie bleue, l'Anthrax sinué, de belle prestance ou nain, est toujours l'Anthrax sinué; alimenté avec la pâtée de l'Anthidie des escargots vides, de l'Anthidie de la ronce, du Mégachile et de bien d'autres sans doute, le Zonitis brûlé est toujours le Zonitis brûlé. Pour l'acheminement vers une autre forme, ce serait cependant un facteur de haut potentiel que celui de la variation des vivres. Le monde des vivants n'est-il pas régenté par le ventre? Et ce facteur est l'unité, il ne change rien au produit.

Les mêmes parasites nous disent — but principal de ma digression — que le plus et le moins de nourriture ne déterminent pas le sexe. Alors revient, plus affirmative que jamais, l'étrange proposition : l'insecte qui amasse des provisions proportionnées aux besoins de l'œuf qu'il va pondre, sait par avance le sexe de cet œuf. Peut-être même la réalité est-elle encore plus paradoxale. Je reviendrai sur ce sujet après avoir traité des Osmies, témoins de grand poids en cette grave affaire.

XVII

LES OSMIES

Février a de belles journées, indice du renouveau devant lequel vont céder, non sans lutte, les brutalités de l'hiver. Dans les chauds abris, parmi les rocailles, la grande Euphorbe du pays, le *Characias* des Grecs, la *Jusclo* des Provençaux, commence à redresser sa grappe florale d'abord recourbée en crosse, et discrètement entr'ouvre quelques fleurs sombres, où viendront s'abreuver les premiers moucherons de l'année. Lorsque la sommité des tiges atteindra la verticale, les froids sérieux seront passés.

Un autre pressé, l'Amandier, au péril de ses fruits, s'empresse de répondre à ces préludes, trop souvent trompeurs, des fêtes du soleil. En quelques jours d'un ciel doux, il devient superbe coupole de fleurs blanches où sourit un œil rose. La campagne, d'où la verdure est encore absente, semble mamelonnée de tentures rondes en satin blanc. Aurait le cœur bien sec qui résisterait à la magie de cette éclosion.

Le peuple insecte se fait représenter à ces solennités par quelques membres des plus zélés. Il y a là d'abord l'Abeille domestique, l'ouvrière ennemie des grèves, qui profite de la moindre embellie de l'hiver pour s'informer si quelque romarin ne ferait pas bâiller ses corolles au voisinage de la ruche. Dans le dôme fleuri susurre l'essaim affairé, au pied de l'arbre mollement tombe une neige de pétales.

Avec cette population qui récolte, en circule une autre, moins nombreuse, qui simplement s'abreuve, l'époque des nids n'étant pas encore venue pour elle. C'est la population des Osmies, à peau cuivreuse et toison d'un roux vif. Deux espèces sont accourues prendre part aux joies de l'amandier : d'abord l'Osmie cornue, habillée de velours noir sur la tête et la poitrine et de velours roux sur le ventre ; un peu plus tard, l'Osmie tricorne, dont la livrée n'admet que le roux. Voilà les premiers délégués envoyés par les récolteuses de pollen pour reconnaître l'état de la saison et assister aux fêtes des floraisons précoces. Naguère ils ont rompu le cocon, l'habitacle d'hiver ; ils ont quitté leurs retraites dans les interstices des vieilles murailles ; si la bise souffle et fait frissonner l'amandier, ils se hâteront d'y rentrer. Salut, ô mes chères Osmies qui, chaque année, au fond de l'harmas, en face du Ventoux tout encapuchonné de neige, m'apportez les premières nouvelles du réveil entomologique. Je suis de vos amis ; causons un peu de vous.

La plupart des Osmies de ma région n'ont rien de l'industrie de leur congénère de la ronce, en ce sens qu'elles ne préparent pas elles-mêmes l'habitation destinée à la ponte. Il leur faut des réduits tout préparés, par exemple de vieilles cellules et de vieilles galeries d'Anthophore et de Chalicodome. Si ces manoirs préférés manquent, une cachette dans la muraille, un trou rond dans le bois, un canal dans un roseau, une spire d'escargot mort sous quelque tas de pierres, sont adoptés suivant les goûts de chaque espèce. La retraite choisie est divisée en chambres par des cloisons; puis l'entrée de la demeure reçoit une massive clôture. Là se borne le travail de construction.

Pour cette œuvre de plâtrier plutôt que de maçon, l'Osmie cornue et l'Osmie tricorne font usage de terre ramollie. Cette matière n'est plus le ciment de la Maçonne, qui, sur un galet sans abri, résiste plusieurs années aux intempéries; mais bien une boue desséchée, qui tombe en bouillie au contact d'une goutte d'eau. Le Chalicodome récolte sa poudre à ciment sur les points les plus battus et les plus secs de la route ; il l'imbibe d'un réactif salivaire qui lui donne, en se desséchant, la consistance pierreuse. Les deux Osmies, hôtes précoces de l'amandier, ignorent cette chimie des mortiers hydrauliques; elles se bornent à récolter de la terre naturellement détrempée, de la boue, qu'elles laissent dessécher sans préparation spéciale de leur part; aussi leur faut-il des retraites profondes, bien abritées, où la pluie ne puisse pénétrer, sinon le travail s'ébou-lerait.

Tout en exploitant, en concurrence avec l'Osmie tricorne, les galeries que le Chalicodome des hangars cède débonnairement à l'une et à l'autre, l'Osmie de Latreille fait usage d'autres matériaux pour ses cloisons et ses clôtures. Elle mâche le feuillage de quelque plante mucilagineuse, de quelque malvacée peut-être, et prépare ainsi un mastic vert avec lequel elle édifie ses cloisons et clôt finalement l'entrée du manoir. Quand elle s'établit dans les amples cellules de l'Anthophore à masque (*A. personata,* Illig.), l'entrée de la galerie, d'un diamètre à recevoir le doigt, est close par un volumineux tampon de cette pâte végétale. Sur le talus terreux, durci par le soleil, la demeure se trahit alors par la couleur voyante de l'opercule. On dirait les scellés mis avec un large cachet de cire verte.

Sous le rapport de la nature des matériaux employés, les Osmies que j'ai pu observer se répartissent ainsi en deux classes : l'une cloisonnant avec de la boue, l'autre cloisonnant avec un mastic végétal de coloration verte. Dans la première série prennent rang l'Osmie cornue et l'Osmie tricorne, toutes les deux si remarquables par les cornes, les tubercules de leur face.

Le grand roseau du Midi, l'*Arundo donax,* est fréquemment utilisé pour faire, dans la campagne, des abris de jardins contre le mistral ou de simples clôtures. Ces roseaux, dont l'extrémité est tronquée pour donner régularité de niveau, sont implantés en terre suivant la verticale. Je les ai souvent explorés, espérant y trouver des nids d'Osmie. Très rarement mes recherches ont abouti. Cet insuccès aisément s'explique. Les cloisons et le tampon de clôture de l'Osmie tricorne et de l'Osmie cornue sont faits, on vient de le voir, d'une espèce de boue que l'eau réduit à l'instant en bouillie. Avec la disposition verticale des roseaux, l'obturateur de l'orifice recevrait la pluie et rapidement se délayerait ; les plafonds des étages s'ébouleraient et la maisonnée périrait inondée. L'Osmie, qui connaissait ces inconvénients avant moi, refuse donc les roseaux verticalement dressés.

Le même roseau a un second usage. On en fait des *canisses,* c'est-à-dire des claies, qui, le printemps, servent à l'éducation des vers-à-soie, et l'automne au séchage des figues. En fin avril et mai, époque des travaux des Osmies, les canisses sont à l'intérieur, dans les chambrées de vers-à-soie, où l'hyménoptère ne peut en prendre possession; en automne, elles sont à l'extérieur, exposant au soleil leur couche de pêches pelées et de figues; mais alors les Osmies ont depuis longtemps disparu. Si toutefois quelqu'une de ces claies, tombant de vétusté, est mise au rebut, dehors, dans une position horizontale et pendant la saison printanière, l'Osmie tricorne fréquemment en prend possession et en exploite les deux bouts, où les roseaux se présentent tronqués et ouverts.

D'autres logements conviennent à l'Osmie tricorne, qui me paraît s'accommoder volontiers de toute cachette pourvu qu'elle offre les conditions requises de diamètre, de solidité, d'hygiène et d'obscurité paisible. Le plus original manoir que je lui connaisse est celui des vieilles coquilles d'escargots, de la vulgaire hélice surtout, l'hélice chagrinée (*Helix aspersa*). Sur la pente des collines complantées d'oliviers, visitons les petits murs de soutènement, bâties en pierres sèches et regardant le midi. Dans les interstices de la maçonnerie branlante, nous ferons récolte de vieux escargots, tamponnés de terre jusqu'à fleur de l'orifice. La famille de l'Osmie tricorne est établie dans la spire de ces coquilles, subdivisée en chambres par des cloisons de boue.

Passons en revue les monceaux de pierrailles, surtout ceux qui proviennent des travaux des carriers. Là fréquemment s'établit le Mulot, qui, sur un matelas de gazon, y grignote le gland, l'amande, le noyau de l'olive et de l'abricot. Le rongeur varie son régime : aux mets huileux et farineux, il adjoint l'escargot. Lui parti, il reste donc sous le couvert de la dalle, pêle-mêle avec les autres résidus des victuailles, un assortiment de coquilles vides, assez nombreux parfois pour me rappeler le tas d'escargots qui, préparés aux épinards et mangés suivant le rituel de la campagne la veille de la Noël, sont rejetés le lendemain par la ménagère aux abords de la grange. Il y a là, pour l'Osmie tricorne, une riche collection de logis dont elle ne manque pas de profiter. Et puis si le musée conchyliologique du Mulot manque, les mêmes pierrailles servent de refuge à des hélices qui viennent y séjourner et finalement y périr. Si donc on voit des Osmies tricornes pénétrer dans les interstices des vieux murs et des amas de pierres, leur occupation est évidente : elles exploitent, pour logis, les escargots morts de ces labyrinthes.

Moins répandue, l'Osmie cornue pourrait bien être aussi moins industrieuse, c'est-à-dire moins riche en variétés d'établissement. Elle me semble dédaigner la coquille vide. Les seuls logis que je lui connaisse sont les roseaux des canisses et les cellules abandonnées de l'Anthophore à masque.

Toutes les autres Osmies dont la nidification m'est connue, travaillent avec le mastic vert, pâte de quelque feuillage broyé ; toutes aussi, sauf l'Osmie de Latreille, sont dépourvues de l'armure corniculaire ou tuberculée que portent les pétrisseuses de boue. J'aimerais à connaître quelles plantes sont utilisées pour la confection du mastic ; il est probable que chaque espèce a ses préférences et ses petits secrets professionnels ; mais jusqu'ici l'observation ne m'a rien appris sur ces détails. N'importe l'ouvrière qui le prépare, ce mastic est assez uniforme d'aspect. Frais, il est toujours d'un vert franc et foncé. Plus tard, surtout dans les parties exposées à l'air, il tourne, par la fermentation sans doute, à la couleur feuille morte, au brun, au terreux ; et son origine foliaire devient méconnaissable. L'uniformité des matériaux de cloisonnement ne doit pas faire supposer l'uniformité du logis ; au contraire, ce logis est fort varié d'une espèce à l'autre, avec prédilection marquée cependant pour les coquilles vides.

Ainsi l'Osmie de Latreille, de compagnie avec l'Osmie tricorne, exploite les vastes constructions du Chalicodome des hangars. Elle trouve à son gré les superbes cellules de l'Anthophore à masque ; elle s'établit volontiers dans le canal des roseaux couchés.

J'ai déjà parlé d'une Osmie (*Osmia cyanoxantha,* Pérez) qui fait élection de domicile dans les vieux nids du Chalicodome des galets. Son tampon de clôture est un béton résistant, composé de graviers assez volumineux noyés dans la pâte verte ; mais pour les cloisons de l'intérieur, le mastic pur est seul employé. Comme la porte du logis, située sur la courbure d'un dôme que ne défend aucun abri, est exposée aux intempéries, la mère doit songer à la fortifier. Le péril lui a inspiré sans doute son béton de graviers.

L'Osmie dorée (*Osmia aurulenta,* Latr.) réclame absolument l'escargot mort pour demeure. L'hélice némorale, l'hélice des gazons et surtout l'hélice chagrinée, à spire plus spacieuse, çà et là répandues parmi les herbages, au pied des murailles et des rochers visités du soleil, lui fournissent l'habituelle résidence. Son mastic desséché est une sorte de feutre où abondent des poils courts et blancs. Il doit provenir de quelque plante au feuillage hérissé, d'une borraginée peut-être, riche à la fois en mucilage et en cils aptes à se feutrer.

L'Osmie rousse (*Osmia rufo-hirta,* Latr.) a un faible pour l'hélice némorale et l'hélice des gazons, où je la vois se réfugier en avril quand la bise souffle. Son travail ne m'est pas encore assez connu. Il doit se rapprocher de celui de l'Osmie dorée.

L'Osmie viridane (*Osmia viridana,* Morawitz) se loge, la mignonne créature, dans l'escalier à vis du Bulime radié. C'est très élégant, mais très petit, sans compter qu'il faut une notable partie du logis au tampon de mastic vert. Il y a tout juste place pour deux.

L'Osmie andrénoïde (*Osmia andrenoïdes,* Latr.), si singulière avec son abdomen nu et rouge, nidifie apparemment dans l'hélice chagrinée, où je la prends réfugiée.

L'Osmie variée (*Osmia versicolor,* Latr.) s'établit dans l'hélice némorale, presque tout au fond de la spire.

L'Osmie bleue (*Osmia cyanea,* Kirby) me semble accepter des réduits très variés. Je l'ai extraite des vieux nids du Chalicodome des galets, des galeries creusées dans les talus par les Collètes, enfin des puits pratiqués par je ne sais quel sondeur dans le bois mort des saules.

L'Osmie de Morawitz (*Osmia Morawitzi,* Pérez) n'est pas rare dans les vieux nids du Chalicodome des galets, mais je lui soupçonne aussi d'autres logements.

L'Osmie tridentée (*Osmia tridentata,* Duf. et Per.) se crée elle-même une demeure. De la pointe des mandibules, elle se fore un canal dans la ronce sèche et parfois dans l'hyèble. A la pâte verte, elle associe un peu de râpure de la moelle perforée. Ses mœurs sont partagées par l'Osmie usée (*Osmia detrita,* Pérez) et par l'Osmie minime (*Osmia parvula,* Duf.).

Le Chalicodome travaille au grand jour, sur la tuile, sur le galet, sur le rameau de la haie ; rien de la pratique de son métier n'est tenu secret pour la curiosité de l'observateur. L'Osmie aime le mystère. Il lui faut l'obscure retraite, à l'abri du regard. Je désirerais cependant la suivre dans l'intimité du chez soi et assister à son travail avec la même facilité que si l'insecte nidifiait en plein air. Peut-être y a-t-il au fond de ses alcôves quelques traits de mœurs intéressants à recueillir. Reste à savoir si mon désir est réalisable.

En étudiant les aptitudes psychiques de l'insecte, sa tenace mémoire des lieux surtout, j'avais été conduit à me demander s'il ne serait pas possible de faire nidifier un hyménoptère convenablement choisi, en tel lieu que je voudrais, jusque dans mon cabinet de travail. Et je voulais, pour semblable essai, non un individu mais une population nombreuse. Mes préférences se portèrent sur l'Osmie tricorne, très abondante dans mon voisinage, où elle fréquente surtout les nids monstrueux du Chalicodome des hangars, en compagnie de l'Osmie de Latreille. Un projet fut donc mûri, qui consistait à faire accepter, de l'Osmie tricorne, mon cabinet pour établissement, et à la faire nidifier dans des tubes de verre, dont la transparence me permettrait la facile étude de son industrie. Aux galeries de cristal, qui pourraient bien inspirer quelque méfiance, devaient s'adjoindre des retraites plus naturelles, des roseaux de toute longueur et de toute grosseur, de vieilles cellules de Chalicodome choisies les unes parmi les plus grandes, les autres parmi les plus petites. Tel projet semble insensé. Je le veux bien, en ajoutant qu'aucun peut-être ne m'a si bien réussi. On le verra bientôt.

Ma méthode est d'une simplicité extrême. Il suffit que la naissance de mes insectes, c'est-à-dire leur venue à la lumière, leur issue hors du cocon, se passe là où je me propose de les faire établir. Il faut en outre qu'au point choisi des retraites se trouvent, de nature quelconque, mais de configuration pareille à celle qu'affectionne l'Osmie. Les premières impressions de la vue, les plus vivaces de toutes, ramèneront mes bêtes au lieu de naissance. Et non seulement les Osmies reviendront, par les fenêtres tenues toujours ouvertes, mais encore elles nidifieront au point natal si elles y trouvent à peu près les conditions nécessaires.

Pendant tout l'hiver, j'amasse donc des cocons d'Osmie, recueillis dans les nids du Chalicodome des hangars; je vais à Carpentras faire plus ample provision dans les nids de l'Anthophore à pieds velus, cette vieille connaissance dont je sapais autrefois les prodigieuses cités lors de mes recherches sur les Méloïdes. Un de mes élèves et de mes amis intimes, M. H. Devillario, président du tribunal civil de Carpentras, me fait parvenir plus tard, sur ma demande, une caisse de fragments détachés des talus que fréquentent l'Anthophore à pieds velus et l'Anthophore des murailles, mottes de terre qui me fournissent un riche supplément. J'obtiens en somme des cocons d'Osmie tricorne à poignées. Les dénombrer lasserait ma patience sans grande utilité.

Ma récolte, étalée dans une large boîte ouverte, est mise sur une table, en un point du cabinet où arrive une vive lumière diffuse, sans insolation directe. Cette table est entre deux fenêtres tournées vers le midi et donnant sur le jardin. Le moment de l'éclosion venu, ces deux fenêtres resteront constamment ouvertes pour laisser à l'essaim toute liberté de sortir et de rentrer. Les tubes de verre et les bouts de roseau sont disposés çà et là, dans un beau désordre, à proximité de l'amas de cocons et couchés suivant l'horizontale, conformément aux goûts de l'Osmie, qui refuse les roseaux verticaux. Bien que la précaution ne soit pas indispensable, j'ai soin d'introduire quelques cocons dans chaque canal. L'éclosion d'une partie des Osmies se fera ainsi sous le couvert des galeries destinées aux travaux futurs, et le souvenir des lieux n'en sera que plus tenace. Toutes ces dispositions prises, je n'ai plus qu'à laisser faire et attendre l'époque des travaux.

C'est dans la seconde moitié d'avril que mes Osmies quittent leurs cocons. Sous les rayons directs du soleil, dans les recoins bien abrités, l'éclosion serait plus précoce d'un mois, comme l'affirme la population mêlée de l'amandier fleuri. L'ombre continuelle de mon cabinet a retardé l'éveil, sans rien changer d'ailleurs à la date des nids, contemporaine de la floraison du thym. C'est alors autour de ma table de travail, de mes livres, de mes bocaux, de mes appareils, une bourdonnante population, qui sort et rentre à tout instant par les fenêtres ouvertes. Je recommande à la maisonnée de ne toucher à rien désormais dans le laboratoire aux bêtes, de ne plus balayer, ne plus épousseter. On pourrait déranger l'essaim et lui faire trouver mon hospitalité peu digne de confiance. Je soupçonne que la domestique, son amour-propre blessé de voir tant de poussière s'accumuler chez son maître, n'a pas toujours tenu compte de mes défenses, et furtivement est venue, de temps à autre, donner un petit coup de balai. Du moins, il m'arrive de trouver de nombreuses Osmies écrasées sous les pieds, pendant qu'elles prenaient un bain de soleil sur le parquet devant les fenêtres. Peut-être est-ce moi-même qui, en des moments de distraction, ai commis le méfait. Le mal n'est pas grand, car la population est nombreuse; et malgré les écrasées sous les pieds par mégarde, malgré les parasites dont beaucoup de cocons étaient infestés, malgré celles qui peuvent avoir péri dehors ou n'ont pas su revenir, enfin malgré la défalcation de la moitié qu'il faut faire pour les mâles, pendant quatre à cinq semaines j'assiste au travail d'un nombre d'Osmies beaucoup trop considérable pour que j'en puisse individuellement surveiller les actes. Je me borne à quelques-unes, que je marque d'un point différemment coloré pour les distinguer; et je laisse faire les autres, dont le travail fini m'occupera plus tard.

Les mâles apparaissent les premiers. Si le soleil est vif, ils voltigent autour du monceau de tubes comme pour bien prendre connaissance des lieux; ils échangent entre eux de jalouses gourmades, se roulent sur le parquet en des rixes peu sérieuses, s'époussettent les ailes et partent. Je les retrouve à la buvette des lilas, qui plient, en face de la fenêtre, sous le poids de leurs thyrses embaumés. Ils s'y grisent de soleil et de lippées mielleuses. Les repus rentrent au logis. Assidûment ils volent d'un tube à l'autre, ils mettent la tête à l'orifice pour s'informer si quelque femelle se décide enfin à sortir.

Une se montre, en effet, toute poudreuse et dans ce désordre de toilette que rend inévitable le dur travail de la délivrance. Un amoureux l'a vue, un second aussi, un troisième également. Tous s'empressent. A leurs avances, la convoitée répond par un cliquetis de mandibules, qui rapidement, à plusieurs reprises, ouvrent et ferment leurs tenailles. Aussitôt les prétendants reculent; et pour se faire valoir, sans doute, exécutent, eux aussi, la féroce grimace mandibulaire. Puis la belle rentre dans le manoir et ses poursuivants se remettent sur le seuil du logis. Nouvelle apparition de la femelle, qui répète son jeu de mâchoires; nouveau recul des mâles qui, de leur mieux, manœuvrent aussi de leurs tenailles. Étrange déclaration que celle des Osmies : avec leurs menaçants coups de mandibules dans le vide, les énamourés ont l'air de vouloir s'entre-dévorer. A rapprocher des coups de poing usités du rustique en galants propos.

La naïve idylle a bientôt fin. Saluant et saluée tour à tour du cliquetis de mâchoires, la femelle sort de sa galerie et se met impassible à se lustrer les ailes. Les rivaux se précipitent, se hissent l'un sur l'autre et forment une pile dont chacun s'efforce d'occuper la base en culbutant le possesseur favorisé. Celui-ci se garde bien de lâcher prise; il laisse se calmer les démêlés d'en haut; et quand les surnuméraires, s'avouant hors d'emploi, ont déserté la partie, le couple s'envole loin des turbulents jaloux. C'est tout ce que j'ai pu recueillir sur les noces de l'Osmie.

De jour en jour plus nombreuses, les femelles inspectent les lieux; elles bourdonnent devant les galeries de verre et les demeures de roseau; elles y pénètrent, y séjournent, en sortent, y rentrent, puis s'envolent, d'un essor brusque, dans le jardin. Elles reviennent, maintenant l'une, maintenant l'autre. Elles font une halte au dehors, au soleil, sur les volets appliqués contre le mur; elles planent dans la baie de la fenêtre, s'avancent, vont aux roseaux et leur donnent un coup d'œil pour repartir encore et revenir bientôt après. Ainsi se fait l'apprentissage du domicile, ainsi se fixe le souvenir du lieu natal. Le village de notre enfance est toujours lieu chéri, ineffaçable de la mémoire. Avec sa vie d'un mois, l'Osmie acquiert en une paire de jours la tenace souvenance de son hameau. C'est là qu'elle est née, c'est là qu'elle a aimé ; c'est là qu'elle reviendra. *Dulces reminiscitur Argos.*

Enfin chacune a fait son choix. Les travaux commencent et mes prévisions se réalisent bien au-dessus de mes désirs. Les Osmies nidifient dans tous les réduits que j'ai mis à leur disposition. Les tubes de verre, que j'abrite d'une feuille de papier pour produire ombre et mystère, favorables au recueillement du travail, les tubes de verre font merveille. Du premier au dernier, ils sont tous occupés. Les Osmies se disputent ces palais de cristal, inconnus jusqu'ici de leur race. Les roseaux, les tubes de papier font aussi merveille. La provision s'en trouve insuffisante. Je me hâte de l'augmenter. Les coquilles d'escargot sont reconnues demeures excellentes quoique dépourvues de l'abri du tas de pierres; les vieux nids de Chalicodome, jusqu'à ceux du Chalicodome des arbustes, dont les cellules sont si petites, sont occupés avec empressement. Les retardataires, ne trouvant plus rien de libre, vont s'établir dans les serrures des tiroirs de ma table. Il y a des audacieuses qui pénètrent dans des boîtes entr'ouvertes, contenant des bouts de tube de verre où j'ai disposé mes dernières récoltes, larves, nymphes et cocons de toute sorte dont je désire suivre l'évolution. Pour peu que ces étuis aient un espace libre, elles ont la prétention d'y bâtir, ce à quoi formellement je m'oppose. Je ne comptais guère sur un pareil succès, qui m'oblige d'intervenir pour mettre quelque ordre dans l'invasion dont je suis menacé. Je mets les scellés aux serrures, je ferme mes boîtes, je clos mes récipients à vieux nids, enfin j'éloigne du chantier tout réduit qui ne rentre pas dans mes vues. Et maintenant, ô mes Osmies, je vous laisse le champ libre.

L'œuvre commence par l'appropriation du logis. Débris de cocons, souillure de miel gâté, plâtras des cloisons écroulées, restes du mollusque desséché au fond de la coquille et tant d'autres résidus contraires à l'hygiène, doivent tout d'abord disparaître. Véhémentement l'Osmie tiraille et arrache la parcelle ; puis, d'un fougueux essor, la transporte au loin, bien loin, hors du cabinet. Ils sont tous les mêmes, ces ardents déblayeurs : dans leur zèle outré, ils craindraient d'encombrer la place avec un atome qu'ils laisseraient choir devant le logis. Les tubes de verre, que j'ai lavés à grande eau moi-même, ne sont pas exemptés du minutieux nettoyage. L'Osmie les époussette, les passe à la brosse de ses tarses, puis les balaye à reculons. Que ramasse-t-elle ainsi? Mais rien. C'est égal : en ménagère scrupuleuse, elle donne, tout de même, son petit coup de balai.

Aux provisions maintenant et aux cloisons. Ici l'ordre du travail change suivant le calibre du canal. Mes tubes de verre sont de grosseur fort variée. Les plus amples ont une douzaine de millimètres de diamètre intérieur ; les plus étroits en ont de 6 à 7. Dans ces derniers, si le fond lui convient, l'Osmie procède immédiatement à l'apport du pollen et du miel. Si le fond ne lui convient pas, si le tampon en moelle de sorgho que j'ai mis pour clôture au bout postérieur du tube, est trop irrégulier et jointe mal, l'abeille le crépit avec un peu de mortier. Cette petite réparation faite, la récolte commence.

Dans les tubes larges, la marche du travail est toute différente. Il faut à l'Osmie, au moment où elle dégorge son miel, au moment surtout où elle fait tomber avec les tarses postérieurs la poussière pollinique enfarinant la brosse ventrale, il faut, dis-je, un orifice étroit, tout juste suffisant pour son passage. Je me figure que, dans une galerie rétrécie, le frottement de tout le corps contre la paroi donne à la récolteuse un appui pour son travail de brossage. Dans un cylindre spacieux, cet appui lui manque, et l'Osmie commence par s'en créer un en rétrécissant le canal. Que ce soit pour rendre plus aisé le dépôt des vivres, que ce soit pour un autre motif, toujours est-il que l'Osmie établie dans un large tube débute par le cloisonnement.

A une distance du fond déterminée par la longueur réglementaire d'une cellule, elle élève un bourrelet de terre transversalement à l'axe du canal. Ce bourrelet ne décrit pas la circonférence entière, il laisse sur le côté une échancrure. De nouvelles assises rapidement l'exhaussent, et voici que le tube est interrompu par un diaphragme échancré latéralement d'une ouverture ronde, d'une sorte de chatière par où l'Osmie procédera aux manipulations de la pâtée. L'approvisionnement fini et l'œuf pondu sur l'amas, la chatière est fermée, le diaphragme se complète pour devenir le fond de la cellule suivante. Alors recommence la même pratique, c'est-à-dire qu'en avant de la cloison qui vient d'être parachevée, un second diaphragme est élevé, toujours avec passage latéral, plus solide par sa position excentrique, plus résistant aux nombreuses allées et venues de la ménagère, que ne le serait un orifice central, dépourvu de l'appui direct de la paroi. Ce diaphragme préparé, s'accomplit l'approvisionnement de la deuxième cellule. Et ainsi de suite jusqu'à complet peuplement du large cylindre.

La construction de cette cloison d'avant, à chatière étroite et ronde, pour une chambre où l'apport des vivres ne se fera qu'après, n'entre pas seulement dans les usages de l'Osmie tricorne ; elle est familière aussi à l'Osmie cornue et à l'Osmie de Latreille. Rien de gracieux comme le travail de cette dernière, mince feuillet végétal échancré d'un pertuis. Le Chinois cloisonne sa demeure avec des rideaux de papier ; l'Osmie de Latreille subdivise la sienne avec des rondelles de fin carton vert, percées d'une lunule de service tant que l'ameublement de la pièce n'est pas terminé. Pour voir ces délicatesses de structure, lorsqu'on n'a pas à sa disposition des maisons de cristal, il suffit d'ouvrir en temps opportun les roseaux des canisses.

En fendant les bouts de ronce dans le courant de juillet, on reconnaît aussi que l'Osmie tridentée, malgré son étroite galerie, suit de loin la pratique de l'Osmie de Latreille. Elle n'édifie point de diaphragme, le diamètre du canal ne le permettant pas ; elle se borne à élever un faible bourrelet circulaire de pâte verte, comme pour délimiter, avant toute récolte, l'espace que doit occuper la pâtée, cette pâtée dont l'épaisseur ne pourrait être évaluée plus tard, si l'insecte ne lui traçait d'abord des limites. Y aurait-il ici, en effet, une mensuration ? Ce serait superbe de talent. Consultons l'Osmie tricorne dans ses canaux de verre.

L'Osmie travaille à sa grande cloison, le corps en dehors de la cellule qu'elle prépare. De temps à autre, la pelote de mortier aux mandibules, elle entre et va toucher du front la cloison précédente, tandis que le bout de l'abdomen tremblote et palpe le bourrelet en construction. On dirait bien qu'elle prend mesure sur la longueur de son corps, pour dresser, à la distance convenable, le diaphragme d'avant. Puis elle reprend l'ouvrage. Peut-être la mesure a-t-elle été mal prise ; peut-être les souvenirs, vieux de quelques secondes, se sont déjà embrouillés. Voici que l'abeille suspend encore la mise en place de son plâtre et va de nouveau toucher du front la paroi d'avant et du bout du ventre la paroi d'arrière. A son corps tout frémissant d'ardeur, bien étendu pour atteindre les deux extrémités de la chambre, qui méconnaîtrait le grave problème de l'architecte ? L'Osmie fait de la métrique, et son mètre est son corps. Cette fois, est-ce bien fini ? Oh ! que non. Dix fois, vingt fois, à tout instant, pour la moindre parcelle de mortier posée, elle recommence son toisé, n'étant jamais bien assurée de donner à propos son coup de truelle.

Cependant, au milieu de ces fréquentes interruptions, l'ouvrage avance, la cloison gagne en largeur. L'ouvrière est fléchie en crochet, les mandibules sur la face intérieure de la muraille, le bout de l'abdomen sur la face extérieure. Entre les deux points d'appui s'élève la molle bâtisse. L'animal forme ainsi laminoir, dans lequel le mur de boue s'amincit et se façonne. Les mandibules tapotent et fournissent du mortier ; le bout abdominal tapote lui aussi et vivement, il donne ses coups de truelle. Cette extrémité anale est un outil de construction ; je le vois s'opposer aux mandibules sur l'autre face de la cloison, et le tout pétrir, aplanir, laminer la petite motte d'argile. Singulier outil, auquel je ne me serais jamais attendu. Il n'y a que la bête pour avoir une idée aussi originale : maçonner avec son derrière ! Pendant cette curieuse besogne, les pattes n'ont d'autre office que de maintenir l'ouvrière en place, en s'étalant et prenant appui sur le pourtour du canal.

La cloison à chatière est terminée. Revenons sur le toisé dont l'Osmie se montrait si prodigue. Quel superbe argument en faveur de la raison des bêtes ! La géométrie, l'art de l'arpenteur dans la petite cervelle d'une Osmie ! Un insecte qui prend d'avance mesure de la chambre à construire comme le ferait un entrepreneur en bâtiments ! Mais c'est magnifique, c'est à couvrir de confusion ces affreux sceptiques qui s'obstinent à ne pas admettre chez l'animal de *petits jets continus d'atomes de raison.*

O sens commun ! voile-toi la face : c'est avec ce charabia de jets continus d'atomes de raison, qu'on prétend édifier aujourd'hui la science ! Fort bien, mes maîtres ; il ne manque au superbe argument que je vous fournis qu'un tout petit détail, un rien : la vérité. Non que je n'aie vu et bien vu ce que je raconte ; mais toute mensuration est hors de cause ici. Et je le prouve par des faits.

Si pour voir dans son ensemble le nid de l'Osmie, on fend en long un roseau avec la précaution de ne pas troubler le contenu, ou mieux encore si l'examen se porte sur la file de loges construites dans un tube de verre, un détail frappe tout d'abord : c'est l'inégal éloignement des cloisons entre elles, cloisons à peu près perpendiculaires à l'axe. Ainsi sont déterminées des chambres qui, avec même base, ont des hauteurs différentes et par conséquent des capacités inégales. Les cloisons du fond, les plus vieilles, sont plus distantes entre elles; celles de la partie antérieure, avoisinant l'orifice, sont les plus rapprochées. En outre, les provisions sont copieuses dans les loges de grande hauteur; elles sont avares, réduites à la moitié et même au tiers dans les loges de hauteur moindre.

Voici quelques exemples de ces inégalités. Un tube de verre de 12 millimètres de diamètre intérieur, comprend dix loges. Les cinq du fond, à partir de la plus reculée, ont pour distance mutuelle de leurs cloisons, en millimètres :

11, 12, 16, 13, 11.

Les cinq supérieures ont pour distance de leurs cloisons :

7, 7, 5, 6, 7.

Un bout de roseau de 11 millimètres de diamètre intérieur, comprend quinze cellules, dont les cloisons ont pour distance mutuelle à partir du fond :

13, 12, 12, 9, 9, 11, 8, 8, 7, 7, 7, 6, 6, 6, 7.

Si le diamètre du canal est moindre, les cloisons peuvent être plus distantes encore, tout en conservant le caractère général de se rapprocher à mesure qu'elles sont plus voisines de l'orifice. Un roseau de 5 millimètres de diamètre me présente les distances suivantes, toujours à partir du fond :

22, 22, 20, 20, 12, 14.

Un autre de 9 millimètres me donne :

15, 14, 11, 10, 10, 9, 10.

Un tube de verre de 8 millimètres me fournit :

15, 14, 20, 10, 10, 10.

Ces nombres, dont je pourrais noircir des pages si je voulais rapporter tous mes relevés, prouvent-ils que l'Osmie soit un géomètre, usant d'une métrique rigoureuse basée sur la longueur de son corps? Certes non, puisque beaucoup de ces nombres dépassent la longueur de l'animal; puisque, après un chiffre moindre, brusquement survient parfois un chiffre plus fort; puisque à tel nombre est associé, dans la même série, tel autre nombre de valeur moitié moindre. Ils n'affirment qu'une chose : la tendance bien marquée de l'insecte à rapprocher les cloisons à mesure que le travail avance. On verra plus loin que les grandes loges sont destinées aux femelles ; et les petites, aux mâles.

N'y aurait-il pas au moins une mensuration appropriée à chaque sexe? Pas davantage, car dans la première série, demeure de femelles, l'intervalle 11 millimètres, qui commence et termine, est remplacé, au milieu de la série, par l'intervalle 16 millimètres; car, dans la deuxième série, demeure de mâles, l'intervalle 7 millimètres, du début et de la fin, est remplacé au milieu par l'intervalle 5 millimètres. Ainsi des autres, chacune avec de brusques heurts de chiffres. Si l'Osmie réellement raisonnait les dimensions de ses chambres et les mesurait avec le compas de son corps, lui échapperait-il, à elle si délicatement outillée, des erreurs de 5 millimètres, presque la moitié de sa propre longueur?

Du reste, toute idée de géométrie s'évanouit si l'on considère le travail dans un tube de calibre non exagéré. Alors l'Osmie n'établit pas d'avance le diaphragme antérieur; elle n'en pose même pas les fondations. Sans bourrelet aucun de délimitation, sans point de repère pour la capacité de la chambre, elle s'occupe d'emblée de l'approvisionnement. L'amas de pâtée reconnu convenable, sur les seuls indices que lui fournit, je pense, la fatigue de la récolte, elle clôture la loge. Dans ce cas, pas de toisé; et cependant la capacité du logis et la quantité des vivres ont la valeur réglementaire pour l'un et l'autre sexe.

Que fait donc l'Osmie quand, à si nombreuses reprises, elle va toucher du front la cloison d'avant, et du bout de l'abdomen la cloison d'arrière, en construction? Ce qu'elle fait, ce qu'elle se propose, je n'en sais rien. Je laisse à d'autres, plus aventureux, l'interprétation de cette manœuvre. C'est sur des bases tout aussi branlantes que s'échafaudent bien des théories. Soufflez dessus : elles s'effondrent dans le bourbier de l'oubli.

La ponte est finie, ou bien le cylindre est plein. Une dernière cloison ferme la cellule terminale. Maintenant, à l'orifice même du tube, un rempart est bâti pour interdire aux malintentionnés l'accès du domicile. C'est un épais tampon, un massif ouvrage de fortification, où l'Osmie dépense, en mortier, de quoi suffire au cloisonnement de plusieurs loges. Une journée n'est pas de trop pour cette barricade, vu surtout les minutieuses retouches de la fin, alors que l'Osmie mastique tout interstice où pourrait se glisser un atome. Le maçon lisse et passe au chiffon l'enduit encore frais de son mur ; ainsi procède à peu près l'Osmie. A petits coups de la pointe des mandibules et avec un continuel branlement de tête, signe de son affection au travail, elle lisse et polit, des heures entières, la surface de l'opercule. Après de pareils soins, quel ennemi pourrait visiter la demeure ?

Il y en a un cependant, l'Anthrax sinué, qui viendra plus tard, au fort de l'été, et bout de filament invisible, saura se glisser jusqu'à la larve, à travers l'épaisseur de la porte, à travers le tissu du cocon. Pour bien des loges, un autre mal est déjà fait. Pendant les travaux, plane mollement devant les galeries un effronté moustique, un Tachinaire, qui nourrit sa famille de la pâtée amassée par l'abeille. Pénètre-t-il dans les loges pour y faire sa ponte en l'absence de la mère ? Je n'ai jamais pu prendre le bandit sur le fait. Comme le pratique le Tachinaire ravageur des cellules approvisionnées de gibier, confie-t-il prestement ses œufs à la récolte de l'Osmie au moment où celle-ci pénètre chez elle ? C'est possible, sans que je puisse l'affirmer. Toujours est-il qu'autour de la larve fille de la maison, on voit bientôt grouiller les vermisseaux du diptère. Ils sont là dix, quinze, vingt et plus, qui, de leur bouche pointue, piquent au tas commun et convertissent les vivres en un monceau de fin vermicelle orangé. La larve de l'abeille périt affamée. C'est la vie, la féroce vie jusque chez les plus petits. Que d'ardeur au travail, de soins délicats, de sages précautions, pour arriver à quoi ? Ses fils sucés et taris par l'odieux Anthrax, sa maisonnée exploitée, affamée par l'infernal Tachinaire.

Les vivres consistent surtout en farine jaune. Au

centre du monceau, un peu de miel est dégorgé, qui convertit la poussière pollinique en une pâte ferme et rougeâtre. Sur cette pâte, l'œuf est déposé, non couché, mais debout, l'extrémité antérieure libre, l'extrémité postérieure engagée légèrement et fixée dans la masse plastique. L'éclosion venue, le jeune ver, maintenu en place par sa base, n'aura qu'à fléchir un peu le col pour trouver sous la bouche la pâte imbibée de miel. Devenu fort, il se dégagera de son point d'appui et consommera la farine environnante.

Tout cela est d'une logique maternelle qui me touche. Au nouveau-né, la fine tartine; à l'adolescent, le pain sec. Lorsque les provisions sont homogènes, ces délicates précautions sont inutiles. Les vivres des Anthophores et des Chalicodomes consistent en un miel coulant, le même dans toute sa masse. L'œuf est alors couché de son long à la surface, sans aucune disposition particulière, ce qui expose le nouveau-né à cueillir ses premières bouchées au hasard. A cela nul inconvénient, la nourriture étant de partout de qualité identique.

Avec les provisions de l'Osmie, poudre aride sur les bords, purée de confiserie au centre, le nouveau-né serait en péril si son premier repas n'était réglé d'avance. Débuter par le pollen non assaisonné de miel serait fatal pour son estomac. N'ayant pas le choix de ses bouchées à cause de son immobilité, devant s'alimenter au point même où il vient d'éclore, le jeune ver doit forcément naître sur la pâtée centrale, où il lui suffira de fléchir un peu la tête pour trouver ce que réclame son estomac délicat. La place de l'œuf, élevé et fixé par sa base au milieu de la purée rouge, est donc on n peut mieux judicieusement choisie. Quel contraste entre ces exquises délicatesses maternelles et l'horrible dénouement par le moustique et l'Anthrax !

Assez volumineux par rapport à la taille de l'Osmie, l'œuf est cylindrique, un peu courbe, arrondi aux deux bouts, diaphane. Bientôt il se trouble et devient opalin, tout en conservant hyalines les deux extrémités. De fins linéaments, à peine perceptibles pour une loupe très attentive, se montrent en cercles transverses. Voilà les premiers indices de la segmentation. Un étranglement apparaît dans la partie antérieure hyaline, et la tête se dessine. Un filament opaque, d'une ténuité extrême, longe chaque flanc. Voilà le cordon de trachées courant d'un stigmate à l'autre. Enfin se montrent les segments distincts, avec bourrelet latéral. La larve est née.

Tout d'abord on croirait qu'il n'y a pas d'éclosion au sens propre du mot, c'est-à-dire rupture et dépouillement d'une enveloppe. Il faut une attention des plus minutieuses pour reconnaître que les apparences nous trompent et que réellement une fine tunique est rejetée d'avant en arrière. Ce rien si difficile à voir est la coque de l'œuf.

La larve est née. Fixée par sa base, elle se courbe en arc, abat sur la pâtée rouge la tête jusqu'ici relevée, et le repas commence. Bientôt un cordon jaune occupant les deux tiers antérieurs du corps annonce que l'appareil digestif se gonfle de nourriture. Pendant quinze jours, consomme en paix tes vivres, file après ton cocon : te voilà sauvée du Tachinaire, ô ma mie ! Seras-tu plus tard sauvée du suçoir de l'Anthrax ? Hélas !

XVIII

RÉPARTITION DES SEXES

L'insecte qui amasse des provisions proportionnées aux besoins de l'œuf qu'il va pondre, sait par avance le sexe de cet œuf; peut-être même la vérité est-elle encore plus paradoxale. Ainsi disions-nous tantôt, guidé par la considération des vivres. C'est ce soupçon qu'il s'agit d'élever au rang de vérité expérimentalement démontrée. Et d'abord informons-nous de la sériation des sexes.

A moins de s'adresser à des espèces convenablement choisies, il est impossible de constater l'ordre chronologique d'une ponte. Comment savoir, par la fouille des terriers du Cerceris, du Bembex, du Philanthe et autres giboyeurs, que telle larve précède telle autre dans le temps ; comment décider si tel cocon dans une colonie appartient à la même famille que tel autre? L'état civil des naissances est ici d'impossibilité absolue. De fortune, quelques espèces permettent de lever cette difficulté : ce sont les hyménoptères qui étagent leurs cellules dans une même galerie. De ce nombre sont les divers habitants de la ronce, notamment l'Osmie tridentée, qui, par sa taille avantageuse, supérieure à celle des autres rubicoles de ma région, et aussi par son abondance, est un excellent sujet d'observation.

Rappelons rapidement ses mœurs. Dans le fourré d'une haie, un bout de ronce est choisi, encore sur pied, mais tronqué au bout et desséché ; l'insecte y creuse un canal plus ou moins profond, travail que rend aisé l'abondance d'une moelle tendre. Tout au fond du canal des provisions sont amassées, et un œuf est pondu à la surface des vivres : voilà le premier-né de la famille. A la hauteur d'une douzaine de millimètres, une cloison transversale est établie, formée d'une poussière de moelle de ronce et d'une pâte verte obtenue en mâchant des parcelles de feuilles de quelque végétal non encore déterminé. Ainsi s'établit le second étage, qui reçoit à son tour des vivres et un œuf. Voilà le second dans l'ordre de primogéniture. Cela se poursuit ainsi, étage par étage, jusqu'à ce que le canal soit plein. Alors un épais tampon de la même matière verte dont les cloisons sont formées, clôt le domicile et en défend l'accès aux ravageurs.

Pour ce berceau commun, l'ordre chronologique des naissances est d'une clarté qui ne laisse rien à désirer. Le premier-né de la famille est au bas de la série ; le dernier-né est au sommet, au voisinage de la porte close. Les autres se succèdent de bas en haut dans le même ordre qu'ils se sont succédé dans le temps. La ponte se trouve ici numérotée d'elle-même ; par la place qu'il occupe, chaque cocon dit son âge relatif.

Pour reconnaître les sexes, il faut attendre le mois de juin. Mais il serait imprudent de ne commencer ses recherches qu'à cette époque. Les nids d'Osmie ne sont pas tellement fréquents qu'on puisse se flatter d'en recueillir chaque fois que l'on sort dans ce but ; et puis, si l'on attend l'époque de l'éclosion pour visiter les ronces, il peut se faire que l'ordre soit troublé entre insectes qui, le cocon rompu, cherchent à se libérer au plus vite; il peut se faire que des Osmies mâles, plus précoces, soient déjà sorties. Je m'y prends donc longtemps à l'avance, et j'utilise, pour ces recherches, les moments perdus de l'hiver.

Les bouts de ronce sont fendus ; les cocons, extraits un à un et méthodiquement transvasés dans des tubes de verre, de même calibre à peu près que la galerie natale. Ces cocons y sont superposés exactement dans le même ordre qu'ils avaient dans la ronce ; ils sont séparés l'un de l'autre par un tampon de coton, obstacle infranchissable pour l'insecte futur. Je n'ai ainsi aucun mélange à craindre, aucune interversion, et je m'affranchis d'une surveillance pénible. Chaque insecte pourra éclore en son temps, en ma présence ou non : je suis sûr de le trouver toujours à sa place, à son rang, maintenu en avant et en arrière par la barricade de coton. Une cloison de liège, de moelle de sorgho, ne remplirait pas le même office : l'insecte la perforerait, et le registre des naissances serait troublé par les interversions. Le lecteur désireux de se livrer à de semblables recherches excusera ces détails pratiques, qui pourront lui faciliter le travail.

Il n'est pas fréquent de trouver des séries complètes, comprenant la ponte entière, du premier-né au dernier-né. On trouve habituellement des pontes partielles, d'un nombre très variable de cocons, pouvant se réduire à deux, à un seul. La mère n'a pas jugé à propos de confier toute sa famille à un même bout de ronce; pour rendre la sortie moins laborieuse ou pour des motifs qui m'échappent, elle a quitté le premier domicile ; elle en a élu un second, peut-être un troisième et davantage.

On trouve aussi des séries à lacunes. Tantôt, dans des loges réparties au hasard, l'œuf ne s'est pas développé et les provisions sont restées intactes mais moisies; tantôt la larve est morte avant d'avoir filé son cocon, ou bien après l'avoir filé. Il y a enfin des parasites, le Zonitis mutique et la Sapyge ponctuée, par exemple, qui rompent la série en se substituant à l'hôte primitif. Toutes ces causes de trouble exigent un grand nombre de nids d'Osmie tridentée, si l'on désire un résultat net.

Depuis sept ou huit années, j'interroge les habitants de la ronce, et je ne saurais dire le nombre de files de cocons qui m'ont passé entre les mains. L'un de ces derniers hivers, dans le but spécial de la répartition des sexes, j'ai recueilli une quarantaine de nids de cette Osmie; j'ai transvasé en tubes de verre leur contenu, et j'ai fait le scrupuleux relevé des sexes. Voici quelques-uns de mes résultats Les numéros d'ordre partent du fond du canal creusé dans la ronce, et progressent en remontant vers l'orifice. Le chiffre 1 indique donc le premier-né de la série, le plus vieux en date; le chiffre le plus fort en indique le dernier-né. La lettre M, placée en dessous du chiffre correspondant, représente le sexe mâle; et la lettre F, le sexe femelle.

1	2	3	4	5	6	7	8	9	10	11	12	13	14	15.
F	F	M	F	M	F	M	M	F	F	F	F	M	F	M.

Cette série est la plus longue que j'aie jamais pu me procurer. Elle est en outre complète, en ce sens qu'elle comprend la ponte entière de l'Osmie. Mon affirmation a besoin d'être expliquée, sinon il paraîtrait impossible de savoir qu'une mère dont on n'a pas surveillé les actes, mieux que cela, qu'on n'a jamais vue, a terminé ou non le dépôt de ses œufs. Le bout de ronce actuel, au-dessus de la file continue de cocons, laisse un espace libre de près d'un décimètre. Par delà, à l'orifice même, est la clôture terminale, l'épais tampon qui ferme l'entrée de la galerie. Dans cette portion libre du canal, il y aurait place très convenable pour de nombreux cocons. Si la mère ne l'a pas utilisée, c'est que ses ovaires étaient épuisés ; car il est fort peu probable qu'elle ait abandonné un excellent logis pour aller creuser péniblement ailleurs une nouvelle galerie et y continuer sa ponte.

On pourrait dire que, si l'espace inoccupé dénote la fin d'une ponte, rien ne dit qu'au fond du cul-de-sac, à l'autre bout du canal, se trouve en réalité le commencement. On pourrait dire encore que la ponte totale se compose de périodes séparées par des intervalles de repos. L'espace laissé vide dans le canal marquerait la fin de l'une de ces périodes et non l'épuisement des œufs propres à éclore. A ces raisons fort plausibles, j'opposerai que, d'après l'ensemble de mes observations, et elles sont très nombreuses, la ponte intégrale tant des Osmies que d'une foule d'autres hyménoptères, oscille autour d'une quinzaine environ.

D'ailleurs, si l'on considère que la vie active de ces insectes ne dure guère qu'un mois ; si l'on ne perd pas de vue que cette période d'activité est troublée par des journées sombres, pluvieuses ou de grand vent, pendant lesquelles le travail est suspendu ; si l'on constate enfin, ce que j'ai fait à satiété pour l'Osmie tricorne, le temps moyen nécessaire à la construction et l'approvisionnement d'une cellule, il saute aux yeux que la ponte intégrale doit être rapidement limitée, et que la mère n'a pas de temps à perdre s'il lui faut, en trois ou quatre semaines, entrecoupées de repos forcés, mener à bien une quinzaine de cellules. Je relaterai plus tard des faits qui dissiperont les doutes, s'il en reste encore. J'admets donc qu'un nombre d'œufs dans le voisinage de la quinzaine représente la famille entière d'une Osmie ainsi que de bien d'autres hyménoptères.

Consultons quelques autres séries complètes. En voici deux :

1	2	3	4	5	6	7	8	9	10	11	12	13.
F	F	M	F	M	F	M	F	F	F	F	M	F.
F	M	F	F	F	M	F	F	M	F	M.		

Dans ces deux cas, la ponte est reconnue intégrale pour les mêmes raisons que ci-dessus.

Terminons par quelques séries qui me paraissent incomplètes, vu le petit nombre de cellules et l'absence d'espace libre au-dessus de la pile de cocons.

1	2	3	4	5	6	7	8
M	M	F	M	M	M	M	M
M	M	F	M	F	M	M	M
F	M	F	F	M	M		
M	M	M	F	M			
F	F	F	F				
M	M		M				
F	M						

Ces exemples largement suffisent. Il est de pleine évidence qu'aucun ordre ne préside à la répartition des sexes. Tout ce que je peux dire en consultant l'ensemble de mes archives, où se trouvent d'assez nombreux exemples de pontes totales, malheureusement pour la plupart entachées de lacunes par la présence de parasites, la mort de la larve, la non éclosion de l'œuf et autres accidents, tout ce que je peux affirmer de général, c'est que la série complète débute par des femelles et presque toujours se termine par des mâles. Les séries incomplètes ne peuvent rien nous apprendre sur ce sujet, car n'étant qu'un tronçon dont le point de départ est inconnu, on ne sait s'il faut les rapporter au commencement, à la fin ou bien à une période intermédiaire de la ponte. Résumons-nous en ceci : Dans la ponte de l'Osmie tridentée aucun ordre ne préside à la succession des sexes; seulement la série a une tendance marquée à débuter par des femelles et à finir par des mâles.

La ronce, dans ma région, abrite deux autres Osmies, de bien moindre taille : l'*Osmia detrita,* Pérez, et l'*Osmia parvula,* Duf. La première est fort commune ; la seconde est très rare ; je n'en ai rencontré jusqu'ici qu'un nid, superposé, dans la même ronce, à un nid d'*Osmia detrita.* Pour ces deux espèces, le désordre que nous venons de constater au point de vue de la répartition des sexes chez l'Osmie tridentée, fait place à un ordre remarquable de constance et de simplicité. J'ai sous les yeux le registre des séries d'*Osmia detrita* recueillies l'hiver dernier. J'en cite quelques-unes :

1° Série de douze : sept femelles, à partir du fond du canal, et puis cinq mâles.

2° Série de neuf : trois femelles d'abord et puis six mâles.

3° Série de huit : cinq femelles suivies de trois mâles.

4° Série de huit : sept femelles suivies d'un mâle.

5° Série de huit : une femelle suivie de sept mâles.

6° Série de sept : six femelles suivies d'un mâle.

La première série pourrait bien être complète. La seconde et la cinquième sont apparemment des fins de ponte, dont le début a eu lieu ailleurs, dans un autre bout de ronce. Les mâles y dominent et terminent la série. Les numéros 3, 4 et 6 semblent, au contraire, des commencements de ponte : les femelles y dominent et se trouvent en tête de la série. Si des doutes peuvent planer sur ces interprétations, un résultat du moins est certain : chez l'*Osmia detrita,* la ponte se divise en deux groupes, sans mélange entre les deux sexes ; le premier groupe pondu donne uniquement des femelles, le second ou le plus récent donne uniquement des mâles.

Ce qui n'était qu'une sorte d'ébauche chez l'Osmie tridentée, qui débute bien par des femelles et finit par des mâles, mais brouille l'ordre et mélange au hasard les deux sexes entre les points extrêmes, devient chez sa congénère une loi régulière. La mère s'occupe d'abord du sexe fort, le plus nécessaire, le mieux doué, la femelle ; elle lui consacre le début de sa ponte et le plein épanouissement de son activité ; plus tard, déjà exténuée peut-être, elle donne son reste de préoccupations maternelles au sexe faible, le moins bien doué, presque négligeable, le mâle.

L'*Osmia parvula,* dont je ne possède malheureusement qu'une série, reproduit ce que vient de nous montrer le précédent témoin. Cette série, de neuf, comprend d'abord cinq femelles et puis quatre mâles, sans mélange aucun des deux sexes.

Après ces dégorgeurs de miel, ces récolteurs de poussière pollinique, il conviendrait de consulter des hyménoptères livrés à la chasse et empilant leurs cellules en une série linéaire, qui donne l'âge relatif des cocons. La ronce en abrite plusieurs : le *Solenius vagus,* qui fait provision de diptères ; le *Psen atratus,* qui sert à ses larves un monceau de pucerons ; le *Tripoxylon figulus,* qui les nourrit avec des araignées.

Le *Solenius vagus* creuse sa galerie dans un bout de ronce tronqué, mais encore frais et en végétation. Il y a donc dans la demeure du chasseur de diptères, surtout dans les étages inférieurs, un suintement de sève défavorable, ce me semble, à une hygiène bien entendue. Pour éviter cette humidité, ou pour d'autres motifs qui m'échappent, le *Solenius* ne creuse pas bien avant son bout de ronce et de la sorte ne peut y empiler qu'un petit nombre de loges. Une série de cinq cocons me donne d'abord quatre femelles et puis un mâle ; une autre série, également de cinq, contient d'abord trois femelles et par delà deux mâles. C'est ce que j'ai de plus complet pour le moment.

Je comptais sur le *Psen atratus,* dont les séries sont assez longues ; il est fâcheux qu'elles soient presque toujours fortement troublées par un parasite, l'*Ephialtes mediator*. Je n'ai obtenu sans lacunes que trois séries : une de huit, comprenant uniquement des femelles ; une de six, pareillement composée en entier de femelles ; enfin une de huit, formée exlusivement de mâles. Ces exemples semblent dire que le Psen dispose sa ponte en une suite de femelles et une suite de mâles ;

mais ils n'apprennent rien sur l'ordre relatif des deux suites.

Le chasseur d'araignées, le *Tripoxylon figulus*, ne m'a rien appris de décisif. Il me paraît vagabonder d'un bout de ronce à l'autre, utilisant des galeries qu'il n'a pas lui-même creusées. Peu économe d'un logis dont l'acquisition ne lui a rien coûté, il y maçonne négligemment quelques cloisons à des hauteurs très inégales ; il bourre d'araignées trois ou quatre chambres et passe à un autre bout de ronce, sans motif, que je sache, d'abandonner le premier. Ses loges sont donc en séries trop courtes pour donner d'utiles renseignements.

Les habitants de la ronce n'ont plus rien à nous apprendre ; je viens de passer en revue les principaux d'entre eux dans ma région. Interrogeons maintenant d'autres hyménoptères à cocons disposés en files linéaires : les Mégachiles, qui découpent des feuilles et en assemblent les rondelles en récipients de la forme d'un dé à coudre ; les Anthidies, qui ourdissent leurs sachets à miel avec de la bourre cotonneuse, et disposent leurs cellules à la suite l'une de l'autre dans quelque galerie cylindrique. Pour la majorité du travail, le logis n'est l'œuvre ni des unes ni des autres. Un couloir dans les talus terreux et verticaux, vieil ouvrage de quelque Anthophore, est l'habituelle demeure. La profondeur de pareilles retraites est peu considérable ; et toutes mes recherches, continuées avec ardeur pendant plusieurs hivers, n'aboutissent qu'à me procurer des séries d'un petit nombre de cocons, quatre ou cinq au plus, fréquemment un seul. Chose non moins grave : presque toutes ces séries sont troublées par des parasites et ne me permettent aucune déduction fondée.

Le souvenir m'est venu d'avoir rencontré, à de longs intervalles, des nids soit d'Anthidie, soit de Mégachile, dans le canal de roseaux coupés. J'ai alors établi, contre les murailles les mieux ensoleillées de mon enclos, des ruches d'un nouveau genre. Ce sont des tronçons du grand roseau du Midi, ouverts à un bout, fermés à l'autre par le nœud naturel, et assemblés en une sorte d'énorme flûte de Pan comme pouvait en employer Polyphème. L'invitation a été entendue : Osmies, Anthidies, Mégachiles, sont venues en assez grand nombre, les premières surtout, profiter de l'originale installation.

J'ai obtenu de la sorte, pour les Anthidies et les Mégachiles, de superbes séries, allant jusqu'à la douzaine. Ce succès avait son triste revers de médaille. Toutes mes séries, sans une seule exception, étaient ravagées par des parasites. Celles du Mégachile (*Megachile sericans,* Fonscol), qui façonne ses godets avec des feuilles de robinia, d'yeuse, de térébinthe, étaient habitées par le *Cœlionys 8-dentata;* celles de l'Anthidie (*Anthidium florentinum,* Latr.), étaient occupées par un *Leucospis.* Dans les unes et les autres grouillait une population de parasites pygmées, sur le nom desquels je ne suis pas encore édifié. Bref, mes ruches en flûte de Pan, si elles m'ont été fort utiles à d'autres point de vue, ne m'ont rien appris sur l'ordre des sexes chez les coupeuses de feuilles et les ourdisseuses de cotonnades.

J'ai été plus heureux avec trois Osmies (*Osmia tricornis,* Latr., *Osmia cornuta,* Latr. et *Osmia Latreillii,* Spin.) qui m'ont fourni de superbes résultats, toutes les trois, avec des bouts de roseau disposés soit contre les murs de mon jardin, comme je viens de le dire, soit au voisinage de leur habituelle demeure, les nids prodigieux du Chalicodome des hangars. L'une d'elles, l'Osmie tricorne, a fait mieux : comme je l'ai raconté, elle a nidifié dans mon cabinet, en telle abondance que j'ai voulu, utilisant pour galerie des roseaux, des tubes de verre et autres retraites de mon choix.

Consultons cette dernière, qui m'a fourni des documents supérieurs en nombre à tout ce que je pouvais désirer ; et demandons-lui d'abord de combien d'œufs se compose en moyenne sa ponte. De tout le monceau de tubes peuplés dans mon cabinet, ou bien au dehors, dans les canisses et les appareils en flûte de Pan, le mieux garni renferme quinze cellules, avec espace libre au-dessus de la série, espace annonçant que la ponte est finie, car, si elle avait eu encore des œufs disponibles, la mère aurait utilisé, pour les loger, l'intervalle qu'elle a laissé inoccupé. Cette file de quinze me paraît rare ; je n'en ai pas trouvé d'autre. Mes éducations en domesticité, poursuivies pendant deux ans avec des tubes de verre ou des roseaux, m'ont appris que l'Osmie tricorne n'aime guère les longues séries. Comme pour amoindrir les difficultés de la future libération, elle préfère les galeries courtes, où ne s'empile qu'une partie de la ponte. Il faut alors suivre la même mère dans ses migrations d'une demeure à l'autre pour obtenir l'état civil complet de la famille. Un point coloré, déposé au pinceau sur le thorax pendant que l'abeille est profondément absorbée dans son travail de clôture à l'embouchure du canal, permet de reconnaître l'Osmie en ses divers domiciles.

Par de tels moyens, l'essaim établi dans mon cabinet m'a fourni, la première année, une moyenne de douze cellules. La seconde année, la saison étant plus favorable paraît-il, cette moyenne s'est un peu élevée, et a atteint la quinzaine. La plus nombreuse ponte opérée sous mes yeux, non dans un tube mais dans une série d'hélices, s'est élevée au chiffre de vingt-six. D'autre part, des pontes de huit à dix ne sont pas rares. Enfin de l'ensemble de mes relevés, il résulte que la famille de l'Osmie oscille autour de la quinzaine.

J'ai déjà mentionné les profondes différences que présentent les loges d'une même série au point de vue du volume. Les cloisons, d'abord largement distantes, se rapprochent davantage entre elles à mesure qu'elles sont plus voisines de l'orifice, ce qui détermine d'amples cellules en arrière et d'étroites cellules en avant. Le contenu de ces chambres n'est pas moins inégal d'une région à l'autre de la série. Sans exception que je connaisse, les loges spacieuses, celles par lesquelles la série débute, ont des provisions plus abondantes que les loges étroites, par lesquelles la série finit. Le monceau de miel et de pollen des premières est le double, le triple de celui des secondes. Pour les dernières loges, les plus récentes, les vivres ne sont qu'une pincée de pollen, si parcimonieuse, qu'on se demande ce que deviendra la larve avec cette maigre ration.

On dirait que l'Osmie, sur la fin de sa ponte, juge sans importance ses derniers-nés, pour lesquels elle mesure avarement et l'espace et la nourriture. Aux premiers-nés, le zèle ardent d'un travail qui débute, la table somptueuse et l'ampleur du logis ; aux derniers-nés, la lassitude d'un travail prolongé, la ration mesquine et l'étroit recoin.

Les différences s'accusent sous un autre aspect lorsque les cocons sont filés. Aux grandes loges, celles d'arrière, les cocons volumineux; aux petites loges, celles d'avant, les cocons de deux à trois fois moindres. Pour les ouvrir et constater le sexe de l'Osmie incluse, attendons la transformation en insecte parfait, qui se fera vers la fin de l'été. Si l'impatience nous gagne, ouvrons-les en fin juillet et août. Alors l'insecte est à l'état de nymphe, et l'on peut très bien, sous cette forme, distinguer les deux sexes à la longueur des antennes, plus grandes chez les mâles, et aux tubercules cristallins du front, indice de la future armure des femelles. Eh bien, les petits cocons, ceux des loges d'avant, les plus étroites et les moins bien approvisionnées, appartiennent tous à des mâles; les gros cocons, ceux des loges d'arrière, les plus spacieuses et les mieux approvisionnées, appartiennent tous à des femelles.

La conclusion est formelle : la ponte de l'Osmie tricorne comprend deux groupes sans mélange, d'abord un groupe de femelles et puis un groupe de mâles.

Avec mes appareils en flûte de Pan exposés contre les murs de mon enclos, avec les vieilles canisses laissées au dehors suivant l'horizontale, j'ai obtenu l'Osmie cornue en nombre suffisant. J'ai décidé l'Osmie de Latreille à nidifier dans des roseaux, ce qu'elle a fait avec un entrain que j'étais loin d'attendre. Il m'a suffi de disposer à sa portée et suivant l'horizontale, des bouts de roseau dans le voisinage immédiat des lieux qu'elle fréquente d'habitude, savoir les nids du Chalicodome des hangars. Enfin je suis parvenu sans difficulté à la faire nidifier dans l'intimité de mon cabinet de travail, avec des tubes de verre pour domicile. Le résultat a dépassé mes désirs.

Pour les deux Osmies, l'aménagement du canal est

le même que pour l'Osmie tricorne. En arrière, amples cellules aux provisions abondantes et cloisons largement espacées; en avant, cellules étroites, aux provisions réduites et cloisons rapprochées. Enfin les grandes cellules m'ont fourni de gros cocons et des femelles; les cellules moindres m'ont donné de petits cocons et des mâles. Pour les trois Osmies, la conclusion est donc exactement la même.

Avant d'en finir avec les Osmies, donnons un instant à leurs cocons, dont la comparaison, sous le rapport du volume, nous fournira des documents assez exacts sur la taille relative des deux sexes, le contenu, l'insecte parfait, étant évidemment proportionnel à l'enveloppe de soie qui l'enserre. Ces cocons sont ovalaires et peuvent être considérés comme des ellipsoïdes de révolution autour du grand axe. Pareil solide a pour expression de son volume :

$$\frac{4}{3} \pi a b^2,$$

formule dans laquelle $2a$ est le grand axe, et $2b$ le petit axe.

Or les cocons de l'Osmie tricorne ont en moyenne les dimensions suivantes :

$2a = 13^{mm}$; $2b = 7^{mm}$ pour les femelles.
$2a = 9^{mm}$; $2b = 5^{mm}$ pour les mâles.

Le rapport de $13 \times 7 \times 7 = 637$ et de $7 \times 5 \times 5 = 225$ sera donc à très peu près le rapport en volume des deux sexes. Or ce rapport est compris entre 2 et 3. Les femelles sont donc de deux à trois fois plus grosses que les mâles, proportion où nous avait déjà conduit la comparaison de la masse des vivres, évaluée à simple vue.

L'Osmie cornue nous fournit en moyenne :

$$2a = 15^{mm} ; 2b = 9^{mm} \text{ pour les femelles.}$$
$$2a = 12^{mm} ; 2b = 7^{mm} \text{ pour les mâles.}$$

Le rapport $15 \times 9 \times 9 = 1215$ et $12 \times 7 \times 7 = 588$ est encore compris entre 2 et 3.

Outre les hyménoptères qui disposent leur ponte en série linéaire, j'en ai consulté d'autres qui, par le groupement de leurs cellules, permettent de constater, avec moins de rigueur il est vrai, l'ordre relatif des deux sexes. De ce nombre est le Chalicodome des murailles, dont le nid, en forme de coupole, bâti sur un galet, nous est suffisamment connu pour qu'il soit inutile d'y revenir.

Chaque mère choisit son galet et y travaille solitaire. Propriétaire intolérante de l'emplacement, elle surveille son caillou avec un soin jaloux, et en chasse toute maçonne qui fait mine seulement de vouloir s'y poser. Les habitants d'un même nid sont donc toujours frères et sœurs ; ils sont la famille d'une même mère.

Si d'autre part, condition facile à remplir, le galet présente une surface d'appui assez grande, la Maçonne n'a aucun motif de quitter le support où elle a commencé sa ponte pour s'en aller ailleurs en quête d'un autre et y continuer le dépôt de ses œufs. Elle est trop économe de son temps et de son mortier pour se laisser entraîner, sans motif grave, à de telles dépenses. Par conséquent chaque nid, du moins quand il est neuf, quand l'Abeille en a jeté elle-même les premiers fondements, renferme la ponte intégrale. Il n'en est plus de même quand un vieux nid est restauré pour servir au dépôt des œufs. Je reviendrai plus tard sur ces demeures non bâties par la propriétaire actuelle. Un nid de fondation nouvelle renferme donc, à part de rares exceptions, la ponte entière d'une seule femelle. Comptons les cellules, et nous aurons le dénombrement total de la famille. Leur nombre maximum oscille autour de la quinzaine. Les groupes les plus riches, groupes fort rares, m'en ont montré jusqu'à dix-huit.

Si la surface du galet est régulière tout autour du point où est assise la première cellule construite, si la Maçonne peut étendre son édifice avec la même facilité dans tous les sens, il est visible que le groupe, une fois terminé, aura, dans la région centrale, les cellules de date plus ancienne, et dans la région périphérique, les cellules de date plus récente. A cause de la juxtaposition des cellules, qui servent partiellement de paroi à celles qui les suivent, les nids du Chalicodome se prêtent donc, dans une certaine mesure, à l'évaluation chronologique ; ce qui nous permet de reconnaître dans quel ordre se succèdent les sexes.

En hiver, alors que l'apiaire est depuis longtemps à l'état parfait, je fais récolte de nids de Chalicodome, que je détache tout d'une pièce de leur support par quelques brusques coups de marteau donnés latéralement sur le galet. A la base du dôme de mortier, les cellules sont largement béantes et montrent leur contenu. Je retire le cocon de sa loge, je l'ouvre et je constate le sexe de l'insecte inclus.

Ce que j'ai recueilli de nids, ce que j'ai visité de cellules par cette méthode depuis six à sept ans que je poursuis la présente étude, semblerait hyperbolique si je m'avisais de citer le nombre total. Qu'il me suffise de dire que la récolte d'une seule matinée consistait parfois en une soixantaine de nids de la Maçonne. Le transport de pareil butin exige un aide, bien que les nids soient détachés sur place de leurs galets.

L'ensemble énorme des nids examinés me donne cette conclusion : Quand le groupe est régulier, les cellules femelles occupent la partie centrale, et les cellules mâles occupent les bords. Si l'irrégularité du galet n'a pas permis une distribution égale autour du point initial, la loi n'est pas moins évidente. Jamais une cellule mâle n'est enveloppée de tous côtés par des cellules femelles; ou bien elle occupe les bords du nid, ou bien elle est contiguë, au moins par certains côtés, à d'autres cellules mâles, dont les dernières font partie de l'extérieur du groupe. Comme les cellules enveloppantes sont évidemment postérieures aux cellules enveloppées, on voit que l'Abeille maçonne se comporte comme les Osmies : elle commence sa ponte par des femelles, elle la finit par des mâles, chacun des sexes formant une série sans mélange avec l'autre.

Quelques autres circonstances adjoignent leur témoignage à celui des cellules enveloppées ou enveloppantes. Si, par un brusque ressaut, le galet forme une sorte d'angle dièdre dont l'une des faces est à peu près verticale et l'autre horizontale, cet angle est un emplacement de prédilection pour la Maçonne, qui trouve ainsi, dans le double plan lui donnant appui, stabilité plus grande pour son édifice. Ces emplacements me paraissent très recherchés du Chalicodome, vu le nombre de nids que je trouve ainsi doublement appuyés. Dans de pareils nids, toutes les cellules, comme à l'ordinaire, reposent par leur base sur le plan horizontal; mais le premier rang, celui des cellules construites les premières, s'adosse au plan vertical.

Eh bien, ces cellules les plus anciennes, occupant l'arête même de l'angle dièdre, sont toujours femelles, exception faite de celles de l'une et de l'autre extrémités de la file, qui, appartenant à l'extérieur, peuvent être des cellules mâles. Devant cette première rangée en viennent d'autres. Les femelles en occupent la partie moyenne et les mâles les extrémités. Enfin la dernière rangée, formant enveloppe, ne comprend que des mâles. La marche du travail est ici très visible : la Maçonne s'est d'abord occupée de l'amas central de cellules femelles, dont la première rangée occupe l'angle dièdre ; elle a terminé son œuvre en distribuant les cellules mâles à la périphérie.

Si la face verticale de l'angle dièdre est assez élevée, il arrive parfois que sur la première rangée de cellules adossées à ce plan, une seconde rangée est superposée, plus rarement une troisième. Le nid est alors à plusieurs étages. Ses étages inférieurs, les plus vieux, ne contiennent que des femelles; son étage supérieur, le plus récent, ne contient que des mâles. Il reste bien entendu que la couche superficielle, même des étages inférieurs, peut contenir des mâles sans infirmer la loi, car cette couche peut être toujours regardée comme le dernier travail du Chalicodome.

Tout concourt donc à démontrer que chez l'Abeille maçonne, les femelles sont en tête pour l'ordre de primogéniture. A elles la partie centrale et la mieux protégée de la forteresse de terre; aux mâles la partie extérieure, la plus exposée aux intempéries, aux accidents.

Les cellules des mâles ne diffèrent pas seulement des cellules des femelles par leur situation à l'extérieur du groupe ; elles en diffèrent aussi par leur capacité, bien moindre. Pour évaluer les capacités relatives des deux genres de cellules, j'opère comme il suit. Je remplis de sable très fin la cellule vidée, et je transvase ce sable dans un tube de verre de 5 millimètres de diamètre. La hauteur de la colonne de sable est en rapport avec la capacité de la cellule. Parmi mes nombreux exemples de nids ainsi jaugés, j'en prends un au hasard.

Il comprend treize cellules et occupe un angle dièdre. Les cellules femelles me donnent pour longueur de la colonne de sable, les nombres suivants en millimètres :

40, 44, 43, 48, 48, 46, 47,

dont la moyenne est 45.

Les cellules mâles me donnent :

32, 35, 28, 30, 30, 31,

dont la moyenne est 31.

Le rapport des capacités des loges pour les deux sexes est ainsi le rapport de 4 à 3 environ. Le contenu étant proportionnel au contenant, ce doit être aussi à peu près le rapport des provisions et le rapport des tailles entre femelles et mâles. Ces nombres nous serviront tout à l'heure pour reconnaître si une vieille cellule, occupée pour la seconde ou troisième fois, appartenait d'abord à une femelle ou bien à un mâle.

Le Chalicodome des hangars ne peut fournir des données dans le présent ordre d'idées. Il nidifie, sous la même toiture, en populations excessivement nombreuses, et il est impossible de suivre le travail d'une seule maçonne, dont les cellules, distribuées d'ici et de là, sont bientôt recouvertes par le travail des voisines. Tout est mélange et confusion dans l'œuvre individuelle du tumultueux essaim.

Je n'ai pas assisté assez assidûment au travail du Chalicodome des arbustes pour pouvoir affirmer que cet apiaire bâtit isolément son nid, boule de terre appendue à un rameau. Tantôt ce nid est de la grosseur d'une forte noix et paraît alors l'œuvre d'un seul ; tantôt il est de la grosseur du poing, et dans ce cas je ne mets pas en doute qu'il soit l'œuvre de plusieurs. Ces nids volumineux, comprenant au delà d'une cinquantaine de cellules, ne peuvent rien nous apprendre de précis puisque plusieurs ouvrières y ont certainement collaboré.

Les nids du volume d'une noix sont plus dignes de confiance, car tout semble indiquer qu'une seule abeille les a édifiés. On y trouve des femelles au centre du groupe, et des mâles à la circonférence, dans des cellules un peu moindres. Ainsi se répète ce que vient de nous apprendre le Chalicodome des galets.

De l'ensemble de ces faits, une loi se dégage, simple et lucide. Étant mise à part l'exception singulière de l'Osmie tridentée, qui mélange les sexes sans aucun ordre, les hyménoptères que j'ai étudiés, et très probablement une foule d'autres, produisent d'abord une série continue de femelles, et puis une série continue de mâles, cette dernière avec des provisions moindres et des cellules plus étroites. Cette répartition des sexes est conforme à ce que l'on sait depuis longtemps sur l'Abeille domestique, qui commence sa ponte par une longue suite d'ouvrières ou femelles stériles, et la termine par une longue suite de mâles. Le parallélisme se poursuit jusque dans la capacité des cellules et les quantités de vivres. Les vraies femelles, les reines Abeilles, ont des loges de cire incomparablement plus spacieuses que les cellules des mâles ; elles reçoivent une nourriture bien plus abondante. Tout affirme donc que nous sommes en présence d'une loi générale.

Mais cette loi est-elle bien l'expression de la vérité entière? N'y a-t-il plus rien au delà d'une ponte bisériée? Les Osmies, les Chalicodomes et les autres sont-ils fatalement assujettis à la répartition des sexes en deux groupes distincts, le groupe des mâles succédant au groupe des femelles, sans mélange entre les deux? Si les circonstances l'exigent, y a-t-il chez la mère impuissance absolue de rien changer à cette coordination?

Déjà l'Osmie tridentée nous montre que le problème est loin d'être résolu. Dans un bout de ronce, les deux sexes se succèdent très irrégulièrement, comme au hasard. Pourquoi ce mélange dans la série de cocons d'un hyménoptère congénère de l'Osmie cornue et de l'Osmie tricorne, qui méthodiquement, par sexes séparés, empilent les leurs dans le canal d'un roseau? Ce que fait l'apiaire de la ronce, ses analogues du roseau ne peuvent-ils le faire? Rien que je sache ne peut expliquer cette différence si profonde dans un acte physiologique de premier ordre. Les trois hyménoptères appartiennent au même genre ; ils se ressemblent pour la forme générale, la structure interne, les mœurs ; et avec cette étroite similitude, voici tout à coup une dissimilitude étrange.

Un point, un seul, est entrevu qui puisse faire naître quelques soupçons sur la cause du défaut d'ordre dans la ponte de l'Osmie tridentée. Si j'ouvre un bout de ronce pendant l'hiver pour examiner le nid de l'Osmie, il m'est impossible, dans la grande majorité des cas, de distinguer sûrement un cocon femelle d'un cocon mâle, tant les grosseurs en diffèrent peu. Les cellules d'ailleurs ont même capacité : le canal de la ronce est partout d'égal diamètre et les cloisons conservent un écart mutuel à peu près constant. Si je l'ouvre en juillet, époque de l'approvisionnement, il m'est impossible de distinguer les vivres destinés aux mâles des vivres destinés aux femelles. Le jaugeage de la colonne de miel donne, dans toutes les cellules, sensiblement la même hauteur. Même quantité d'espace et même nourriture pour les deux sexes.

Ce résultat nous fait prévoir ce que répond l'examen direct des deux sexes sous la forme adulte. Pour la taille, le mâle ne diffère pas sensiblement de la femelle. S'il lui est un peu inférieur, c'est à peine notable ; tandis que chez l'Osmie cornue et chez l'Osmie tricorne, le mâle est de deux à trois fois moindre que la femelle, ainsi que nous l'a démontré l'ampleur des cocons respectifs. Chez le Chalicodome des murailles, la différence se maintient dans le même sens, quoique moins prononcée.

L'Osmie tridentée n'a donc pas à se préoccuper de proportionner l'ampleur du logis et la quantité des vivres au sexe de l'œuf qu'elle va pondre : d'un bout à l'autre de la série, la mesure est commune. Peu importe que les sexes alternent sans ordre ; chacun trouvera ce qui lui est nécessaire, quel que soit son rang dans la série.

Avec leur profonde disparité de taille entre les deux sexes, les deux autres Osmies ont à veiller à la double condition de l'espace et de la ration. Et voilà pourquoi, ce me semble, elles débutent par des cellules spacieuses et largement approvisionnées, demeures des femelles, et finissent par des cellules étroites, maigrement pourvues, demeures des mâles. Avec cette succession, nettement délimitée pour les deux sexes, sont moins à craindre des méprises qui donneraient à l'un ce qui doit revenir à l'autre. Si ce n'est pas là vraiment la cause des faits, je n'en vois pas d'autre que je puisse invoquer.

Plus je réfléchissais sur la curieuse question, plus il me devenait probable que la période irrégulière de l'Osmie tridentée et la période régulière des autres Osmies, des Chalicodomes et des hyménoptères en général, devaient se ramener à une loi commune. Il me semblait que la sériation par femelles d'abord et puis par mâles, n'était pas l'entière vérité. Il devait y avoir plus. Et j'avais raison : cette sériation n'est qu'un tout petit coin de la réalité, bien autrement remarquable. C'est ce que je vais établir expérimentalement.

XIX

LE SEXE DE L'ŒUF A LA DISPOSITION DE LA MÈRE.

Je commencerai par le Chalicodome des galets. — Les vieux nids sont fréquemment utilisés, lorsqu'ils ont conservé la solidité nécessaire. Au début de la saison, les mères se les disputent avec acharnement; et quand l'une d'elles a pris possession du dôme convoité, elle en chasse toute étrangère. La vieille demeure est loin d'être une masure: seulement elle est perforée d'autant d'ouvertures qu'il en est sorti d'habitants. Le travail de réparation se réduit à peu de chose. L'amas terreux, provenant de la démolition de la clôture par l'apiaire qui est sorti, est extrait de la cellule et rejeté au loin, parcelle à parcelle. Les débris du cocon sont rejetés aussi, mais pas toujours, car la fine enveloppe de soie adhère fortement à la maçonnerie.

Alors commence l'approvisionnement de la cellule appropriée. Vient ensuite la ponte, et les scellés sont mis finalement à l'orifice avec un tampon de mortier. Une seconde cellule est utilisée de même, puis une troisième, et ainsi de suite, l'une après l'autre, tant qu'il y en a de libres et que les ovaires de la mère ne sont pas épuisés. Enfin le dôme reçoit, principalement sur les ouvertures déjà tamponnées, une couche de crépi qui donne au nid l'aspect neuf. Si la ponte n'est pas finie, la mère va à la recherche d'autres vieux nids pour l'achever. Peut-être ne se résout-elle à fonder un établissement nouveau que lorsqu'elle ne trouve pas des demeures anciennes, qui lui vaudraient grande économie de temps et de fatigue. Bref, dans l'innombrable quantité de nids que j'ai recueillis, j'en trouve beaucoup plus de vieux que de récents.

Comment les distinguer les uns des autres? L'aspect extérieur n'apprend rien, tant la Maçonne a pris soin de restaurer à neuf la surface de l'ancienne demeure. Pour résister aux intempéries de l'hiver, cette surface doit être inattaquable. La mère le sait bien, et elle répare le dôme en conséquence. A l'intérieur, c'est autre chose : le vieux nid se décèle à l'instant. Il y a des cellules dont les provisions, vieilles d'un an au moins, sont intactes, mais desséchées ou moisies, l'œuf ne s'étant pas développé. Il y en a d'autres contenant une larve morte, réduite par le temps à un cylindre courbe de pourriture durcie. Il s'en trouve d'où l'insecte parfait n'a pu sortir; le Chalicodome s'est exténué pour forer le plafond de sa loge ; les forces lui ont manqué, et il est mort à la peine. Il s'en trouve encore, et très fréquemment, qui sont occupées par des ravageurs, Leucospis et Anthrax, dont la sortie aura lieu bien plus tard, en juillet. En somme, le logis est loin d'avoir toutes ses chambres libres; il y en a presque toujours une partie très notable occupée soit par des parasites non encore éclos au moment du travail de l'Abeille maçonne, soit par des provisions gâtées, des larves desséchées et des Chalicodomes à l'état parfait, qui sont morts sans pouvoir se libérer.

Toutes les chambres seraient-elles disponibles, chose

rare, un moyen reste encore de distinguer un vieux nid d'un nid récent. Le cocon, ai-je dit, adhère assez fortement à la paroi, et la mère n'enlève pas toujours cette dépouille, soit qu'elle ne le peuve, soit qu'elle en juge l'extraction inutile. Alors le cocon récent est enchâssé par la base dans le fond du cocon vieux. Cette double enveloppe affirme nettement deux générations, deux années. Il m'est arrivé de trouver jusqu'à trois cocons emboîtés par la base. Les nids du Chalicodome des galets peuvent donc servir pendant trois ans, si ce n'est davantage. Finalement, ils deviennent de vraies masures, abandonnées aux araignées et à divers petits hyménoptères, qui s'établissent dans les chambres croulantes.

On le voit, un vieux nid presque jamais n'est apte à contenir la ponte intégrale du Chalicodome, ponte qui réclame une quinzaine de cellules. Le nombre des chambres disponibles est fort variable, mais toujours très réduit. C'est beaucoup s'il y en a assez pour recevoir à peu près la moitié de la ponte. Quatre ou cinq cellules, parfois deux et même une seule, voilà ce que d'habitude la Maçonne trouve dans un nid qui n'est pas son travail. Cette réduction si considérable s'explique quand on connaît les nombreux parasites qui exploitent la pauvre abeille.

Or comment sont distribués les sexes dans ces pontes forcément fractionnées, d'un vieux nid à l'autre? Ils le sont de manière à renverser de fond en comble l'idée d'une invariable sériation en femelles et puis en mâles, idée née de l'examen des nids récents. Si cette loi était constante, on devrait trouver en effet, dans les vieux dômes, tantôt uniquement des femelles, et tantôt uniquement des mâles, suivant que la ponte en serait à sa première ou bien à sa deuxième période. La présence simultanée des deux sexes correspondrait alors à l'époque de transition d'une période à la suivante et ne devrait se présenter que très rarement. Loin de là : elle est très fréquente ; les vieux nids présentent toujours des femelles et des mâles, si réduit qu'ait été le nombre de cellules libres, à la seule condition que les loges aient la capacité réglementaire, capacité plus grande pour les femelles, moindre pour les mâles, comme nous l'avons vu.

Dans les anciennes cellules de mâles, reconnaissables à leur position périphérique, à leur capacité que mesure en moyenne une colonne de sable de 31 millimètres de hauteur dans un tube de verre de 5 millimètres de diamètre; dans les vieilles cellules de mâles, dis-je, se trouvent des mâles de seconde, de troisième génération, et rien que des mâles. Dans les anciennes cellules de femelles, cellules centrales, dont la capacité est mesurée par une colonne de sable de 45 millimètres, sont des femelles et rien que des femelles.

Cette présence des deux sexes à la fois, n'y aurait-il que deux cellules disponibles, l'une spacieuse, l'autre étroite, démontre, de la façon la plus évidente, que la répartition régulière, constatée dans les nids complets de production récente, est ici remplacée par une répartition irrégulière, en harmonie avec le nombre et la capacité des chambres qu'il s'agit de peupler. La Maçonne n'a devant elle, je suppose, que cinq loges libres, deux plus grandes, trois plus petites. L'ensemble du logement correspond à peu près au tiers de la ponte. Eh bien, dans les deux cellules grandes, elle met des femelles ; dans les trois cellules petites, elle met des mâles.

Des faits semblables se répétant dans tous les vieux nids, forcément faut-il admettre que la mère connaît le sexe de l'œuf qu'elle va pondre, puisque cet œuf est déposé dans une cellule à capacité convenable. Mieux que cela : il faut admettre que la mère modifie à son gré l'ordre de succession des sexes, puisque ses pontes, d'un vieux nid à l'autre, se fractionnent en petits groupes de mâles et de femelles, comme l'exigent les conditions d'espace dans le nid dont elle a pris fortuitement possession.

Tout à l'heure, dans le nid récent, nous voyions l'Abeille maçonne sérier sa ponte totale en femelles d'abord et puis en mâles ; la voici maintenant qui, propriétaire d'un vieux nid dont elle n'est pas maîtresse de modifier l'aménagement, fractionne sa ponte en périodes mélangées et conformes aux conditions qui lui sont imposées. Elle dispose donc du sexe de l'œuf à sa guise, car sans cette prérogative, elle ne pourrait, dans les chambres du nid que le hasard lui a valu, remettre exactement le sexe pour lequel ces chambres avaient été construites au début ; et cela, si réduit que soit le nombre des chambres à peupler.

Quand le nid est neuf, je crois entrevoir un motif pour le Chalicodome de sérier sa ponte en femelles et puis en mâles. Son nid est une demi-sphère. Celui du Chalicodome des arbustes se rapproche de la sphère. De toutes les formes, la plus résistante est la forme sphérique. Or il faut à ces deux nids une puissance de résistance exceptionnelle. Sans aucun abri, ils doivent braver les intempéries, l'un sur son galet, l'autre sur son rameau. Leur configuration sphéroïdale est donc très logique.

Le nid du Chalicodome des murailles se compose d'un groupe de cellules verticales adossées l'une à l'autre. Pour que l'ensemble prenne la configuration sphérique, il faut que la hauteur des loges diminue du centre du dôme à la circonférence. Leur élévation est le sinus de l'arc de méridien à partir du plan du galet. Ainsi la solidité exige les grandes cellules au centre et les petites cellules au bord. Et comme le travail commence par les chambres centrales et finit par les chambres du pourtour, la ponte des femelles, destinées aux grandes cellules, doit précéder la ponte des mâles, destinés aux petites cellules. Donc, les femelles d'abord; et pour finir, les mâles.

Voilà qui est bien lorsque la mère fonde elle-même l'habitation, qu'elle en jette les premières assises. Mais, si elle est en présence d'un nid ancien, dont elle ne peut modifier en rien la distribution générale, comment utiliser les quelques loges libres, les grandes comme les petites, si le sexe de l'œuf est déjà irrévocablement déterminé? Elle ne peut y parvenir qu'en abandonnant la sériation à deux groupes et en conformant sa ponte aux exigences si variables du logis. Ou bien elle est dans l'impossibilité d'utiliser économiquement un vieux nid, ce que l'observation nie; ou bien elle dispose à son gré du sexe de l'œuf qu'elle va pondre.

Cette dernière alternative, les Osmies, à leur tour, vont nous l'affirmer de la façon la plus formelle. Nous avons vu que ces apiaires ne sont pas en général des ouvrières mineuses, forant elles-mêmes l'emplacement de leurs cellules. Elles utilisent les anciens travaux d'autrui, ou bien les réduits naturels, tiges creuses, spirale des coquilles vides, cachettes dans les murailles, la terre, le bois. Leur œuvre se borne à des retouches pour améliorer le logis, à des cloisons, à des clôtures. Pareils réduits ne manquent pas, et l'insecte en trouverait toujours de premier choix s'il s'avisait de les chercher dans un rayon d'exploration de quelque étendue. Mais l'Osmie est casanière, elle revient à son lieu de naissance et s'y maintient avec une assiduité bien difficile à lasser. C'est là, dans un médiocre espace, à elle très familier, qu'elle préfère établir sa famille. Mais alors les logis sont peu nombreux, de toute forme et de toute ampleur. Il y en a de longs et de courts, de spacieux et de rétrécis. A moins de s'expatrier, dure résolution, il convient de les utiliser tous, du premier au dernier, car on n'a pas le choix. Guidé par ces considérations, j'ai entrepris les expériences que je vais rapporter.

J'ai dit comment mon cabinet était devenu, à deux reprises, une ruche populeuse, où l'Osmie tricorne nidifiait dans les divers appareils que je lui avais préparés. Parmi ces appareils dominaient les tubes, en verre ou en roseau. Il y en avait de toute longueur et de tout calibre. Dans les tubes longs ont été déposées les pontes entières ou presque entières, avec série de femelles suivie d'une série de mâles. Ayant déjà parlé de ce résultat, je passe outre. Les tubes courts étaient assez variés de longueur pour loger telle ou telle autre portion de la ponte totale. Me basant sur les longueurs respectives des cocons des deux sexes, sur l'épaisseur des cloisons et du tampon final, j'en avais raccourci quelques-uns aux strictes dimensions nécessitées pour deux cocons seulement et de sexe différent.

Eh bien, ces tubes courts, qu'ils fussent en verre ou en roseau, furent occupés avec le même zèle que les tubes longs. De plus, résultat magnifique, leur contenu, ponte partielle, débutait toujours par des cocons femelles et se terminait par des cocons mâles. Cette succession était invariable ; ce qui variait, c'était le nombre de loges, c'était la proportion entre les deux genres de cocons, ici plus grande dans un sens et là plus grande dans l'autre sens.

Pour préciser les idées, en cette expérience fondamentale, qu'il me suffise de citer un exemple parmi la multitude des cas similaires. Je lui donne la préférence à cause de la fertilité assez exceptionnelle de la ponte. Une Osmie, marquée sur le thorax, est suivie, jour par jour, du commencement à la fin de son travail. Du 1er au 10 mai, elle occupe un premier tube en verre où elle loge sept femelles, et puis un mâle terminant la série. Du 10 au 17 mai, elle peuple un second tube où elle loge trois femelles d'abord et puis trois mâles. Du 17 au 25 mai, troisième tube avec trois femelles et puis deux mâles. Le 26 mai, quatrième tube, qu'elle abandonne, probablement à cause de son trop grand diamètre, après y avoir déposé une femelle. Enfin du 26 au 30 mai, cinquième tube qu'elle peuple de deux femelles et de trois mâles. Total vingt-cinq Osmies, dont dix-sept femelles et huit mâles. Remarquons, ce qui ne sera pas sans utilité, que ces séries partielles ne correspondent pas du tout à des périodes séparées par des intervalles de repos. La ponte est continue, autant que le permet l'état variable de l'atmosphère. Dès qu'un tube est plein et clôturé, un autre sans retard est occupé par l'Osmie.

Les tubes réduits à la stricte longueur de deux cellules, pour la grande majorité répondirent à mes prévisions : la cellule inférieure était occupée par une femelle, et la cellule supérieure par un mâle. Quelques-uns faisaient exception. Plus clairvoyante que moi dans l'évaluation du strict nécessaire, mieux versée dans l'économie de l'espace, l'Osmie avait trouvé le moyen de loger deux femelles là où je n'avais vu place que pour une femelle et un mâle.

En somme, le résultat de l'expérimentation est d'une pleine évidence. En face de tubes insuffisants pour recevoir toute sa famille, l'Osmie est dans le même cas que l'Abeille maçonne en présence d'un vieux nid. Elle agit alors exactement comme le Chalicodome. Elle fractionne sa ponte, elle la détaille par séries aussi courtes que l'exige le logis disponible, et chaque série commence par des femelles et finit par des mâles. Ce fractionnement en parties où les deux sexes sont représentés, et cette autre division de la ponte intégrale seulement en deux groupes, l'un femelle, l'autre mâle, lorsque la longueur du canal le permet, ne mettent-ils pas en pleine lumière la faculté que possède l'insecte de disposer du sexe de l'œuf conformément aux conditions du logis?

Aux conditions de l'espace serait-il téméraire d'en adjoindre d'autres relatives à la précocité des mâles? Ceux-ci rompent leurs cocons une paire de semaines et plus avant les femelles ; ils sont des premiers accourus aux fleurs de l'amandier. Pour se libérer et venir aux joies du soleil sans troubler la file de cocons où dorment encore leurs sœurs, ils doivent occuper l'extrémité supérieure de la série ; et tel est, sans doute, le motif qui décide l'Osmie à terminer par des mâles chacune de ses pontes partielles. Rapprochés de la porte, ces impatients quitteront la demeure sans bouleverser les coques à éclosion plus tardive.

Les bouts de roseaux courts, très courts même, ont été expérimentés avec l'Osmie de Latreille. Il me suffisait de les déposer tout à côté des nids du Chalicodome des hangars, affectionnés de cette Osmie. Les vieilles canisses exposées à l'air m'en ont fourni, de toute longueur, habités par l'Osmie cornue. De part et d'autre mêmes résultats et mêmes conséquences que pour l'Osmie tricorne.

Je reviens à cette dernière, nidifiant chez moi dans de vieux nids du Chalicodome des murailles, que j'avais disposés à sa portée, pêle-mêle avec les tubes. En dehors de mon cabinet, je n'ai encore jamais vu l'Osmie tricorne adopter pareil domicile. Cela tient peut-être à ce que ces nids sont isolés, un à un, dans la campagne ; et l'Osmie, qui aime le voisinage de ses pareilles, le travail en nombreuse compagnie, ne les adopte pas à cause de leur isolement. Mais sur ma table, les trouvant tout à côté des tubes où les autres travaillent, elle les adopte sans hésitation.

Les chambres que ces vieux nids présentent sont plus ou moins spacieuses suivant l'épaisseur du revêtement de mortier que le Chalicodome a déposé sur l'ensemble des cellules. Pour sortir de sa loge, la Maçonne doit perforer, non seulement le tampon, le couvercle construit à l'embouchure de la cellule, mais encore l'épais crépi dont le dôme est fortifié à la fin du travail. De cette perforation résulte un vestibule qui donne accès dans la chambre proprement dite. C'est ce vestibule qui peut être plus long ou plus court, tandis que la chambre correspondante a des dimensions à peu près constantes, pour un même sexe bien entendu.

Supposons d'abord le vestibule court, au plus suffisant pour recevoir le tampon de terre avec lequel l'Osmie fermera le logis. Il n'y a de disponible alors que la cellule proprement dite, logement spacieux où sera largement à l'aise une femelle de l'Osmie, elle qui est beaucoup plus petite que le premier habitant de la chambre, n'importe le sexe de cet habitant ; mais il n'y a pas place pour deux cocons à la fois, vu surtout l'intervalle qu'occuperait la cloison intermédiaire. Eh bien, dans ces solides et vastes chambres, d'abord domiciles du Chalicodome, l'Osmie établit des femelles, exclusivement des femelles.

Supposons maintenant le vestibule long. Alors une cloison est construite, empiétant un peu sur la cellule proprement dite, et le logis est divisé en deux étages inégaux. En bas, vaste salle, où est établie une femelle ; en haut, étroit réduit, où est enserré un mâle.

Si la longueur du vestibule le permet, déduction faite de la place nécessaire au tampon final, un troisième étage est établi, moindre que le second ; et dans ce recoin parcimonieux, un autre mâle est logé. Ainsi est peuplé par une seule mère, une cellule après l'autre, le vieux nid du Chalicodome des galets.

L'Osmie, on le voit, est très économe du logement qui lui est échu ; elle l'utilise de son mieux, donnant aux femelles les amples chambres du Chalicodome, aux mâles les étroits vestibules, subdivisés en étages s'il y a possibilité. L'économie de l'espace est pour elle une condition majeure, ses goûts casaniers ne lui permettant pas des recherches lointaines. Elle doit employer tel quel, tantôt pour l'un, tantôt pour l'autre sexe, l'emplacement que le hasard a mis à sa disposition. Ici se montre, plus claire que jamais, son aptitude à disposer du sexe de l'œuf, pour l'accommoder si judicieusement aux conditions du logis disponible.

J'avais offert en même temps aux Osmies de mon cabinet de vieux nids du Chalicodome des arbustes, sphéroïdes de terre creusés de cavités cylindriques. Ces cavités sont formées, comme pour les vieux nids du Chalicodome des galets, de la cellule proprement dite et du vestibule de sortie, que l'insecte parfait, au moment de sa libération, a creusé à travers l'enduit général. Leur diamètre est de 7 millimètres environ; leur profondeur, au centre de l'amas, est de 23 millimètres; et sur le bord seulement de 14 millimètres en moyenne.

Les profondes cellules centrales reçoivent uniquement les femelles de l'Osmie; parfois même les deux sexes ensemble au moyen d'une cloison intermédiaire. La femelle occupe l'étage inférieur et le mâle l'étage supérieur. Il est vrai qu'alors l'économie de l'espace est poussée à ses dernières limites, les appartements fournis par le Chalicodome des arbustes étant déjà d'eux-mêmes bien petits malgré leur vestibule. Enfin les cavités périphériques les plus profondes sont accordées à des femelles, les moins profondes à des mâles.

J'ajoute qu'une seule mère peuple chaque nid; j'ajoute encore qu'elle procède d'une cellule à l'autre sans s'inquiéter de la profondeur reconnue. Elle va du centre aux bords, des bords au centre, d'une cavité profonde à une cavité courte et réciproquement, ce qu'elle ne ferait pas si les sexes devaient se succéder dans un ordre déterminé. Pour plus de certitude, j'ai numéroté les cellules d'un même nid à mesure qu'elles étaient closes. En les ouvrant plus tard, j'ai reconnu que les sexes n'étaient pas assujettis à une coordination chronologique. A des femelles succédaient des mâles, puis à des mâles succédaient des femelles, sans qu'il me fût possible de démêler une sériation régulière. Seulement, et c'est là le point essentiel, les cavités profondes étaient le partage des femelles; et les cavités de peu de profondeur, le partage des mâles.

Nous savons que l'Osmie tricorne hante de préférence les habitations des apiaires qui nidifient en populeuses colonies, comme le Chalicodome des hangars et l'Anthophore à pieds velus. J'ai brisé, avec de minutieuses précautions, et scrupuleusement visité dans les loisirs du cabinet, de volumineux blocs de terre extraits des talus habités par l'Anthophore et envoyés de Carpentras par mon cher élève et ami H. Devillario. Les cocons de l'Osmie s'y trouvaient rangés par séries peu nombreuses, dans des couloirs très irréguliers, dont le travail initial est dû à l'Anthophore, et qui retouchés plus tard, agrandis ou rétrécis, prolongés ou raccourcis, croisés et recroisés par les générations nombreuses qui se sont succédé dans la même cité, formaient un labyrinthe inextricable.

Tantôt ces corridors ne communiquaient avec aucune attenance, tantôt ils donnaient accès dans la spacieuse chambre de l'Anthophore, reconnaissable, malgré son âge, à sa forme ovalaire et à son enduit de stuc poli. Dans ce dernier cas, la loge du fond, comprenant à elle seule l'antique chambre de l'Anthophore, était toujours occupée par une femelle d'Osmie. Au delà, dans l'étroit corridor, était logé un mâle, assez souvent deux, et même trois. Des cloisons de terre, travail de l'Osmie, séparaient, bien entendu, les divers habitants : à chacun son étage, sa loge close.

Si le logis se réduisait à un simple canal, sans appartement d'honneur au fond, appartement toujours réservé à une femelle, le contenu variait avec le diamètre de ce canal. Les séries, dont les plus longues étaient de quatre, comprenaient, avec un diamètre plus ample, une, deux femelles d'abord, puis un, deux mâles. Il arrivait aussi, mais rarement, que la série était renversée, c'est-à-dire qu'elle débutait par des mâles et finissait par des femelles. Enfin il se trouvait d'assez nombreux cocons isolés, de l'un et de l'autre sexe. S'il était seul et qu'il occupât la cellule de l'Anthophore, le cocon était invariablement celui d'une femelle.

Dans les nids du Chalicodome des hangars, j'ai constaté, mais plus difficilement, des faits semblables. Les séries y sont plus courtes parce que le Chalicodome ne fore pas des galeries, mais bâtit cellule sur cellule. Ainsi se forme, par le travail de tout l'essaim, une couche de loges d'année en année plus épaisse. Les corridors qu'exploite l'Osmie sont les trous que le Chalicodome a creusés pour venir des couches profondes au jour. Dans ces courtes séries, les deux sexes sont habituellement présents ; et, si la chambre de la Maçonne termine le couloir, elle est occupée par une femelle de l'Osmie

Nous revenons à ce que nous ont appris les tubes courts et les vieux nids du Chalicodome des galets. L'Osmie qui, dans des canaux de longueur suffisante, répartit sa ponte intégrale en suite continue de femelles et suite continue de mâles, la fractionne maintenant en courtes séries où les deux sexes sont présents. Elle accommode ses pontes partielles aux exigences d'un logement fortuit; elle met toujours une femelle dans la chambre somptueuse que l'Abeille maçonne ou l'Anthophore occupait en principe.

Des faits encore plus frappants nous sont fournis par les vieux nids de l'Anthophore à masque (*Anthophora personata,* Illig.), vieux nids que j'ai vu exploiter à la fois par l'Osmie cornue et l'Osmie tricorne. Plus rarement, les mêmes nids servent à l'Osmie de Latreille. Disons d'abord en quoi consistent les nids de l'Anthophore à masque.

Dans un talus vertical, argilo-sablonneux, s'ouvrent côte à côte des orifices ronds, béants, de 1 centimètre 1/2 environ de diamètre, et peu nombreux en général. Ce sont les portes d'entrée de la demeure de l'Anthophore, portes qui restent toujours ouvertes alors même que les travaux sont finis. Ils donnent accès chacun dans un vestibule peu profond, droit ou sinueux, à peu près horizontal, poli avec un soin minutieux et verni d'une sorte d'enduit blanc. On le dirait passé à un faible lait de chaux.

A la face inférieure de ce vestibule sont creusées, dans l'épaisseur du banc terreux, d'amples niches ovalaires, communiquant avec le couloir par un goulot rétréci, que ferme, le travail fini, un solide bouchon de mortier. L'Anthophore polit si bien l'extérieur de cette clôture, elle en égalise si exactement la surface, qu'elle met au même niveau que celle du vestibule, elle lui donne avec tant de soin la teinte blanche du reste de la paroi, qu'il est absolument impossible de distinguer, lorsque l'œuvre est terminée, la porte d'entrée correspondant à chaque cellule.

Celle-ci est une cavité ovalaire creusée dans la masse terreuse. Sa paroi a le même poli, la même blancheur au lait de chaux que le vestibule général. Mais l'Anthophore ne se borne pas à creuser des niches ovalaires : pour consolider son travail, elle déverse sur la muraille de la chambre quelque liqueur salivaire qui, non seulement vernit et blanchit, mais encore pénètre à quelques millimètres dans l'épaisseur de la terre sablonneuse et convertit celle-ci en dur ciment. Pareille précaution est prise pour le vestibule ; aussi le tout est ouvrage solide qui, des années entières, peut se maintenir en excellent état.

De plus, grâce à la muraille durcie par le liquide salivaire, l'ouvrage peut être dégagé de sa gangue au moyen d'une érosion ménagée. On obtient ainsi, au moins par fragments, un tube sinueux, d'où pendent, en une guirlande simple ou double, des nodules ovalaires semblables à de forts grains de raisin allongés. Chacun de ces nodules est une loge, dont l'entrée, minutieusement dissimulée, débouche dans le tube ou vestibule. Au printemps, pour sortir de sa cellule, l'Anthophore détruit la rondelle de mortier qui bouche l'ampoule et arrive ainsi dans le corridor commun, librement ouvert à l'extérieur. Le nid abandonné présente une suite de cavités en forme de poire, dont la partie renflée est l'ancienne cellule, et dont la partie rétrécie est le goulot de sortie débarrassé de son bouchon.

Ces cavités piriformes sont des logements splendides, des châteaux forts inexpugnables, où les Osmies trouvent sûre et commode retraite pour leur famille. L'Osmie cornue et l'Osmie tricorne s'y établissent concurremment. Bien que ce soit un peu spacieux pour elle, l'Osmie de Latreille en paraît aussi très satisfaite.

J'ai examiné une quarantaine de ces superbes cellules utilisées par l'une et par l'autre des deux premières Osmies. La très grande majorité est divisée en deux étages au moyen d'une cloison transversale. L'étage inférieur comprend la majeure partie de la chambre de l'Anthophore ; l'étage supérieur comprend le reste de la chambre et un peu du goulot qui la surmonte. La demeure à double appartement est clôturée, dans le vestibule, par un informe et volumineux amas de boue desséchée. Quel artiste maladroit que l'Osmie en comparaison de l'Anthophore ! Son travail, cloison et tampon, jure avec l'œuvre exquise de l'Anthophore, comme une pelote d'ordure sur un marbre poli.

Les deux appartements obtenus de la sorte sont d'une capacité très inégale, qui frappe aussitôt l'observateur. Je les ai jaugés avec mon tube de 5 millimètres de diamètre. En moyenne, celui du fond est mesuré par une colonne de sable de 50 millimètres de hauteur, et celui d'en haut, par une colonne de 15 millimètres. La capacité de l'un est donc triple environ de celle de l'autre. Les cocons inclus présentent la même disparate. Celui d'en bas est gros, celui d'en haut est petit. Enfin celui d'en bas appartient à une Osmie femelle, et celui d'en haut à une Osmie mâle.

Plus rarement, la longueur du goulot permet une disposition nouvelle, et la cavité est partagée en trois étages. Celui d'en bas, toujours le plus spacieux, contient une femelle ; les deux d'en haut, de plus en plus réduits, contiennent des mâles.

Tenons-nous-en au premier cas, le plus fréquent de

tous. L'Osmie est en présence de l'une de ces cavités en forme de poire. C'est là trouvaille qu'il faut utiliser du mieux possible : pareil lot est rare et n'échoit qu'aux mieux favorisées du sort. Y loger deux femelles à la fois est impossible, l'espace est insuffisant. Y loger deux mâles, ce serait trop accorder à un sexe n'ayant droit qu'aux moindres égards. Et puis faut-il que les deux sexes soient à peu près également représentés en nombre. L'Osmie se décide pour une femelle, dont le partage sera la meilleure chambre, celle d'en bas, la plus ample, la mieux défendue, la mieux polie ; et pour un mâle, dont le partage sera l'étage d'en haut, la mansarde étroite, inégale, raboteuse dans la partie qui empiète sur le goulot. Cette décision, les faits l'attestent, nombreux, irréfutables. Les deux Osmies disposent donc du sexe de l'œuf qui va être pondu, puisque les voici maintenant qui fractionnent la ponte par groupes binaires, femelle et mâle, ainsi que l'exigent les conditions du logement.

Je n'ai trouvé qu'une seule fois l'Osmie de Latreille établie dans le nid de l'Anthophore à masque. Elle n'avait occupé qu'un petit nombre de cellules, les autres n'étant pas disponibles, habitées qu'elles étaient par l'Anthophore. Ces cellules étaient partagées en trois étages, par des cloisons en mortier vert : l'étage inférieur occupé par une femelle, les deux autres par des mâles, à cocon moindre.

J'arrive à un exemple peut-être encore plus remarquable. Deux Anthidies de ma région, l'*Anthidium septem-dentatum,* Latr. et l'*Anthidium bellicosum,* Lep. adoptent, pour demeure de leur famille, les coquilles vides de diverses hélices : *Helix aspersa, algira, nemoralis, cæspitum.* La première, le vulgaire escargot, est la plus fréquemment utilisée, sous les tas de pierres et dans les interstices des vieilles murailles. Les deux Anthidies ne peuplent que le second tour de spire. La partie centrale, trop étroite, n'est pas occupée. Il en est de même du tour antérieur, le plus ample, laissé complètement vide, si bien qu'en regardant par l'embouchure, il est impossible de savoir si la coquille contient ou ne contient pas le nid de l'apiaire. Il faut casser ce dernier tour pour apercevoir le curieux nid, reculé dans la spire.

On trouve alors d'abord une cloison transversale, formée de menus graviers que cimente un mastic de résine, recueillie en larmes récentes sur l'oxycèdre et le pin d'Alep. Par delà s'étend une épaisse barricade de débris de toute nature : graviers, parcelles de terre, aiguilles de genévrier, chatons de conifère, petites coquilles, déjections sèches d'escargot. Suivent une cloison de résine pure, un volumineux cocon dans une chambre spacieuse, une seconde cloison de résine pure, et enfin un cocon moindre dans une chambre rétrécie. L'inégalité des deux loges est la conséquence forcée de la configuration de la coquille, dont la cavité gagne rapidement en diamètre à mesure que la spirale se rapproche de l'orifice. Ainsi, par la seule disposition générale du réduit, et sans autre travail de l'apiaire que de minces cloisons, sont déterminées en avant une ample chambre et en arrière une autre chambre de bien moindre capacité.

Par une exception bien remarquable, que j'ai déjà signalée en passant, le genre Anthidie a ses mâles en général supérieurs de taille à ses femelles. Les deux espèces cloisonnant en résine la spire de l'escargot sont précisément dans ce cas. J'ai recueilli quelques douzaines de nids de l'une et de l'autre espèce. Dans la moitié des cas au moins, les deux sexes étaient présents à la fois ; la femelle, plus petite, occupait la loge d'arrière ; le mâle, plus gros, occupait la loge d'avant. D'autres coquilles, plus petites ou trop obstruées au fond par les restes desséchés du mollusque, ne contenaient qu'une seule loge, occupée tantôt par une femelle et tantôt par un mâle. Quelques-unes enfin avaient leurs deux loges peuplées l'une et l'autre ici par des mâles et là par des femelles. Ce qui dominait, c'était la présence simultanée des deux sexes, la femelle en arrière et le mâle en avant. Les Anthidies pétrisseurs de résine et locataires de l'escargot peuvent donc régulièrement alterner les sexes pour satisfaire aux exigences du logis spiral.

Encore un fait et j'ai fini. Mes appareils en roseau installés contre les murs du jardin m'ont fourni un nid remarquable d'Osmie cornue. Ce nid est établi dans un bout de roseau de 11 millimètres de diamètre intérieur. Il comprend treize cellules, et n'occupe que la moitié du canal, bien qu'il y ait à l'orifice le tampon obturateur. La ponte semble donc ici complète.

Or, voici de quelle façon singulière est disposée cette ponte. D'abord à une distance convenable du fond ou nœud du roseau, est une cloison transversale, perpendiculaire à l'axe du tube. Ainsi est déterminée une loge d'ampleur inusitée, où se trouve logée une femelle. L'Osmie paraît alors se raviser sur le diamètre excessif du canal. C'est trop grand pour une série sur un seul rang. Elle élève donc une cloison perpendiculaire à la cloison transversale qu'elle vient de construire et divise ainsi le second étage en deux chambres, l'une plus grande où est logée une femelle, et une plus petite où est logé un mâle. Puis sont maçonnées une deuxième cloison transversale et une deuxième cloison longitudinale, perpendiculaire à la précédente. De là résultent encore deux chambres inégales, peuplées pareillement, la grande d'une femelle, la petite d'un mâle.

A partir de ce troisième étage, l'Osmie abandonne l'exactitude géométrique, l'architecte semble se perdre un peu dans son devis. Les cloisons transversales deviennent de plus en plus obliques, et le travail se fait irrégulier, mais toujours avec mélange de grandes chambres pour les femelles et de petites chambres pour les mâles. Ainsi sont casés trois femelles et deux mâles, avec alternance des sexes.

A la base de la onzième cellule, la cloison transversale se trouve de nouveau à peu près perpendiculaire à l'axe. Ici se renouvelle ce qui s'est fait au fond. Il n'y a pas de cloison longitudinale, et l'ample cellule, embrassant le diamètre entier du canal, reçoit une femelle. L'édifice se termine par deux cloisons transversales et une cloison longitudinale qui déterminent, au même niveau, les chambres douze et treize, où sont établis des mâles.

Rien de plus curieux que ce mélange des deux sexes lorsqu'on sait avec quelle précision l'Osmie les sépare dans une série linéaire, alors que le petit diamètre du canal exige que les cellules se superposent une à une. Ici l'apiaire exploite un canal dont le diamètre est disproportionné avec le travail habituel ; il construit un édifice compliqué, difficile, qui n'aurait peut-être pas la solidité nécessaire avec des voûtes de trop longue portée. L'Osmie soutient donc ces voûtes par des cloisons longitudinales; et les chambres inégales qui résultent de l'interposition de ces cloisons, reçoivent, suivant leur capacité, ici des femelles et là des mâles.

XX

PERMUTATION DE LA PONTE

Le sexe de l'œuf est facultatif pour la mère, qui, suivant l'espace, fréquemment fortuit et non modifiable, dont elle dispose, établit dans telle loge une femelle et dans telle autre un mâle, de façon que les deux aient une ampleur de demeure conforme à leur inégal développement. C'est ce qu'établissent, sur des bases inébranlables, les faits aussi nombreux que variés que je viens d'exposer. Pour les personnes étrangères à l'anatomie entomologique, en vue desquelles j'écris spécialement, l'explication de cette merveilleuse prérogative serait, suivant toute probabilité, celle-ci : La mère possède à sa disposition un certain nombre d'œufs, les uns irrévocablement femelles et les autres irrévocablement mâles ; il lui est possible de puiser, pour la ponte actuelle, dans l'un ou l'autre des deux groupes ; et son choix est déterminé par la capacité du logis qu'il s'agit à l'instant de peupler. Tout se bornerait alors à une judicieuse sélection dans l'ensemble des œufs.

Si telle idée lui venait, que le lecteur se hâte de la rejeter. Rien de plus faux, comme le vont démontrer deux mots d'anatomie. L'appareil reproducteur femelle des hyménoptères se compose, en général, de six tubes ovariques, sortes de doigts de gant groupés en deux faiseaux de trois et s'abouchant dans un canal commun, l'oviducte, qui achemine les œufs au dehors. Chacun de ces doigts de gant, assez large à la base, s'effile rapidement vers l'extrémité supérieure, qui est close. Il contient, groupés en file linéaire, en chapelet, un certain nombre d'œufs, cinq, six, par exemple, les inférieurs plus ou moins développés, les intermédiaires moyens, les supérieurs à peine ébauchés. Tous les degrés d'évolution s'y trouvent, régulièrement distribués de la base au sommet, depuis la presque maturité jusqu'aux vagues linéaments de l'ovule en ses débuts. Toute interversion est impossible dans l'ordre de la série, tant la gaine enserre étroitement son chapelet de germes. Cette interversion, du reste, aurait pour conséquence une grossière absurdité : le remplacement d'un œuf plus mûr par un autre moins avancé d'organisation.

Donc, pour chaque tube ovarique, pour chaque doigt de gant, l'issue de l'œuf se fait suivant l'ordre même qui préside à leur arrangement dans la gaine commune, et toute autre succession est absolument impossible. De plus, à l'époque des nids, les six gaines ovariennes, une à une et à tour de rôle, ont à leur base un œuf qui prend en peu de temps un accroissement énorme. Quelques heures, un jour même avant la ponte, cet œuf, à lui seul, représente en volume ou même dépasse l'ensemble de tout l'appareil ovigène. Voilà l'œuf dont la ponte est imminente. Il va descendre dans l'oviducte, à son rang, à son heure ; et la mère ne peut en rien lui en substituer un autre. C'est lui, forcément lui, jamais un autre, qui tantôt sera déposé sur les vivres, pâtée de miel ou bien gibier ; lui seul est mûr, lui seul est à l'entrée de l'oviducte ; nul autre, par sa position plus reculée et par son défaut de maturité, ne peut actuellement le remplacer. Sa venue au jour est inéluctable.

Que donnera-t-il? Un mâle, une femelle? Son logement n'est pas préparé, ses vivres ne sont pas amassés; et il faut néanmoins que ce logement et ces vivres soient en rapport avec le sexe qui en proviendra. Condition bien plus embarrassante : il faut que le sexe de cet œuf, dont la venue est fatale, soit en harmonie avec l'espace fortuit que la mère vient de trouver pour cellule. Il n'y a donc pas à hésiter, si étrange que soit l'affirmation : l'œuf, tel qu'il descend de son tube ovarique, n'a pas de sexe déterminé. C'est peut-être pendant les quelques heures de son développement si rapide à la base de sa gaine ovarienne, c'est peut-être dans son trajet à travers l'oviducte, qu'il reçoit, au gré de la mère, l'empreinte finale d'où résultera, conformément aux conditions du berceau, ou bien une femelle ou bien un mâle.

Alors se présente la question que voici. Admettons que, les conditions restant normales, une ponte eût virtuellement donné m femelles et n mâles. Si les conséquences où j'arrive sont justes, il doit être loisible à la mère, avec d'autres conditions, de prendre dans le groupe m pour augmenter d'autant le groupe n; sa ponte doit pouvoir se traduire par $m-1$, $m-2$, $m-3$, etc., femelles, et par $n+1$, $n+2$, $n+3$, etc., mâles, la somme $m+n$ restant constante, mais l'un des sexes ayant permuté partiellement pour l'autre. La conclusion extrême ne saurait même être écartée : il faut admettre la ponte de $m-m$ ou zéro femelles, et de $n+m$ mâles, l'un des sexes étant complètement remplacé par l'autre. Inversement : la série féminine doit pouvoir s'augmenter aux dépens de la série masculine jusqu'à l'absorber en entier. C'est pour résoudre cette question et quelques autres s'y rattachant que, pour la seconde fois, j'ai entrepris, dans mon cabinet, l'éducation de l'Osmie tricorne.

Le problème est actuellement plus délicat, mais aussi mon outillage est devenu plus savant. Il se compose de deux petites caisses closes dont la face antérieure est percée, pour chacune, de quarante orifices, où je peux engager mes tubes en verre et les maintenir suivant l'horizontale. J'obtiens ainsi, pour l'essaim, l'obscurité et le mystère favorables au travail; et pour moi, la faculté de retirer de la ruche, à tel moment que je veux, tantôt l'un, tantôt l'autre tube, au moment où l'Osmie s'y trouve, pour l'apporter au grand jour et suivre, sous la loupe au besoin, les manœuvres de l'ouvrière en besogne. Si fréquentes et si minutieuses qu'elles soient, mes visites ne détournent en rien la pacifique abeille, tout absorbée dans son œuvre maternelle.

Mes hôtes sont, en très suffisant nombre, marqués d'un signe différent sur le thorax, ce qui me permet de suivre la même Osmie du commencement à la fin de sa ponte. Les tubes et les orifices de mise en place sont numérotés; un registre, constamment ouvert sur mon pupitre, me sert à noter jour par jour, parfois heure par heure, ce qui se passe dans chaque tube, et surtout les actes des Osmies dont le dos porte un signalement coloré. A mesure qu'un tube est rempli, je le remplace par un autre. En outre, au pied de la façade de chaque ruche, sont répandues quelques poignées de coquilles vides, convenablement choisies pour le but que je me propose. Des motifs que j'expliquerai plus tard ont porté mes préférences sur l'*Helix cæspitum*. Chacune de ces hélices, à mesure qu'elle est peuplée, reçoit la date de la ponte et le signe alphabétique correspondant à l'Osmie dont elle est la propriété. Ainsi se sont écoulées cinq à six semaines, dans une observation de tous les instants. Pour réussir en une recherche, la première condition, c'est la patience. Cette condition, je l'ai remplie ; et le succès y a répondu autant qu'il m'était permis de l'espérer.

Les tubes employés sont de deux sortes. Les uns, cylindriques, d'égal diamètre d'un bout à l'autre, me doivent servir à contrôler les faits reconnus la première année de mes éducations à domicile. Les autres, formant la majorité, se composent de deux cylindres très inégaux en diamètre, disposés bout à bout. Le cylindre d'avant, celui qui fait un peu saillie en dehors de la ruche et fournit l'orifice d'entrée, a un diamètre qui varie de 8 à 12 millimètres. Le second, celui d'arrière, en entier plongé dans la boîte, est fermé à son extrémité postérieure et a pour calibre de 5 à 6 millimètres. Chacune des deux parties du canal à double galerie, l'une étroite et l'autre large, mesure au plus 1 décimètre de longueur. Cette faible dimension a été jugée utile pour obliger l'Osmie à faire élection de divers domiciles, insuffisants chacun à la ponte totale. Je dois obtenir ainsi plus grande variété dans la répartition des sexes. Enfin à son embouchure, un peu saillante en dehors de la caisse, chaque tube est muni d'une languette de papier, sorte de reposoir où l'Osmie prend pied quand elle arrive et trouve facilité d'accès pour pénétrer chez elle. Ainsi muni, l'essaim a peuplé cinquante-deux tubes à double galerie, trente-sept tubes cylindriques, soixante-dix-huit hélices et quelques vieux nids de Chalicodome des arbustes. Dans cet amas de richesses, je vais puiser les éléments de ma démonstration.

Toute série, même partielle, débute par des femelles et se termine par des mâles. A cette loi, je n'ai pas encore trouvé d'exception, du moins dans les galeries de diamètre normal. En chaque manoir nouveau, la mère se préoccupe avant tout du sexe le plus important. Ce point rappelé, me serait-il possible, au moyen d'artifices, d'obtenir le renversement de cette coordination et de faire commencer la ponte par des mâles? Je le crois, d'après les résultats déjà constatés et d'après les déductions pressantes où ces résultats conduisent. Les tubes à double galerie sont installés pour contrôler mes prévisions.

La galerie postérieure, de 5 à 6 millimètres de diamètre, est trop étroite pour servir de logement à des femelles normalement développées. Si donc l'Osmie, très économe de l'espace, veut les occuper, elle sera obligée d'y établir des mâles. Et c'est par là nécessairement que commencera sa ponte, puisque ce réduit est la partie la plus reculée du canal. En avant est la galerie large, avec porte d'entrée sur la façade de la ruche. Y trouvant les conditions qui lui sont habituelles, la mère y poursuivra sa ponte dans l'ordre qu'elle affectionne.

Informons-nous maintenant des résultats. Sur les cinquante-deux tubes à double galerie, un tiers environ n'a pas eu le canal étroit peuplé. L'Osmie en a fermé l'orifice débouchant dans le grand canal; et c'est uniquement ce dernier qui a reçu la ponte. Ce déchet était inévitable. Les Osmies femelles, quoique toujours supérieures de taille aux mâles, présentent entre elles de notables différences ; il y en a de plus grosses, il y en a de plus petites. J'ai dû proportionner le calibre des galeries étroites aux dimensions moyennes. Il peut se faire donc que telle et telle autre galerie soient insuffisantes pour donner accès à des mères de taille avantageuse auxquelles le hasard les fait échoir. Ne pouvant pénétrer dans le tube, l'Osmie évidemment ne le peuplera pas. Elle clôture alors l'entrée de cet espace non utilisable pour elle, et fait sa ponte par delà, dans le canal de grand diamètre. Si j'avais voulu éviter ces inutiles appareils en faisant choix de tubes de calibre plus fort, je serais tombé dans un autre inconvénient : les mères de médiocre taille, s'y trouvant à peu près à l'aise, se seraient décidées à y loger des femelles. Il fallait s'y attendre : chaque mère choisissant à sa guise le logis et ne pouvant moi-même intervenir dans ce choix, un canal étroit serait peuplé ou non suivant que l'Osmie, sa propriétaire, pourrait ou ne pourrait pas y pénétrer.

Il me reste une quarantaine d'appareils peuplés dans les deux galeries. Ici deux parts sont à faire. Les tubes postérieurs étroits de 5 à 5 millimètres 1/2 — et ce sont les plus nombreux — contiennent des mâles, rien que des mâles, mais en courte série, de un à cinq. Il est rare, tant la mère y est gênée dans son travail, qu'ils soient occupés d'un bout à l'autre ; l'Osmie semble avoir hâte de les quitter pour aller peupler le tube d'avant, dont l'ampleur lui laissera la liberté de mouvement nécessaire à ses manœuvres. Les autres canaux postérieurs, la minorité, dont le diamètre avoisine 6 millimètres contiennent tantôt uniquement des femelles, et tantôt des femelles au fond et des mâles vers l'orifice. Avec un léger excès d'ampleur du canal et une taille quelque peu réduite de la mère, ces deux résultats s'expliquent. Néanmoins, comme le large nécessaire aux femelles s'y trouve très voisin de l'insuffisance, on voit que la mère évite autant qu'elle le peut la coordination débutant par des mâles, et qu'elle ne l'adopte qu'à la dernière extrémité. Enfin, quel que ce soit le contenu du petit tube, celui du grand, qui lui fait suite, est invariable et se compose de femelles au fond et de mâles en avant.

S'il est incomplet, par suite de circonstances bien délicates à dominer, le résultat de l'expérimentation n'est pas moins très remarquable. Vingt-cinq appareils contiennent uniquement des mâles dans leur étroite galerie, au nombre de un au moins, de cinq au plus. Par delà vient la population de la grande galerie, débutant par des femelles et finissant par des mâles. Et ce ne sont pas là toujours, dans ces appareils, des pontes de fin de saison, ou même d'époque intermédiaire; quelques petits tubes ont reçu les premiers œufs de tout l'essaim. Une paire d'Osmies, plus précoces que les autres, se sont mises à l'œuvre le 23 avril. L'une et l'autre, pour début de leur ponte, ont donné des mâles dans les tubes étroits. L'extrême modicité des vivres annonçait déjà le sexe, qui s'est trouvé plus tard parfaitement conforme aux prévisions. Voilà donc que, par mes artifices, le début de tout l'essaim est l'inverse de l'ordre normal. Ce renversement se poursuit, n'importe l'époque, du commencement à la fin des travaux. La série qui, d'après les règles, débuterait par des femelles, débute maintenant par des mâles. Une fois atteinte la grande galerie, la ponte se poursuit dans l'ordre habituel.

Un premier pas est fait, et non petit: l'Osmie, si les

circonstances l'imposent, est apte à renverser la succession des sexes. Si le tube étroit était assez long, serait-il possible d'obtenir un renversement total, où la série complète des mâles occuperait l'étroite galerie de l'arrière; et la série complète des femelles, l'ample galerie de l'avant? Je ne le pense pas. Voici pourquoi.

Les canaux rétrécis et longs ne sont pas du tout du goût de l'Osmie, non à cause de leur étroitesse mais à cause de leur longueur. Remarquons en effet que, pour un seul apport de miel, l'ouvrière est obligée de s'y mouvoir deux fois à reculons. Elle entre, la tête la première, pour dégorger d'abord la purée mielleuse de son jabot. Ne pouvant se retourner dans un canal qu'elle obstrue en entier, elle sort à reculons, en rampant bien plus qu'en marchant, manœuvre pénible sur la surface polie du verre, et qui d'ailleurs, avec toute autre surface, a l'inconvénient de mal se prêter à l'extension des ailes, qui, de leur bout libre, frôlent la paroi et sont exposées à se chiffonner, à se fausser. Elle sort à reculons, arrive au dehors, se retourne et rentre de nouveau, mais à reculons cette fois, pour venir brosser sur l'amas sa charge ventrale de pollen. Ces deux reculs, pour peu que la galerie soit longue, finissent par lui devenir pénibles; aussi l'Osmie renonce-t-elle promptement à un canal trop exigu pour ses libres manœuvres. Je viens de dire que les tubes étroits de mes appareils ne sont, pour la plupart, que fort incomplètement peuplés. L'abeille, après y avoir logé un petit nombre de mâles, se hâte de les quitter. Au moins, dans l'ample galerie de l'avant, elle pourra se retourner sur place et à l'aise, pour ses diverses manipulations; elle y évitera les deux longs reculs, si pénibles pour ses forces et si dangereux pour ses ailes.

Un autre motif, sans doute, l'engage à ne pas abuser du canal étroit, où elle établirait des mâles, suivis de femelles dans la région où la galerie s'élargit. Les mâles doivent quitter leurs cellules une paire de semaines et davantage avant les femelles. S'ils occupent le fond de la demeure, ils périront prisonniers ou bien ils bouleverseront tout sur leur passage. Ce péril est évité par la succession que l'Osmie adopte.

Dans mes appareils d'arrangement insolite, la mère pourrait bien être tiraillée par deux nécessités : l'étroitesse de l'espace et la future délivrance. Dans les tubes étroits, le large est insuffisant pour des femelles ; mais d'autre part les mâles, s'ils y trouvent logis convenable, sont exposés à périr, empêchés qu'ils seront de venir au jour au moment voulu. Ainsi s'expliqueraient peut-être les hésitations de la mère, et son obstination à établir des femelles dans certains de mes appareils qui semblaient ne pouvoir convenir qu'à des mâles.

Un soupçon me vient à l'esprit, soupçon éveillé par l'examen attentif des tubes étroits. Tous, quelle que soit leur population, sont tamponnés soigneusement à l'orifice, ainsi que le seraient des canaux isolés. Il pourrait donc se faire que l'étroite galerie du fond n'eût pas été considérée par l'Osmie comme le prolongement de la grande galerie antérieure, mais bien comme un canal indépendant. La facilité avec laquelle l'ouvrière se retourne dès qu'elle est arrivée dans le large tube, sa liberté d'action aussi grande que sur une porte débouchant en plein air, pourraient bien être une source d'erreur et porter l'Osmie à traiter l'étroit couloir d'arrière comme si le large couloir d'avant n'existait pas. Ainsi s'obtiendrait la superposition des femelles du grand tube aux mâles des petits, superposition opposée aux habitudes.

Que la mère juge réellement du danger de mes embûches, ou qu'il y ait de sa part méprise en ne tenant compte que de l'espace disponible et débutant par des mâles, exposés à ne pouvoir sortir, c'est ce que je me garderai bien de décider ; du moins, je reconnais chez elle une tendance à s'écarter le moins possible de l'ordre qui sauvegarde la sortie des deux sexes. Cette tendance s'affirme par la répugnance qu'elle éprouve à peupler de longues séries de mâles mes tubes étroits. Peu importe, après tout, en vue de notre objet, ce qui se passe alors dans la petite cervelle de l'Osmie. Qu'il nous suffise de savoir que les tubes étroits et longs lui déplaisent, non parce qu'ils sont étroits, mais parce qu'ils sont longs en même temps.

Et en effet, avec le même calibre, un tube court lui agrée très bien. De ce nombre sont les cellules de vieux nids du Chalicodome des arbustes et les coquilles vides de l'Hélice des gazons. Avec le tube court sont évités les deux inconvénients du tube long. Le recul est très réduit lorsque le logis est la coquille ; il est presque nul lorsque le logis est la cellule du Chalicodome. En outre, les cocons empilés étant deux ou trois au plus, la libération sera affranchie des obstacles inhérents aux longues séries. Décider l'Osmie à nidifier dans un seul tube suffisamment long pour recevoir toute la ponte, et en même temps assez étroit pour ne lui laisser que tout juste la possibilité de l'accès, me paraît entreprise sans la moindre chance de réussite : l'hyménoptère refuserait invinciblement cette demeure, ou se bornerait à lui confier une bien faible partie de ses œufs. Au contraire, avec des cavités étroites mais de faible longueur, le succès, sans être facile, me semble du moins très possible. Guidé par ces considérations, j'ai entrepris la partie la plus ardue de mon problème : obtenir la permutation complète ou presque complète d'un sexe pour l'autre ; faire qu'une ponte ne se compose que de mâles en offrant à la mère une suite de logements ne convenant qu'aux mâles.

Consultons en premier lieu les vieux nids du Chalicodome des arbustes. J'ai dit comment ces sphéroïdes de mortier, criblés de petites cavités cylindriques, sont adoptés avec assez d'empressement par l'Osmie tricorne, qui les peuple, sous mes yeux, de femelles dans les cellules profondes et de mâles dans les cellules moindres. C'est ainsi que les choses se passent quand le vieux nid reste dans son état naturel. Mais, à l'aide d'une râpe, j'en décortique un autre de façon à réduire la profondeur des cavités à une dizaine de millimètres. Alors, dans chaque cellule, il y a tout juste place pour un cocon mâle, surmonté du tampon de clôture. Sur les quatorze cavités du nid, j'en laisse deux intactes, mesurant une quinzaine de millimètres de profondeur. Rien de plus frappant que le résultat de cette expérience, entreprise la première année de mes éducations en domesticité. Les douze cavités de profondeur réduite ont toutes reçu des mâles, les deux cavités laissées intactes ont reçu des femelles.

L'année suivante, je recommence l'épreuve avec un nid de quinze cellules ; mais cette fois toutes les loges sont réduites par la râpe au minimum de profondeur. Eh bien, les quinze cellules, de la première à la dernière, sont occupées par des mâles. Il est bien entendu que, dans l'un comme dans l'autre cas, la population revenait en entier à la même mère, marquée de son signalement et non perdue de vue tant qu'a duré sa ponte. Serait bien difficile qui ne se rendrait pas aux conséquences de ces deux épreuves. Si du reste la conviction n'est pas encore faite, voici de quoi l'achever.

L'Osmie tricorne s'établit fréquemment dans de vieilles coquilles, surtout celles de l'Hélice chagrinée (*Helix aspersa*), si commune sous les amas de pierrailles et dans les interstices de petits murs de soutènement sans mortier. Dans cette espèce, la spire est largement ouverte, si bien que l'Osmie, pénétrant aussi avant que le lui permet le canal hélicoïde, trouve immédiatement au-dessus du point infranchissable comme trop étroit, l'espace nécessaire à la loge d'une femelle. A cette loge en succèdent d'autres, encore plus larges, toujours pour des femelles, rangées en série linéaire de la même façon que dans un canal droit. Dans le dernier tour de spire, le diamètre serait exagéré pour un seul rang. Alors aux cloisons transversales s'adjoignent des cloisons longitudinales, et de leur ensemble résultent des loges non pareilles de volume, où dominent les mâles avec quelques femelles entremêlées dans les étages inférieurs. La succession des sexes est donc ici ce qu'elle serait dans un canal droit, et surtout dans un canal à large diamètre, où le cloisonnement se complique de subdivisions à la même hauteur. Dans un seul escargot trouvent place de six à huit loges. Un volumineux et grossier tampon de terre termine le nid à l'embouchure de la coquille.

Pareille demeure ne pouvant rien nous offrir de nouveau, j'ai fait choix, pour mon essaim, de l'Hélice des gazons (*Helix cæspitum*), dont la coquille, configurée en petite Ammonite renflée, s'évase par degrés peu rapides et possède jusqu'à l'embouchure, dans sa partie utilisable, un diamètre à peine supérieur à celui qu'exige un cocon mâle d'Osmie. D'ailleurs la partie la plus large, où une femelle trouverait place, doit recevoir un épais tampon de clôture, au-dessous duquel sera fréquemment un certain intervalle vide. D'après toutes ces conditions, la demeure ne peut guère convenir qu'à des mâles rangés en file. La collection de coquilles déposée au pied de chaque ruche, renferme des échantillons assez variés de taille. Les moindres ont 18 millimètres de diamètre, et les plus gros 24 millimètres. Il y a place pour deux cocons, trois au plus, suivant leur ampleur.

Or ces coquilles ont été exploitées par mes hôtes sans aucune hésitation, peut-être même avec plus d'empressement que les tubes de verre, dont la paroi glissante pourrait bien contrarier un peu l'apiaire. Quelques-unes ont été occupées dès les premiers jours de la ponte, et l'Osmie qui avait débuté par semblable domicile passait ensuite à un second escargot, dans l'étroit voisinage du premier, à un troisième, à un quatrième, à d'autres encore, toujours à proximité, jusqu'à épuisement des ovaires. Toute la famille de la même mère se trouvait ainsi logée dans des hélices, étiquetées à mesure d'après l'époque du travail et le signalement de l'ouvrière. Ces assidues à l'escargot étaient le petit nombre. La majorité quittait les tubes pour venir aux hélices; puis des hélices revenait aux tubes. Toutes, la rampe spirale bourrée de deux ou trois cellules, tamponnaient la demeure avec un épais bouchon de terre arrivant à fleur de l'embouchure. C'était travail long et minutieux, où l'Osmie déployait toute sa patience de mère et tous ses talents de plâtrière. Il n'en manquait pas qui, scrupuleuses à l'excès, mastiquaient soigneusement l'ombilic de la coquille, cavité qui, paraît-il, inspirait méfiance comme pouvant donner accès dans l'intérieur du logis. C'était pertuis périlleux d'aspect, qu'il était prudent d'obstruer pour la sécurité de la famille.

Les nymphes suffisamment mûres, je procède à l'examen de ces élégants manoirs. Leur contenu me comble de joie : il est on ne peut mieux conforme à mes prévisions. La grande, la très grande majorité des cocons revient aux mâles ; çà et là, dans les hélices les plus fortes, apparaissent quelques rares femelles. L'étroitesse de l'espace a presque supprimé le sexe fort. Ce résultat m'est affirmé par les soixante-dix-huit hélices peuplées. Mais de cet ensemble, je ne dois mettre en lumière que les séries ayant reçu la ponte intégrale, et occupées par la même Osmie du commencement à la fin de la saison des œufs. Voici quelques exemples, pris parmi les plus concluants.

Du 6 mai, début de ses travaux, au 25 mai, limite de sa ponte, une Osmie a successivement occupé sept hélices. Sa famille se compose de quatorze cocons, nombre très voisin de la moyenne ; et sur ces quatorze cocons, douze appartiennent à des mâles et deux seulement à des femelles. Celles-ci, dans l'ordre chronologique, occupent les rangs 7 et 13.

Une autre, du 9 mai au 27 mai, a peuplé six hélices d'une famille de treize, dont dix mâles et trois femelles. Ces dernières ont pour rang, dans la série totale, les numéros 3, 4 et 5.

Une troisième, du 2 mai au 29 mai, a peuplé onze hélices, labeur énorme. Cette laborieuse s'est trouvée aussi des plus fécondes. Elle m'a fourni une famille de vingt-six, la plus nombreuse que j'aie jamais obtenue de la part d'une Osmie. Eh bien, en cette lignée exceptionnelle se trouvaient vingt-cinq mâles, et une femelle, une seule, occupant le rang 17.

Inutile de continuer après ce magnifique exemple, d'autant plus que les autres séries concluraient toutes, absolument toutes, dans le même sens. Deux faits sautent aux yeux après ces relevés. L'Osmie peut renverser l'ordre de sa ponte et débuter par une série plus ou moins longue de mâles, avant de produire des femelles. Dans le premier exemple, la première femelle survient au rang 7; dans le troisième, au rang 17. Il y a mieux encore, et c'est là le théorème que j'avais surtout à cœur de démontrer : Le sexe femelle peut permuter pour le sexe mâle et permuter jusqu'à disparaître, comme le prouve surtout le troisième exemple, dont la femelle unique, dans une famille de vingt-six, tient au diamètre un peu plus fort de la coquille correspondante; et sans doute aussi à quelque méprise de la mère, car le cocon femelle, dans une série de deux, occupe l'étage supérieur, le plus voisin de l'orifice, disposition qui me semble répugner à l'Osmie.

Ce résultat est d'une trop haute importance dans l'une des questions des plus ténébreuses de la biologie, pour que je ne cherche pas à le corroborer au moyen d'expériences plus concluantes encore. Je me propose, l'an prochain, de donner pour logis aux Osmies uniquement des hélices, triées une par une, et d'écarter rigoureusement de l'essaim tout autre réduit où la ponte pourrait se faire. Dans de telles conditions, je dois obtenir, pour l'essaim entier, exclusivement des mâles, à très peu près.

Resterait la permutation inverse : n'obtenir que des femelles, et très peu ou point de mâles. La première permutation rend la seconde très acceptable, sans qu'il se puisse encore imaginer un moyen de la réaliser. La seule condition dont je dispose, c'est l'ampleur du logis. Avec des réduits étroits, les mâles abondent et les femelles tendent à disparaître. Avec d'amples logements, l'inverse n'aurait pas lieu. J'obtiendrais des femelles, et puis des mâles non moins nombreux, cantonnés dans d'étroites loges que délimiteraient au besoin des cloisons multipliées. Le facteur de l'espace est ici hors d'emploi. Quel artifice adopter alors pour provoquer cette seconde permutation? Je n'entrevois rien encore qui mérite d'être essayé.

Il est temps de conclure. Vivant à l'écart, dans la solitude d'un village, ayant assez à faire de creuser patiemment, obscurément, mon humble sillon, je connais peu les aperçus nouveaux de la science. En mes débuts, alors que si ardemment je désirais des livres, il m'était bien difficile de m'en procurer; aujourd'hui qu'il me serait à peu près loisible d'en avoir, je commence à ne plus en désirer. C'est l'habituelle marche dans les étapes de la vie. J'ignore donc ce qui peut avoir été fait dans la voie où m'a engagé cette étude sur les sexes. Si j'énonce des propositions réellement nouvelles ou du moins plus générales que les propositions déjà connues, mon dire paraîtra peut-être une hérésie. N'importe : simple traducteur des faits, je n'hésite pas devant mon énoncé, bien persuadé que, de l'hérétique, le temps fera un orthodoxe. Je me résume donc en ces conséquences.

Les apiaires sérient leurs pontes en femelles d'abord et puis en mâles, lorsque les deux sexes sont de taille différente et réclament des quantités inégales de nourriture. S'il y a parité de volume entre les deux sexes, la même succession peut se présenter, mais moins constante.

Cette sériation binaire disparaît lorsque l'emplacement choisi pour le nid ne suffit pas à la ponte intégrale. Alors surviennent des pontes partielles débutant par des femelles et finissant par des mâles.

Tel qu'il provient de l'ovaire, l'œuf n'a pas encore de sexe déterminé. C'est au moment de la ponte ou un peu avant qu'est reçue l'empreinte finale d'où proviendra le sexe.

Pour pouvoir donner à chaque larve l'espace et la nourriture qui lui conviennent suivant qu'elle est mâle ou femelle, la mère dispose du sexe de l'œuf qu'elle va pondre. D'après les conditions du logis, souvent œuvre d'autrui ou réduit naturel peu ou point modiable, elle pond à son gré soit un œuf mâle, soit un œuf femelle. La répartition des sexes est sous sa dépendance. Si les circonstances l'exigent, l'ordre de la ponte peut être renversé et débuter par des mâles ; enfin la ponte entière peut ne comprendre qu'un seul sexe.

La même prérogative appartient aux hyménoptères prédateurs, au moins à ceux dont les sexes sont de taille différente, et par suite exigent, en nourriture, l'un plus et l'autre moins. La mère doit savoir le sexe de l'œuf qu'elle va pondre ; elle doit disposer du sexe de cet œuf afin que chaque larve obtienne la ration convenable.

D'une manière générale, lorsque les sexes sont de taille différente, tout insecte qui amasse des vivres, qui prépare, choisit une demeure pour sa descendance, doit pouvoir disposer du sexe de l'œuf pour satisfaire sans erreur aux conditions qui lui sont imposées.

Resterait à dire comment se fait cette détermination facultative des sexes. Je n'en sais absolument rien. Si jamais j'apprends quelque chose sur cette délicate question, je le devrai à quelque heureuse circonstance qu'il faut savoir attendre ou plutôt épier. Sur la fin de mes recherches, j'ai eu connaissance d'une théorie allemande concernant l'Abeille domestique et due à l'apiculteur Dzierzon. Si je comprends bien, d'après les documents fort incomplets que j'ai sous les yeux, l'œuf, tel qu'il est fourni par l'ovaire, aurait déjà un sexe, toujours le même ; il serait originellement mâle ; et c'est par la fécondation qu'il deviendrait femelle. Les mâles proviendraient d'œufs non fécondés ; et les femelles, d'œufs fécondés. La reine Abeille pondrait ainsi des œufs femelles ou des œufs mâles suivant qu'elle les féconderait ou ne les féconderait pas, lors de leur passage dans l'oviducte.

Venant de l'Allemagne, cette théorie ne peut que m'inspirer profonde méfiance. Comme elle a été admise, avec une téméraire précipitation, jusque dans des livres classiques, je surmonterai ma répugnance à me préoccuper d'idées tudesques pour la soumettre, non à l'épreuve de l'argumentation, contre laquelle peut toujours se dresser une argumentation contraire, mais à l'épreuve sans réplique des faits.

Pour cette fécondation facultative, décidant du sexe, il faut, dans l'organisme de la mère, un réservoir spermatique qui épanche sa gouttelette sur l'œuf engagé dans l'oviducte et lui imprime ainsi le caractère féminin ; ou bien lui laisse le caractère originel, le caractère mâle, en lui refusant le baptême séminal. Ce réservoir existe chez l'Abeille domestique. Retrouve-t-on pareil organe chez les autres hyménoptères, récolteurs de miel ou chasseurs? Les traités d'anatomie sont muets à cet égard ; ou, sans plus ample informé, ils appliquent à l'ensemble de l'ordre les données fournies par l'Abeille, si différente pourtant de la foule des hyménoptères par ses mœurs sociales, ses ouvrières stériles et surtout par sa ponte prodigieuse, de si longue durée.

J'avais d'abord douté de la présence générale de ce récipient spermatique, ne l'ayant pas trouvé sous mon scalpel dans mes anciennes recherches sur l'anatomie des Sphex et de quelques autres giboyeurs. Mais cet organe est si délicat et si petit, qu'il échappe très facilement au regard, surtout si l'attention n'est pas dirigée d'une façon toute spéciale vers sa recherche ; et encore, n'ayant que lui en vue, ne réussit-on pas toujours à le trouver. Il s'agit d'un globule atteignant à peine un demi-millimètre de diamètre dans bien des cas, globule perdu au milieu d'un fouillis de trachées et de nappes graisseuses, dont il a la coloration d'un blanc mat. Et puis un seul contact des pinces mal dirigées suffit pour le détruire. Mes premières recherches, ayant pour objet l'ensemble de l'appareil reproducteur, pouvaient donc fort bien l'avoir laissé inaperçu.

Pour savoir finalement à quoi m'en tenir, les traités d'anatomie ne m'apprenant rien, j'ai remonté ma loupe sur son pied et remis en état ma vieille cuvette à dissection, simple verre à boire avec rondelle de liège tapissée de satin noir. Cette fois, non sans peine pour mes yeux déjà fatigués, je suis parvenu à trouver ledit organe chez les Bembex, les Halictes, les Xylocopes, les Bourdons, les Andrènes, les Mégachiles. Je n'ai pu réussir avec les Osmies, les Chalicodomes, les Anthophores. Est-ce réelle absence de l'organe ? Est-ce maladresse de ma part ? J'incline pour la maladresse, et j'admets chez tous les hyménoptères chassant la proie ou récoltant du miel, un réceptacle séminal, reconnaissable à son contenu, amas de spermatozoïdes spiraux, qui tourbillonnent sur le porte-objet du microscope.

Cet organe reconnu, la théorie allemande devient applicable à tous les apiaires, à tous les prédateurs. Accouplée, la femelle reçoit le liquide séminal et le garde en dépôt dans son ampoule. Dès lors sont présents à la fois chez la mère les deux éléments procréateurs : l'élément femelle, l'ovule ; et l'élément mâle, le spermatozoïde. A la volonté de la pondeuse, l'ampoule cède à l'ovule mûr parvenu dans l'oviducte, une gouttelette de son contenu, et voilà un œuf femelle ; ou bien elle lui refuse ses spermatozoïdes et voilà un œuf qui reste mâle, comme il l'était originellement. Je le confesse volontiers : la théorie est très simple, lucide, séduisante. Mais est-elle vraie? C'est une autre question.

On pourrait lui objecter d'abord la singulière exception qu'elle fait à une loi des plus générales. En considérant l'ensemble zoologique, qui oserait affirmer que l'œuf est originellement mâle et qu'il devient femelle par la fécondation? Les deux sexes ne réclament-ils pas l'un et l'autre le concours de l'élément fécondant? S'il y a une vérité hors de doute, certes c'est bien celle-là. On raconte, il est vrai, sur l'Abeille domestique, des choses bien étranges. Je ne les discuterai pas : cet apiaire est trop en dehors des cadres habituels, et puis les faits affirmés sont loin d'être acceptés de tous. Mais les apiaires non sociaux et les prédateurs n'ont rien de spécial dans leur ponte. Pourquoi s'écarteraient-ils alors de la commune loi, qui veut que tout être vivant, le mâle aussi bien que la femelle, provienne d'un ovule fécondé ? Dans son acte le plus solennel, la procréation, la vie est une ; ce qu'elle fait ici, elle le fait là, et encore là, et partout. Comment ! la sporule d'un brin de mousse aurait besoin d'un anthérozoïde pour être apte à germer, et l'ovule d'une Scolie, superbe vénateur, se passerait de l'équivalent pour éclore et donner un mâle ! Ces étrangetés ne me disent rien qui vaille.

On pourrait lui objecter encore le cas de l'Osmie tridentée, qui distribue les deux sexes sans aucun ordre dans le canal de sa ronce. A quel singulier caprice obéit donc la mère qui, sans cause déterminante, ouvre au hasard son ampoule séminale pour sacrer un œuf femelle, ou bien la maintient close, au hasard aussi, pour laisser passer sans fécondation un œuf mâle ? Je concevrais le don ou le refus de l'imprégnation par périodes de quelque durée ; je ne les comprends pas se succédant dans le plus complet désordre. La mère vient de féconder un œuf. Pourquoi se refuse-t-elle à féconder le suivant, ni les vivres ni le logis ne différant en rien des vivres et du logis qui précèdent ? Ces capricieuses alternatives, sans cause et si désordonnées, ne conviennent guère à un acte de cette importance.

Mais j'avais promis de ne pas discuter, et je me surprends en discussion. J'expose des raisons délicates qui peuvent n'avoir aucune prise sur de lourdes cervelles.

Je passe outre et j'arrive au fait brutal, au vrai coup de marteau.

Sur la fin des travaux, dans la première semaine de juin, l'Osmie tricorne a été de ma part l'objet d'une surveillance redoublée, tant ses derniers actes présentent de l'intérêt. L'essaim est alors très réduit. Il me reste une trentaine de retardataires, toujours fort affairées bien que leur travail soit vain. J'en vois qui tamponnent très scrupuleusement l'embouchure d'un tube ou d'une hélice, où elles n'ont rien déposé, absolument rien. D'autres clôturent après avoir dressé seulement dans le logis quelques cloisons, ou même de simples ébauches de cloison. Il y en a qui amassent, au fond d'une galerie neuve, une pincée de pollen dont nul ne profitera; puis ferment la demeure avec un bouchon de terre, aussi épais, aussi soigné d'exécution, que si le salut d'une famille en dépendait. Née travailleuse, l'Osmie doit périr au travail. Lorsque ses ovaires sont épuisés, elle dépense le reste de ses forces en des travaux inutiles, cloisons, bouchons, amas de pollen sans emploi. La petite machine animale ne peut se résoudre à l'inaction alors même qu'il n'y a plus rien à faire. Elle continue à fonctionner pour éteindre ses dernières élans en des travaux sans but. Je recommande ces aberrations aux adeptes de la raison chez la bête.

Avant d'en venir à ces vains ouvrages, mes retardataires ont pondu leurs derniers œufs, dont je sais exactement la cellule, exactement la date. Ces œufs, autant que la loupe peut en juger, ne diffèrent en rien des autres, leurs aînés. Ils en ont les dimensions, la forme, le luisant, l'aspect de fraîcheur. Leurs provisions n'ont rien de particulier non plus, et conviennent très bien à des mâles, terminant la ponte. Et cependant, ces œufs derniers nés n'éclosent pas ; ils se rident, se fanent et se dessèchent sur l'amas de pâtée. Pour la ponte terminale de telle Osmie, je compte trois ou quatre œufs stériles ; pour la ponte de telle autre, j'en trouve deux ou un seul. Une autre partie de l'essaim donne des œufs fertiles jusqu'à cessation de la ponte.

Ces œufs stériles, frappés de mort dès leur venue au jour, sont trop nombreux pour être négligeables. Pourquoi n'éclosent-ils pas comme les autres, dont ils ont toutes les apparences ? Ils ont reçu de la mère les mêmes soins, les mêmes vivres. Les scrupules de la loupe ne m'y font rien découvrir qui explique le fatal dénouement.

Si l'esprit est libre d'idées préconçues, on va droit à la réponse. Ces œufs n'éclosent pas parce qu'ils n'ont pas été fécondés. Ainsi périrait tout œuf animal ou végétal qui n'aurait pas reçu l'imprégnation vivifiante. Toute autre réponse est impossible. Qu'on ne parle pas de l'époque reculée de la ponte : les œufs contemporains provenant d'autres mères, les œufs de même date et terminaison eux aussi de la ponte, sont parfaitement fertiles. Encore une fois, ils n'éclosent pas parce qu'ils n'ont pas été fécondés.

Et pourquoi n'ont-ils pas été fécondés ? Parce que l'ampoule séminale, si exiguë, à grand'peine visible puisqu'elle m'a parfois échappé, malgré toute mon attention, avait épuisé son contenu. Les mères dont cette ampoule a conservé jusqu'à la fin un reste de l'élément fécondant, ont eu leurs derniers œufs aussi fertiles que les premiers ; les autres, à réservoir séminal trop tôt épuisé, ont eu leur fin de ponte frappée de mort. Tout cela me semble aussi clair que le jour.

Si les œufs non fécondés périssent sans éclore, ceux qui éclosent et donnent des mâles sont donc fécondés; et la théorie allemande s'écroule.

Quelle explication alors proposerai-je pour rendre compte des faits merveilleux que je viens d'exposer? Mais aucune, absolument aucune. Je n'explique pas, je raconte. De jour en jour plus sceptique à l'égard des interprétations qui peuvent m'être proposées, plus hésitant à l'égard de celles que j'aurais à proposer moi-même, à mesure que j'observe et que j'expérimente, je vois mieux se dresser, dans la noire nuée du possible, un énorme point d'interrogation.

Mes chers insectes, dont l'étude m'a soutenu et continue à me soutenir au milieu de mes plus rudes épreuves, il faut ici, pour aujourd'hui, se dire adieu. Autour de moi les rangs s'éclaircissent et les longs espoirs ont fui. Pourrai-je encore parler de vous?

FIN

TABLE DES MATIÈRES

SOCIÉTÉ ANONYME D'IMPRIMERIE DE VILLEFRANCHE-DE-ROUERGUE
Jules Bardoux, Directeur.

PARIS. — IMP. NOIZETTE, 8, RUE CAMPAGNE-PREMIÈRE.

www.ingramcontent.com/pod-product-compliance
Lightning Source LLC
LaVergne TN
LVHW010101240826
846091LV00017B/158

* 9 7 8 2 0 1 3 0 6 4 1 9 4 *